小型水库运行管护与防汛抢险

武文红　邓志刚　李　鹏　张成滨　等编著

黄河水利出版社

·郑　州·

内 容 提 要

受建造时经济、技术、资料的限制，各类水库普遍存在工程标准偏低、建设质量较差、老化失修严重、配套设施不全等问题，致使水库有严重的安全隐患。本书针对小型水库存在的问题，系统介绍了水库的基本知识，小型水库的安全鉴定、降等与报废，小型水库的巡查与观测，筑坝土的工程性质，土石坝的养护与修理，浆砌石坝的养护与修理，溢洪道的养护与修理，输水建筑物的养护与修理，小型水库的防汛与应急抢险等内容。本书突出针对性、通俗性、实用性和应用性，附有大量的工程案例，便于基层水利技术人员、管理人员、设计人员学习和掌握。

本书可供基层水利技术人员、管理人员使用，亦可作为大专院校水利水电工程、水利水电建筑工程、农业水利技术、水文水资源等相近专业学生的参考书。

图书在版编目（CIP）数据

小型水库运行管护与防汛抢险/武文红等编著. ——
郑州:黄河水利出版社,2021.3
ISBN 978-7-5509-2949-4

Ⅰ.①小… Ⅱ.①武… Ⅲ.①小型水库-水库管理-
生产运行 Ⅳ.①TV697.1

中国版本图书馆 CIP 数据核字(2021)第 049211 号

组稿编辑:王路平 电话:0371-66022212 E-mail:hhslwlp@126.com
田丽萍 66025553 912810592@qq.com

出 版 社:黄河水利出版社 网址:www.yrcp.com
地址:河南省郑州市顺河路黄委会综合楼14层 邮政编码:450003
发行单位:黄河水利出版社
发行部电话:0371-66026940、66020550、66028024、66022620(传真)
E-mail:hhslcbs@126.com
承印单位:河南新华印刷集团有限公司
开本:787 mm×1 092 mm 1/16
印张:12.75
字数:300 千字
版次:2021 年 3 月第 1 版 印次:2021 年 3 月第 1 次印刷
定价:60.00 元

前　言

　　受当时的施工条件及施工技术的限制,我国大量小型水库土石坝采用"土法上马"施工,坝体填筑质量比较差,碾压密实度及渗透系数达不到标准要求,大坝清基及坝基防渗处理不彻底,加上管理养护不规范,致使大坝运行后,下游坝坡或坝后基础出现渗漏、沼泽化,甚至出现管涌、流土、接触冲刷等渗透破坏,坝体出现裂缝或滑坡等,严重影响建筑物的结构安全和防渗安全。

　　本书共分九章,主要介绍了水库的基本知识,小型水库的安全鉴定、降等与报废,小型水库的巡查与观测,筑坝土的工程性质,土石坝的养护与修理,浆砌石坝的养护与修理,溢洪道的养护与修理,输水建筑物的养护与修理,小型水库的防汛与应急抢险等内容。本书突出针对性、通俗性、实用性和应用性,便于学习和掌握。

　　本书由从事水利工程教学、设计、施工、监理、管理等工作的人员集体编写。全书由武文红、邓志刚、李鹏、张成滨、张炳庆、刘丹、刘福臣等编著,具体分工如下:德州市水利局武文红编写第四章、第九章;德州市水利事业发展中心邓志刚编写第三章、第七章;齐河县水利局李鹏编写第二章、第八章;德州市水利工程施工与维修中心张成滨编写绪论、第六章;德州市河道管理服务中心张炳庆编写第五章;德州市河道管理服务中心刘丹编写第一章。山东水利职业学院刘福臣负责全书统稿。

　　在本书的编写过程中,参考并引用了其他教材和文献资料,除已列出外其余未能一一注明,在此一并表示感谢!

　　由于编者水平有限,不足之处在所难免,敬请读者批评指正。

编　者

2021 年 3 月

目　录

绪　论

据有关部门统计,我国建成各类水库8.7万余座,其中大型水库510座,中小型水库8.6万余座。这些工程在防洪、灌溉、发电、航运、养殖、供水及生态等方面都发挥了巨大的社会效益,并取得了显著的经济效益。这些水库绝大部分是在20世纪50~70年代建造的,受当时的施工条件及施工技术的限制,大量小型水库土石坝采用"土法上马"施工,坝体填筑质量比较差,碾压密实度及渗透系数达不到标准,或者大坝清基及坝基防渗处理不彻底,致使大坝运行后,下游坝坡或坝后基础出现渗漏、沼泽化,甚至出现管涌、流土、接触冲刷等渗透破坏,坝体出现裂缝或滑坡等。对于砌石坝、混凝土坝、溢洪道和输水隧洞等,由于施工质量差或基础处理不合格,且随着使用年限的增长,大量出现碳化、裂缝、露筋、剥蚀、渗漏等,严重影响建筑物的结构安全和防渗安全。

一、小型水库存在的主要问题

(一)管理与监测设施落后或不完善

我国很多小型水库存在着管理与监测设施落后或不完善的问题,主要表现为:①水库在管理中没有防洪和兴利调度运用规程,或规程未经审批,或未按审批的防洪和兴利调度运用规程进行水库调度;②管理制度不完善,运行机制不健全;③水库的水文测报、大坝观测系统不完善或监测设施陈旧、失效、损坏严重;④运行管理人员技术素质差,责任心不强;⑤管理监测手段落后;⑥管理中缺乏必要的经费,工程缺乏维护更新。

(二)水库防洪标准不满足规范要求

水库防洪标准不满足规范要求主要表现为:①大坝坝顶高程、心墙顶高程不满足要求;②大坝坝顶或防浪墙不闭合;③溢洪道堵塞或违章加高堰高,致使泄水建筑物泄水能力不满足要求,即防洪标准达不到规范要求。

水库防洪标准不满足规范要求的原因主要有:①随着水文系列资料的延长,设计洪水洪量、洪峰和洪水过程的资料发生较大变化;②水库建造年代较早,原来设计洪水标准本身偏低,不能满足现行规范的要求;③泄水建筑物因过流断面偏小或淤塞等导致泄洪能力不足;④泄水建筑物存在安全隐患,不能正常发挥功能;⑤因社会经济变化,泄水建筑物下游无行洪通道,无法顺利进行泄洪等。

(三)水库大坝渗漏严重影响大坝安全

水库大坝渗漏是水库工程经常发生的病害之一,一般可以分为坝体渗漏、库底及坝基渗漏、坝端部渗漏和绕坝渗漏。

水库大坝渗漏严重影响大坝安全的原因主要有:①土石坝土质防渗体渗透性不满足规范的要求;②土石坝的下游无排水棱体或排水失效;③坝下涵管管壁与坝体接触部位由于设计或施工原因发生接触冲刷;④土石坝坝基、坝肩清基不彻底,坝基基岩未采取渗透控制措施或防渗措施设计不合理;⑤浆砌石坝砌体不密实,上游防渗面板混凝土出现裂缝,止水出现破坏;⑥重力坝混凝土施工质量差,混凝土存在蜂窝、空洞、裂缝等,导致大坝混凝土渗漏;⑦混凝土结构接缝灌浆质量不好,造成大坝结构的整体性差;⑧施工方案不合理或拱坝坝肩的基础处理不完善,导致坝体两端拱座附近出现竖向贯穿坝体上下游的裂缝,或坝体、坝基防渗处理不完善等,造成拱坝坝体、坝基渗透,或者坝肩部位出现绕坝渗漏。

(四)大坝稳定和强度不满足规范要求

水库大坝建成、挡水后,将会受到较大的水平推力、渗透压力等,如果大坝的稳定和强度不满足规范要求,将会发生坝体较大变形、位移,土坝坝坡滑坡,甚至出现结构变形、开裂和溃决等。

大坝稳定和强度不满足规范要求的原因主要有:①土石坝坝体设计断面不足,坝坡坡度偏陡,坝坡的抗滑稳定不满足规范要求;②土石坝坝体填筑质量较差,坝体填料的抗剪强度偏低,影响坝体的抗滑稳定;③对大坝管理不良,坝体式护坡出现破损,严重危及大坝安全;④重力坝由于材料老化和地基条件恶化,沿建筑物基面或基础深层结构面抗滑稳定、安全性不够;⑤浆砌石及混凝土坝,由于施工质量差或坝基清基不彻底,大坝的结构强度或抗滑稳定不满足规范要求;⑥拱坝的坝肩单薄或存在软弱结构面以及坝肩稳定性不足。

(五)水库大坝等建筑物抗震标准不够

水库大坝等建筑物抗震标准不够,即水库大坝的抗震标准不满足现行规范要求。其表现为:①溢流坝和水闸墩结构出现裂缝、变形;②泄洪槽中出现冲蚀破坏;③下游冲刷破坏严重;④输水隧洞衬砌出现裂缝、冲蚀、漏水;⑤涵管出现漏水、裂缝,甚至断裂等。

水库大坝等建筑物抗震标准不够的原因主要有:①原设计地震烈度小于新的地震烈度区划图确定的场地基本烈度;②原设计未考虑地震工况,现经地震复核,大坝的抗震不满足现行规范要求;③溢流建筑物结构单薄,混凝土强度较低,泄水槽中未进行衬砌或衬砌质量差,混凝土出现裂缝甚至坍塌,消能设施不完善或无行洪通道;④输水隧洞衬砌结构施工质量差,强度比较低或设计不完善;⑤涵管基础差,不均匀变形严重,涵管结构的强度低等。

(六)水库的输水及泄洪建筑不安全

水库的输水及泄洪建筑不安全,即输水及泄洪建筑的结构强度及稳定不满足规范要求。

水库的输水及泄洪建筑不安全的原因主要有:①对于输水隧洞或涵管,衬砌结构施工质量差或设计不完善,出现裂缝、露筋、剥离、冲蚀、漏水,影响建筑物结构的整体性;②坝下埋管漏水,容易导致接触冲刷破坏,危及坝体安全;③对于泄洪建筑物,主要存在结构裂缝及失稳破坏,或溢流面及泄水槽内未衬砌或衬砌质量差,出现冲蚀破坏;④无消能工或消能工不完善,无法保证洪水安全下泄。

(七)金属结构和机电设备不安全

多数病险水库的金属结构和机电设备已超过或接近折旧年限,老化、锈蚀严重,无法正常运用,严重影响水库安全。这主要表现为:①部分闸门高度不满足挡水要求;②闸门变形、锈蚀、结构强度不足;③启闭机不能正常启闭。

　　金属结构和机电设备不安全的原因主要有：①部分水库在建坝时，因水文资料的缺乏与变化，设计标准偏低，复核时闸门高度不满足要求，或者水库调度方案改变，造成闸门高度不满足要求；②闸门长期运行，加上平时维护保养不够，造成严重老化、锈蚀，导致结构构件截面面积减小，结构强度、刚度、稳定性降低，承载力下降，使构件产生变形；③启闭设备老化、启闭不灵活，闸门的行车轮、导向轮锈死，影响闸门的正常启闭。

二、小型水库管理内容

　　小型水库的建设，为发展国民经济创造了有利条件，但要确保工程安全，充分发挥工程的效益，还必须加强小型水库的管理。常言道"三分建，七分管"，建设是基础，管理是关键，使用是目的。工程管理的好坏，直接影响效益的高低，管理不当可能造成严重事故，给国家和人民生命财产带来不可估量的损失。

(一)小型水库的巡查工作

　　巡查即巡视检查，是用眼看、耳听、手摸等直观方法并辅以简单的工具，对水工建筑物外露的部分进行检查，以发现一切不正常现象，并从中分析、判断建筑物内部的问题，从而进一步进行检查和观测，并采取相应的修理措施。人工巡视检查是大坝安全监测的重要内容，能较好地弥补仪器观测的局限性，但这种检查只能进行外表检查，难以发现内部存在的隐患。

(二)小型水库的仪器观测工作

　　水工建筑物在施工及运行过程中，受外荷载作用及各种因素的影响，其状态不断变化，这种变化常常是隐蔽、缓慢、直观不易察觉的。为了监视水工建筑物的安全运行状态，通常在坝体和坝基内埋设各种监测仪器，以定期或实时监测埋设仪器部位的变形、应力应变和温度、渗流等，并对这些监测资料进行整理分析，评价和监控水工建筑物的安全状况。然而，在出现隐患、病害的部位不一定预埋监测仪器，或者因仪器使用寿命而失效，因此需要用巡视检查和现场检测加以弥补。

(三)水工建筑物的养护工作

　　养护是指保持工程完整状态和正常运用的日常维护工作，它是经常、定期、有计划、有次序地进行的。

(四)水工建筑物的维修工作

　　维修工作一般可分为岁修、大修和抢修三种。岁修：指在每年汛后检查发现工程问题时，编制岁修计划，报批后进行的修理。大修：指工程发生较大损坏、修复工作量大、技术较复杂时，管理单位报请上级主管部门批准，邀请设计、施工和科研单位共同研究制订修复计划，报批后进行的修理。抢修：指工程发生事故，危及工程安全时，管理单位应立即组织力量进行抢险，同时上报主管部门，采取进一步的处理措施的修理。

　　在建筑物的管理中，必须本着以防为主、防重于修、修重于抢的原则。首先做好检查观测和养护工作，防止工程中病害的发生和发展；其次发现病害后，应及时修理，做到小坏小修、随坏随修，防止病害进一步扩大，以免造成不应有的损失。

(五)防汛抢险工作

　　各级机构应建立防汛机构，组织防汛队伍，准备物资器材，立足于防大汛抢大险，确保工程安全;应不断总结抢险的经验教训,及时发现险情,准确判断险情的类型和程度,采取正确措施处理险情,迅速有力地把险情消灭在萌芽状况,是取得防汛抢险胜利的关键。

三、本书研究主要内容

全书分为九章,各章主要内容如下:

第一章水库的基础知识:主要介绍水库类型、特性及作用;水库主要建筑物;水库运行管理。

第二章小型水库的安全鉴定、降等与报废:主要介绍大坝安全鉴定;现场安全检查及安全检测;工程质量评价;运行管理评价;防洪能力复核;渗流安全评价;结构安全评价;抗震安全评价;金属结构安全评价;大坝安全综合评价;小型水库降等与报废。

第三章小型水库的巡查与观测:主要介绍小型水库的巡视检查;小型水库的监测项目与监测频次;小型水库环境量监测;土石坝的变形监测;土石坝渗水压力观测;土石坝渗流量观测。

第四章筑坝土的工程性质:主要介绍土的组成;土的物理性质;土的可塑性;土的压实性;土的渗透性;土的液化性。

第五章土石坝的养护与修理:主要介绍土石坝的工作条件、类型、构造;土石坝的养护;土石坝的裂缝处理;土石坝的渗漏处理;土石坝的滑坡处理。

第六章浆砌石坝的养护与修理:主要介绍浆砌石坝的工作条件、构造;浆砌石坝巡视检查与日常养护;浆砌石坝监测项目与内容;浆砌石坝裂缝的处理;浆砌石坝渗漏的处理。

第七章溢洪道的养护与修理:主要介绍溢洪道的组成及工作条件;溢洪道的养护与检测;溢洪道的病害处理。

第八章输水建筑物的养护与修理:主要介绍坝下涵管类型及构造;坝下涵管的检查观测与养护修理;输水隧(涵)洞的养护与修理。

第九章小型水库的防汛与应急抢险:主要介绍小型水库防汛;小型水库防汛“三个责任人”“三个重点环节”;土石坝漫顶、决口险情的抢护;土石坝散浸、漏洞险情的抢护;土石坝翻砂涌水险情的抢护;土石坝滑坡险情的抢护;接触冲刷险情的抢护;土石坝跌窝险情的抢护;输泄水建筑物险情的抢护。

第一章　水库的基本知识

第一节　水库类型、特性及作用

一、水库的类型、等别

（一）水库的概念

水库是指在河流上，为了一定的目的，修建拦河坝截断水流，形成一定容积的水利枢纽。水库具有防洪、发电、灌溉、供水、航运、养殖、旅游等作用。水库是人类在与洪水斗争和水资源开发利用中，创造并应用较多的水利工程。水库的建造历史可以追溯到公元前约 3 000 年，古代的水库，由于技术条件的限制，规模一般都比较小。到了近代，随着水利工程技术的发展和水资源开发利用需求的增加，兴建水库的数量和规模都有较快的发展。水库建成后，可起防洪、蓄水、灌溉、供水、发电、养殖等作用，它是通过径流调节对天然水资源进行重新分配的重要措施之一。

根据水库所在地区的地貌、库床及水面的特征可将水库分为四类。

（1）平原湖泊型水库。指在平原、高原台地或低洼区修建的水库，形状与生态环境都类似于浅水湖泊。形态特征：水面开阔，岸线较平直，水库弯道较少，底部平坦，岸线斜缓，水深一般在 10 m 以内，通常无温度跳跃层，为发展渔业提供优良条件。如山东省的峡山水库、河南省的宿鸭湖水库。

（2）山谷河流型水库。指建造在山谷河流间的水库。形态特征：库岸陡峭，水面呈狭长形，水体较深但不同部位差异极大，一般水深 20~30 m，最大水深可达 30~90 m，上下游落差大，夏季常出现温度跳跃层。如重庆市的长寿湖水库、浙江省的新安江水库等。

（3）丘陵湖泊型水库。指在丘陵地区河流上建造的水库。形态特征介于以上两种水库之间，库岸线较复杂，水面分支很多，库弯道较多，库底比较复杂，为发展渔业提供良好条件。如浙江省的青山水库、陕西省的南沙河水库等。

（4）山塘型水库。指在小溪或洼地上建造的微型水库，主要用于农田灌溉，水位变动很大。如江苏省溧阳市山区塘马水库、宋前水库，句容的白马水库。安徽广德县和郎溪县这种类型的水库较多，主要用于灌溉农田。

（二）水库的类型和等别

水库可以根据其总库容的大小划分为大、中、小型，其中大型水库和小型水库又各自分为两级，即大（1）型、大（2）型，小（1）型、小（2）型。因此，水库按其规模的大小分为五等，如表 1-1 所示。

表 1-1　水库的分等指标

水库等级	I	II	III	IV	V
水库规模	大(1)型	大(2)型	中型	小(1)型	小(2)型
水库的总库容（亿 m³）	>10	10~1	1~0.1	0.1~0.01	0.01~0.001

注：总库容是指校核洪水位以下的水库库容。

二、水库的特性

水库作用发挥得如何，与水库的特性有密切的关系。水库的特性主要包括：水库的流域面积、水库的特征水位、水库的特征库容。

（一）水库的流域面积

在河道上修建水库后，水库的大坝和堤防工程就控制了坝址以上河道集水面积内的来水，这部分集水面积就是水库的流域面积。在求水库的流域面积时，首先要确定本流域与外流域的分水岭，确定集水的边界，然后通过外业测量和内业计算，才能求得水库的流域面积。

水库流域面积的大小、形状、地形坡度、下垫面条件以及流域面积内降雨量和蒸发量的大小等因素，决定着水库的这一重要特性，也包括水库的规模、建筑物和配套建筑物的形式、规模、几何尺寸等。

（二）水库的特征水位

水库在规划设计与运行的管理中，通常会选择若干个作为设计和控制运用条件的特征水位。水库的特征水位就是指根据任务要求，水库在各种不同时期的水文情况下，需控制或允许达到的各种库水位。它是反映水库工作状况的水位。这些特征水位可以反映水库的规模、效益与运用方式，常常要通过经济分析和综合比较选定。

水库的特征水位，在一般情况下主要包括：正常蓄水位、死水位、防洪限制水位、设计洪水位和校核洪水位。

（1）正常蓄水位。水库在正常运用情况下，为满足兴利要求在开始供水时应达到的水位，称为正常蓄水位，又称为正常高水位、兴利水位、设计蓄水位。正常蓄水位的大小不仅决定了水库的规模、效益和调节方式，也在很大程度上决定了水工建筑物的尺寸、形式和水库淹没损失，是水库最重要的一项特征水位。

（2）死水位。水库在正常运用情况下，允许消落到的最低水位，称为死水位，也称为设计低水位。死水位应通过综合技术经济比较和分析选定。其原则是：①使水电站的保证出力和年发电量在既定的正常蓄水位条件下接近最大值；②考虑防洪及其他综合用水部门，如灌溉、航运等对水库最低水位的要求；③要注意低水位时水轮机运行工作情况和闸门制造条件等限制因素；④注意泥沙淤积对水库水位的影响。

（3）防洪限制水位。水库在汛期允许兴利蓄水的上限水位，也是水库在汛期防洪运用时的起调水位，称为防洪限制水位。防洪限制水位的拟定关系到防洪和兴利的结合问题，要兼顾两方面的需要。如汛期内不同时段的洪水特征有明显差别，可考虑分期采用不同的防洪限制水位。

（4）设计洪水位。水库遇到大坝的设计洪水时，在坝前达到的最高水位，称为设计洪水位。它是水库在正常运用情况下允许达到的最高洪水位，也是挡水建筑物稳定计算的主要依据，可采用相应大坝设计标准的各种典型洪水，按拟定的调度方式，自防洪限制水位开始进行调洪计算求得。

（5）校核洪水位。水库遇到大坝的校核洪水时，经水库调洪后，在坝前达到的最高水位，称为校核洪水位。它是水库在非常运用情况下，允许临时达到的最高洪水位，是确定大坝顶高及进行大坝安全校核的主要依据。此水位可采用相应大坝校核标准的各种典型洪水，按拟定的调洪方式，自防洪限制水位开始进行调洪计算求得。

（三）水库的特征库容

水库的特征库容是指相应于水库特征水位以下或两特征水位之间的水库容积。主要包括死库容、兴利库容、防洪库容、调洪库容和总库容。

（1）死库容。指死水位以下的水库容积，也称为垫底库容，位于水库的最低部分。它不起调节作用，只是为保证水库上、下游有一定的兴利水位差，营造库区生态环境及蓄存淤积泥沙和水产养殖等目的而预留的库容。

（2）兴利库容。指正常蓄水位至死水位之间的水库容积，也称为调节库容。兴利库容主要用以调节径流，提供水库的供水量。

（3）防洪库容。指为了削减洪峰、防止下游洪水灾害而进行水库径流调节所需的库容，一般是指汛期坝前限制水位以上到设计洪水位之间的库容。防洪库容主要用以控制洪水，满足水库下游防护对象的防洪要求。

（4）调洪库容。指校核洪水位至防洪限制水位之间的水库容积。调洪库容主要用以拦蓄洪水，在满足水库下游防洪要求的前提下保证大坝安全。

（5）总库容。指校核洪水位以下的水库容积。它是一项表示水库工程规模的代表性指标，可作为划分水库等级、确定工程安全标准的重要依据。

三、水库的作用

（一）防洪减灾

防洪减灾是水库最主要的作用。在汛期洪水到来时，水库可以拦（滞）蓄存一定标准的河流洪水，削减洪水流量的峰值，通常称为滞洪削峰，对下游河道洪水的流量加以控制，使之保持在安全可靠的范围内，可以对下游河道工程和沿岸地区起到显著的防洪减灾作用。

（二）城乡供水

在天然的情况下，河流的来水在各年之间和一年内的各个不同时段之间都有较大的变化，它与人们的用水在时间和水量分配上经常存在着较大的矛盾，兴建水库对来水进行调节，是解决这种矛盾的主要措施。在河流来水较多时，利用水库把一部分水蓄存起来，然后根据各部门用水需要适时、适量地供水，这样可以有效地满足农业灌溉和城市供水方面的需求。

(三)水力发电

水库兴建后,由于大坝蓄水抬高河道的水位,形成较大的水位势能,可以在适当的位置修建水力发电站,将水的势能转化为电能,为国民经济建设和人们的生活提供电能。水电是一种环保和可以再生的能源,因此在我国的电源构成中占有重要地位。

(四)航运交通

水库闸坝的修建,抬高了水库上游河道的水位,延长了坝址以上河道的深水区域,同时扩大了水域面积。这样使原来不能通航的区域可以通航,原来能够通航的区域提高了通航的能力,改善了通航的条件。

(五)水产养殖

修建水库后,一般都会伴随有水域面积和水域空间的扩大,利用这些良好的水面和水体,可以开展和拓展水生动植物种植养殖,产生巨大的经济效益。我国水库的水质良好,是极佳的淡水养殖水体,其可养殖的水面面积占我国可养殖面积的30%以上。

(六)生态环境

水库对生态环境具有一定的作用。水库兴建后,水面面积和空气湿度的改变,可以改善区域内的生态环境,为区域水土资源的利用创造有利条件。同时,水库工程修建和蓄水后,自然环境的巨大变化,通常会产生新的人文景观和自然景观,可以充分利用这些条件,发展水上、工程旅游和库区生态环境资源利用项目,带来可观的经济效益、社会效益和生态效益,兴建水库是综合利用水资源的有效措施之一。

第二节　水库主要建筑物

一、挡水建筑物

挡水建筑物指为拦截水流、抬高水位、调蓄水量,或为阻挡河水泛滥、海水入侵而兴建的各种闸、坝、堤防、海塘等水工建筑物。河床式水电站的厂房、河道中船闸的闸首、闸墙和临时性的围堰等,也属于挡水建筑物。仅用以抬高水位的、高度不大的闸、坝也称壅水建筑物。不少挡水建筑物兼有其他功能,也常列入其他水工建筑物。如溢流坝、拦河闸、泄水闸常列入泄水建筑物,进水闸则常列入取水建筑物。

挡水建筑物可用混凝土、钢筋混凝土、钢材、木材、橡胶等材料构筑而成,也可用土料填筑或石料砌筑、堆筑而成。其主要形式有重力式和拱式两种。混凝土重力坝、浆砌石重力坝和大头坝、支墩坝,主要依靠本身的重量抵抗水平推力来保持稳定,其体积相对较大,属于重力式结构。土坝和堆石坝都有边坡稳定问题,但就其整体稳定性来说,也属于重力式结构。各种形式的拱坝,依靠拱的作用将大部分水平推力传至两岸,只有小部分水平推力传至河床地基,属于拱式结构,坝体体积相对较小。连拱坝的拱形挡水面板属于拱式结构,但就其整体来讲,仍属于重力式结构。除这两种基本形式外,有些临时性或半永久性的中小型低水头挡水建筑物,如一些围堰工程、壅水坝、导流坝等,使用嵌固式的板桩结构,利用桩在地基内的嵌固作用来抵抗水平推力以保持稳定,可称为嵌固式挡水建筑物。

二、泄水建筑物

泄水建筑物指为宣泄水库、河道、渠道、涝区超过调蓄或承受能力的洪水或涝水,以及为泄放水库、渠道内的存水以利于安全防护或检查维修的水工建筑物。

泄水建筑物是保证水利枢纽和水工建筑物的安全,减少、避免洪涝灾害的重要水工建筑物。

(一)常用的泄水建筑物

常用的泄水建筑物有:

(1)低水头水利枢纽的滚水坝、拦河闸和冲沙闸。

(2)高水头水利枢纽的溢流坝、溢洪道、泄水孔、泄水涵管、泄水隧洞。

(3)河道分泄洪水的分洪闸、溢洪堤。

(4)渠道分泄入渠洪水或多余水量的泄水闸、退水闸。

(5)涝区排泄涝水的排水闸、排水泵站。

(二)泄水建筑物的泄水方式

泄水建筑物的泄水方式有堰流和孔流两种。通过溢流坝、溢洪道、溢洪堤和全部开启的水闸的水流属于堰流;通过泄水隧洞、泄水涵管、泄水(底)孔和局部开启的水闸的水流属于孔流。

溢流坝、溢洪道、堰流堤、泄水闸等泄水建筑物的进口为不加控制的开敞式堰流孔或由闸门控制的开敞式闸孔。泄水隧洞、坝身泄水(底)孔、坝身泄水涵管等泄水建筑物的进口淹没在水下,需设置闸门,由井式、塔式、岸塔式或斜坡式的进口设施来控制启闭。

(三)泄水建筑物的布置

泄水建筑物的布置、形式和轮廓设计等取决于水文、地形、地质以及泄水流量、泄水时间、上下游限制水位等任务和要求。设计时,一般先选定泄水形式,拟订若干个布置方案和轮廓尺寸,再进行水利和结构计算,与枢纽中其他建筑物进行综合分析,选用既满足泄水需要,又经济合理、便于施工的最佳方案。必要时采用不同的泄水形式,进行方案优选。

三、输水建筑物

输水建筑物指向用水部门送水的建筑物。输水建筑物包括:引(供)水隧洞、输水管道、渠道、渡槽及涵洞等,是灌溉、水力发电、城镇供水、排水及环保等工程中的重要组成部分。

输水建筑物除洞(管、槽)身外,一般还需包括进口和出口两个部分。有时受地形条件限制,在进口前或出口后还需增设引水渠或尾水渠。渠道线路上的输水隧洞或通航隧道,只有洞身段,但前、后洞脸部分需增加护砌。

输水建筑物需要满足以下要求:

(1)具有设计规定的过流能力。对无压洞(管),为保证洞内为无压流态,水面以上应有足够的净空;对有压洞,为保证洞内为压力流,要求沿洞线顶部的压力余幅不小于 2 m;渠堤顶或边墙在水面以上需留有足够的超高。

(2)结构布置和体形设计得当。出流平稳,水头损失小,不出现过大的负压和空蚀破坏。

（3）不同用途的输水建筑物对水流流速有不同的要求。发电引水隧洞的经济流速一般为 3~5 m/s。为保持渠道不冲、不淤、不生水草，需结合渠道土质、水深和水流悬浮泥沙的颗粒直径，确定适宜的流速范围。

（4）渠线上输水隧洞、暗渠等的纵坡应略陡于渠道纵坡，以减小断面面积和免遭淤积。

（5）对坝下埋管，为防止温度变化和不均匀沉降导致管身开裂、接缝漏水或沿管身与坝体填土间产生集中渗流，应将管身置于较坚实的地基上，沿管线每隔一定距离设置带有止水的伸缩缝，并在管壁外侧做截流环。

（6）满足水工建筑物的一般设计要求。具有足够的强度和稳定性，结构简单，施工简便，有利于运行和管理，造价低，外形美观等。

第三节　水库运行管理

一、水库运行管理概述

水库运行管理是指采取技术、经济、行政和法律的措施，合理组织水库的运行、维修和经营，以保证水库安全和充分发挥效益的工作。

党的十八大以来，习近平总书记提出的"节水优先、空间均衡、系统治理、两手发力"的治水思路，对水利工作赋予了新内涵、新任务、新要求。经济社会的快速发展一方面对水库工程管理有着促进作用；另一方面，对水库工程管理水平的现代化有着迫切的需要，今后水库工程管理将有一个新的、更大的飞跃。水库管理规章制度不断完善，水库管理工作将走向科学化、规范化、标准化、制度化、信息化。

二、水库运行管理的意义

水库的建设为工农业发展创造了有利的条件，如何加强水库的运行管理，确保水库工程的安全和完整，充分发挥水库工程的经济效益，保障城乡居民的用水安全，是水库运行管理工作的重点。水库管理的好坏，直接影响水库效益的高低，如果管理不善，水库效益不能正常发挥，甚至可能还会造成严重的事故，给国家和人民的生命财产带来不可估量的损失。加强水库运行管理的意义主要体现在以下几方面：

（1）可以及时发现安全隐患，确保大坝安全。

（2）可以充分发挥水库的综合效益。

（3）通过对水库中水工建筑物的安全监测，可以验证设计依据，提高设计水平。

（4）为科学研究提供资料。

三、水库运行管理的任务

水库运行管理的主要任务包括：

（1）保证水库安全运行、防止溃坝。

（2）充分发挥规划设计等规定的防洪、灌溉、发电、供水、航运以及发展水产改善环境等各种效益。

（3）对工程进行维修养护，防止和延缓工程老化、库区淤积、自然和人为破坏，延长水库使用年限。

（4）不断提高管理水平。

四、水库运行管理的工作内容

水库工程管理主要包括组织管理、安全管理、运行管理、经济管理4个类别，其中，水库的运行管理是主要内容，包括工程检查、工程观测、工程养护、机电设备维护、工程维修、报汛及洪水预报、防洪调度、兴利调度、操作运行、管理现代化等内容。本书主要介绍水库控制运用、检查监测、养护修理和防汛抢险等方面。

（一）水库控制运用

水库控制运用又称水库调度，包括防洪调度和兴利调度。水库控制运用的任务，就是根据水库工程承担的水利任务、河川径流的变化情况以及国民经济各部门的用水要求，利用水库的调蓄能力，在保证水库枢纽安全的前提下，制订合理的水库运用方案，有计划地对入库天然径流进行控制蓄泄，最大限度地发挥水资源的综合效益。水库控制运用是水库工程运行管理的中心环节。合理的水库控制运用还有助于工程的管理，保持工程的完整，延长水工建筑物的使用寿命。

水库控制运用的内容包括：

（1）掌握各种建筑物和设备的技术状况，了解水库实际蓄泄能力和有关河道的过水能力。

（2）收集水文气象资料的情报、预报以及防汛部门和各用水户的要求。

（3）编制水库调度规程，确定调度原则和调度方式，绘制水库调度图。

（4）编制和审批水库年度调度计划，确定分期运用指标和供水指标，作为年度水库调节的依据。

（5）确定每个时段（月、旬或周）的调度计划，发布和执行水库实时调度指令。

（6）在改变泄量前，通知有关单位并发出警报。

（7）随时了解调度过程中的问题和用水户的意见，据以调整调度工作。

（8）收集、整理、分析有关调度的原始资料。

（二）检查监测

水库的检查观测包括水库的巡视检查和仪器监测。

1.巡视检查

巡视检查是用眼看、耳听、手摸等直观方法并辅以简单的工具，对水工建筑物外露的部分进行检查，以发现一切不正常现象，并从中分析、判断建筑物内部的问题，从而进一步进行检查和观测，并采取相应的修理措施。人工巡视检查是大坝安全监测的重要内容，能较好地弥补仪器观测的局限性，但这种检查只能进行外表检查，难以发现内部存在的隐患。

巡视检查工作分为日常巡视检查、年度巡视检查和特别巡视检查三类。

日常巡视检查是指在常规情况下,对大坝进行的例行巡视检查。日常巡视检查应根据大坝的具体情况和特点,制定切实可行的巡查制度,具体规定巡查的时间、部位、内容和要求,并确定日常巡视检查的路线和顺序,由有经验的技术人员负责,并相对固定。

年度巡视检查是在每年汛前汛后、用水期前后、第一次高水位、冻害地区的冰冻期和融冰期、有蚁害地区的白蚁活动显著期、高水位低气温时期等条件下进行的巡视检查。

特别巡视检查是当大坝发生比较严重的险情或破坏现象,或发生特大洪水、大暴雨、7级以上大风、有感地震,水位骤升、骤降等非常运用情况下进行的巡视检查。

2.仪器监测

水库水工建筑物在施工及运行过程中,受外荷载作用及各种因素影响,其状态不断变化,这种变化常常是隐蔽、缓慢、直观不易察觉的。为了监视水工建筑物的安全运行状态,通常在坝体和坝基内埋设各种监测仪器,以定期或实时监测埋设仪器部位的变形、应力应变和温度、渗流等,并对这些监测资料进行整理分析,评价和监控水工建筑物的安全状况。然而,在出现隐患、病害的部位不一定预埋监测仪器,或者仪器因使用寿命而失效,因此需要用巡视检查和现场检测加以弥补。

根据大坝安全监测的目的,仪器监测项目可以归纳为环境量监测,变形监测,渗流监测,结构内部应力、应变、温度监测,水力学监测,地震监测等6大类。

(三)养护修理

水工建筑物在运用中,受到各种外力和外界因素的作用,随着时间的推移,将向不利的方向转化,逐渐降低其工作性能,缩短工程寿命,甚至造成严重事故。因此,对水工建筑物进行妥善的养护,对其病害进行及时有效的维修,使不安全的因素向有利的方向转化,确保工程安全,使水工建筑物长期地充分发挥其应有的效益,这就是加强养护维修的重要意义。工程实践告诉我们,只要加强检查观测和养护维修工作,病险水库就可以转危为安,发挥正常效益;否则势必造成严重事故,严重威胁人民生命财产的安全。

养护是指保持工程完整状态和正常运用的日常维护工作,它是经常、定期、有计划、有次序地进行的。

本着"经常养护,随时维修;养重于修,修重于抢"的原则,养护维修工作一般可分为经常性的养护维修、岁修、大修和抢修四种。经常性的养护维修指根据检查观测发现的问题而进行的日常保养维修和局部修理,以保持工程的完整。无论是经常性的养护维修,还是岁修、大修或抢修,均以恢复或局部改善原有结构为原则;如需扩建改建,应列入基本建设计划,按基建程序报批后进行。

水库养护的范围主要包括:坝顶的养护、坝体及护坡养护、溢洪道的养护、闸门及启闭设备的养护修理。

(四)防汛抢险

防汛,是在汛期掌握水情变化和建筑物状况,做好调动和加强建筑物及其下游的安全防范工作;抢险,是在建筑物出现险情时,为避免工程失事而进行的紧急抢护工作。防汛抢险是水利工程管理的一项重要工作。工程出现险情时,应在党和政府的统一领导下,充分发动群众,立即进行抢护。在防汛抢险中,应随时做好防大汛抢大险的准备,制订相应的抢险方案,尽可能地减少洪灾造成的损失。

第二章　小型水库的安全鉴定、降等与报废

第一节　大坝安全鉴定

一、大坝安全鉴定制度

大坝安全鉴定是加强水库大坝安全管理,保证大坝安全运行的一项重要基础工作。《水库大坝安全管理条例》规定:大坝主管部门应当建立大坝定期安全检查、鉴定制度。为进一步加强水库安全管理,水利部颁布了《水库大坝安全鉴定办法》,明确规定坝高 15 m 以上或库容 100 万 m³ 以上水库大坝应当进行安全鉴定,坝高小于 15 m 或库容在 10 万~100 万 m³ 之间的小型水库大坝可参照执行。

小型水库主管部门和管理单位应结合实际按照规定的时限、权限、基本程序、主要内容等,组织开展大坝安全鉴定工作。无正当理由不按期鉴定的,属违章运行;导致大坝事故的,按《水库大坝安全管理条例》等法规的有关规定处理。大坝实行定期安全鉴定制度,安全鉴定应在竣工验收后 5 年内进行,以后应每隔 6~10 年进行一次。运行中遭遇特大洪水、强烈地震,或工程发生重大事故,或出现影响安全的异常现象后,应组织专门的安全鉴定。县级以上地方人民政府水行政主管部门对大坝安全鉴定意见进行审定。

二、大坝安全鉴定程序

大坝安全鉴定程序包括大坝安全评价、大坝安全鉴定技术审查和大坝安全鉴定意见审定等三个基本程序。

(1)鉴定组织单位负责委托有资质的大坝安全评价单位对大坝安全状况进行分析评价,并提出大坝安全评价报告和大坝安全鉴定报告书。

(2)由鉴定审定部门或委托有关单位组织并主持召开大坝安全鉴定会,组织专家审查大坝安全评价报告,通过大坝安全鉴定报告书。

(3)鉴定审定部门审定的大坝安全鉴定报告书并印发。

大坝安全评价应由相应资质的鉴定承担单位完成,主要内容包括工程质量评价、大坝运行管理评价、防洪标准复核、结构安全评价、渗流安全评价、抗震安全复核、金属结构安全评价和大坝安全综合评价等,小型水库可结合工程实际情况,参照《水库大坝安全评价导则》(SL 258—2017)及其他有关规程、规范的要求执行。经安全鉴定确定为二类坝或三类坝的病险水库,必须采取应急处理、限制运用、除险加固等措施;三类坝应立即委托有资质的设计单位进行除险加固设计,报有关部门审批立项,组织对水库进行除险加固。水库除险加固完成后,蓄水运用前,必须按照水利部《关于加强中小型水库除险加固后初期蓄水管理的通知》(水建管〔2013〕138 号)和水利部《关于加强小型病险水库除险加固项

目验收管理的指导意见》(水建管〔2013〕178 号)要求验收后方可投入蓄水运用。

三、大坝工作状态

大坝的三种工作状态分别是:正常状态、异常状态和险情状态。

(一)正常状态

正常状态指大坝达到设计功能,不存在影响正常使用的缺陷,且各主要监测量的变化处于正常状态。

(二)异常状态

异常状态指工程的某些功能已不能完全满足设计要求,或主要监测量出现某些异常,因而影响正常使用状态。

(三)险情状态

险情状态指工程出现危及安全的严重缺陷,或环境中某些危及安全的因素正在加剧,或主要监测量出现较大异常,按设计条件继续运行将出现大事故的状态。

四、大坝安全鉴定结论

大坝安全状况分为三类,分类标准如下所述。

(一)一类坝

一类坝指实际抗御洪水标准达到《防洪标准》(GB 50201—2014)规定,大坝工作状态正常;工程无重大质量问题,能按设计正常运行的大坝。

(二)二类坝

二类坝指实际抗御洪水标准不低于部颁水利枢纽工程除险加固近期非常运用洪水标准,但达不到《防洪标准》(GB 50201—2014)的规定;大坝工作状态基本正常,在一定控制运用条件下能安全运行的大坝。

(三)三类坝

三类坝指实际抗御洪水标准低于部颁水利枢纽工程除险加固近期非常运用洪水标准,或者工程存在较严重安全隐患,不能按设计正常运行的大坝。

对于三类坝和非正常状态水库,必须加强安全监测及养护维修,提出有效的安全度汛方案,确保安全,并及时对病害进行研究分析,提出整治措施,报请批准后,积极进行除险加固。而对于一、二类坝和正常状态水利枢纽,要进行有计划、有次序、经常性的检查监测和养护工作,保证水利枢纽处于正常状态,不向异常或险情状态转变。

第二节　现场安全检查及安全检测

一、现场安全检查

(一)现场安全检查的一般规定

(1)现场安全检查的目的是检查大坝是否存在工程安全隐患与管理缺陷,并为大坝安全评价工作提供指导性意见。

（2）现场安全检查应成立现场安全检查专家组，并由专家组完成现场安全检查工作。

现场安全检查专家组应本着实事求是的原则，按照检查表的有关内容，采用现场查勘和座谈等方式对水库运行管理机构、管理设施、运行调度规程、监测设施、大坝坝体、坝基、溢洪道、放水洞等进行详细检查。

（二）现场安全检查实施

（1）现场安全检查应在查阅资料的基础上，对大坝外观与运行状况、设备、管理设施等进行全面检查和评价，并填写现场安全检查表，编制大坝现场安全检查报告，提出大坝安全评价工作的重点和建议。

（2）现场安全检查的项目和内容、方法和要求、记录和报告。土石坝应按照《土石坝安全监测技术规范》（SL 551—2012）有关巡视检查的规定执行；混凝土坝、浆砌石坝应按照《混凝土坝安全监测技术规范》（SL 601—2013）有关现场检查的规定执行；其他坝型可参照土石坝或混凝土坝的要求执行，并结合坝型特点增减检查项目。

二、现场安全检测

（一）现场安全检测的一般规定

（1）现场安全检测的目的是揭示大坝现状质量状况，并为大坝安全评价提供能代表目前性状的计算参数。

（2）现场安全检测主要包括坝基和土质结构的钻探试验与隐患检测、混凝土结构安全检测、砌石结构安全检测和金属结构安全检测。

（3）现场安全检测应满足相关规范的要求，宜减小对检测对象结构的扰动与不利影响。

（4）现场安全检测结果应与历史资料和运行监测资料进行对比分析，综合给出大坝安全评价所需要的参数。

（二）现场安全检测实施

1. 钻探试验与隐患探测

（1）当缺少大坝工程地质资料或土石坝坝体填筑质量资料时，应补充工程地质勘察与钻探试验；当大坝存在可疑工程质量缺陷或运行中出现重大工程险情，且已有资料不能满足安全评价需要时，应补充钻探试验和（或）隐患探测。

（2）补充工程地质勘察和钻探试验，中小型水库大坝应按《中小型水利水电工程地质勘察规范》（SL 55—2005）的相关规定执行。

（3）采用物探方法进行大坝工程隐患探测时，应按《水利水电工程物探规程（附条文说明）》（SL 326—2005）的相关规定执行。

2. 混凝土结构安全检测

混凝土结构安全检测应。包括以下内容，具体可根据大坝安全评价工作需要与现场检测条件确定。

（1）混凝土外观质量与缺陷检测。包括定性描述和定量描述两种方式，具体见表2-1。

表 2-1　混凝土构件评定指标

级别	评定标准	
	定性描述	定量描述
1	完好,无剥落、掉角	—
2	局部混凝土剥落或掉角	累计面积 ≤ 构件面积的 5%,或单处面积≤0.5 m²
3	较大范围混凝土剥落或掉角	累计面积>构件面积的 5%且<构件面积的 10%,或单处面积>0.5 m² 且<1.0 m²
4	大范围混凝土剥落或掉角	累计面积 ≥ 构件面积的 10%,或单处面积≥1.0 m²

(2)构件混凝土强度检测。混凝土的抗压强度是各种物理力学性能指标的综合反映,根据建筑物混凝土表面质量及强度,可以分为四个等级,如表 2-2 所示。

表 2-2　混凝土强度评级标准

级别	表观质量	表面状态	强度(MPa)
A	基本完好	表面无裂纹,无缺损	$f_{cu,e} \geq f_c$
B	轻微碳化	表面有轻微裂纹,或有<2%的缺损	$f_c > f_{cu,e} \geq 0.9 f_c$
C	较严重碳化	表面有明显裂缝,或有 2% ~ 10%的缺损	$0.9 f_c > f_{cu,e} \geq 0.8 f_c$
D	严重碳化	裂缝密集,或表面有>10%的缺损	$f_{cu,e} < 0.8 f_c$

注:表中 $f_{cu,e}$ 为实测结构混凝土强度推定值;f_c 为设计混凝土抗压强度标准值。

(3)混凝土碳化深度、钢筋保护层厚度与锈蚀程度检测。钢筋锈蚀评定分为四级,具体见表 2-3。

表 2-3　钢筋锈蚀评定指标

级别	文字描述
A	大面积覆盖着氧化皮而几乎没有铁锈的钢材表面
B	已发生锈蚀,并且氧化皮已开始剥落的钢材表面
C	氧化皮已因锈蚀而剥落,或者可以刮除,并且在正常视力观察下可见轻微点蚀的钢材表面
D	氧化皮已因锈蚀而剥落,并且在正常视力观察下可见轻微点蚀的钢材表面

(4)当主要结构构件或有防渗要求的结构出现裂缝、孔洞、空鼓等现象时,应检测其分布、宽度和深度,并分析产生的原因。

根据水工钢筋混凝土设计规范中有关极限设计的原则和调研资料,为满足耐久性和防止钢筋产生锈蚀的要求,混凝土构件的结构裂缝分为四个等级,详见表 2-4。

表2-4 混凝土结构裂缝老化病害评级标准

级别	表观质量	裂缝状态	表面缝宽(mm)
A	基本完好	没有或局部有微裂纹	<0.2
B	轻微破裂	有少量明显裂缝	[0.2,0.4)
C	较严重破裂	存在较多裂缝,或缝深 $h \geqslant 1/2$ 结构厚度	[0.4,0.6)
D	严重破裂	有大量裂缝、保护层脱壳剥落或缝深 $h \geqslant$ 1/2 结构厚度	>0.6

(5)当结构因受侵蚀性介质作用而发生腐蚀时,应测定侵蚀性介质的成分、含量,并检测结构的腐蚀程度。

3. 砌石结构安全检测

砌石结构安全检测宜包括下列项目,具体可根据安全评价工作需要与现场检测条件确定。

1)石材检测

石材检测包括石材强度、尺寸偏差、外观质量、抗冻性能、石材品种等检测项目。石材强度检测可采用钻芯法或切割成立方体试块的方法,检测操作应按《建筑结构检测技术标准》(GB/T 50344—2019)的规定执行。石材表面质量评定按表2-5进行。

表2-5 石材表面质量评定

级别	石料老化程度	特征
A	基本完好	岩质新鲜,偶见风化痕迹
B	轻微风化	岩石结构基本未变,仅节理面有渲染或略有变色,有少量风化裂隙
C	弱风化	结构部分破坏,沿节理面有次生矿物
D	强风化	结构大部分破坏,矿物成分显著变化,岩体破碎

2)砌筑砂浆(细石混凝土)检测

砂浆强度检测可采用推出法、筒压法、砂浆片剪切法、砂浆回弹法、点荷法、砂浆片局压法,检测方法选用原则及检测操作应按《砌体工程现场检测技术标准》(GB/T 50315—2011)的规定执行。砂浆抗冻性和抗渗性检测操作应按《水工混凝土试验规程》(SL/T 352—2020)的规定执行。根据砂浆强度,可将其老化状况分为四个等级,详见表2-6。

表2-6 砂浆强度级别标准

级别	老化分级	强度(MPa)
A	基本完好	$M_{cu,e} \geqslant M_c$
B	轻微老化	$M_c > M_{cu,e} \geqslant 0.9 M_c$
C	较严重老化	$0.9 M_c > M_{cu,e} \geqslant 0.8 M_c$
D	严重老化	$M_{cu,e} < 0.8 M_c$

注:表 $M_{cu,e}$ 为实测砂浆抗压强度推定值, M_c 为设计砂浆抗压强度标准值。

3）砌石体检测

砌石体检测项目包括砌石体强度、容重、孔隙率、密实性等检测。

砌石体强度检测可采用原位轴压法、扁顶法、切制抗压试件法，检测方法选用原则及检测操作应按《砌体工程现场检测技术标准》（GB/T 50315—2011）的规定执行。

4）砌筑质量与构造检测

砌石结构砌筑质量与构造检测可参照《砌体工程现场检测技术标准》（GB/T 50315—2011）及其他相应技术标准的规定执行。

5）砌石结构损伤与变形检测

砌石结构变形与损伤检测包括裂缝、倾斜、基础不均匀沉降、环境侵蚀损伤、灾害损伤及人为损伤等检测项目。其中裂缝检测应遵循下列规定：

（1）测定裂缝位置、长度、宽度和数量。

（2）必要时剔除抹灰，确定砌筑方法、留槎、洞口、线管及预制构件对裂缝的影响。

（3）对于仍在发展的裂缝，应定期观测。

4. 金属结构安全检测

（1）钢闸门、拦污栅和启闭机的现场安全检测项目、抽样比例、检测操作、检测报告应按《水工钢闸门和启闭机安全检测技术规程》（SL 101—2014）的规定执行。

（2）压力钢管现场安全检测项目、抽样比例、检测操作、检测报告应按相关规范的规定执行。

（3）其他金属结构安全检测可参照以上规定执行。

三、现场安全检查及安全检测结论

通过现场安全检查及安全检测，应综合分析水库存在的问题，主要包括大坝、溢洪道、放水洞、管理及观测设施等存在的各种问题，作为工程质量评价、防洪能力复核、结构安全评价、渗流安全评价、抗震安全复核、金属结构安全评价的依据。

第三节　工程质量评价

一、评价目的、内容及方法

（一）评价目的

工程质量评价的目的是复核大坝基础处理的可靠性、防渗处理的有效性，以及大坝结构的完整性、耐久性与安全性等是否满足现行规范和工程安全运行要求。

（二）评价内容

（1）评价大坝工程地质条件及基础处理是否满足现行规范要求。

（2）评价大坝工程质量现状是否满足规范要求。

（3）根据运行表现，分析大坝工程质量变化情况，查找是否存在工程质量缺陷，并评估对大坝安全的影响。

（4）为大坝安全评价提供符合工程实际的参数。对勘测、设计、施工、验收、运行资料齐全的水库大坝,应在相关资料分析基础上,重点对施工质量缺陷处理效果、验收遗留工程施工质量及运行中暴露的工程质量缺陷进行评价。

(5)对缺乏工程质量评价所需基本资料,或运行中出现异常的水库大坝,应补充钻探试验与安全检测,并结合运行表现,对大坝工程质量进行评价。

(三)评价方法

1.现场检查法

通过现场检查并辅以简单测量、测试及安全监测资料分析,复核大坝形体尺寸、外观质量及运行情况是否正常,进而评判大坝工程质量。

2.历史资料分析法

通过对工程施工质量控制、质量检测、验收以及安全鉴定、运行、安全监测等资料的复查和分析,对照现行规范要求,评价大坝工程质量。

3.钻探试验与安全检测法

当上述两种方法尚不能对大坝工程质量做出评价时,应通过补充钻探试验与安全检测取得参数,并据此对大坝工程质量进评价。

二、工程地质条件评价

(1)应对枢纽区地形地貌及地层岩性、地质构造、地震、水文地质等进行评价,查明是否存在影响工程安全的地质缺陷和问题。

(2)对运用中发生地震或工程地质条件发生重大变化的水库大坝,应评估工程地质条件变化及其对工程安全的影响。

三、土石坝工程质量评价

土石坝工程质量评价应复核坝基处理、筑坝材料选择与填筑、坝体结构、防渗体施工以及坝体与坝基、岸坡及其他建筑物的连接等是否符合现行相关设计规范、施工规范及《水利水电工程施工质量检验与评定规程(附条文说明)》(SL 176—2007)的要求。

(1)坝基处理质量复核应查明坝基及岸坡开挖、砂砾石坝基渗流控制、岩石坝基处理,以及易液化土、软黏土和湿陷性黄土坝基的处理等情况。

(2)筑坝材料选择与填筑质量复核应查明筑坝材料的土性、颗粒含量、渗透性以及填土的压实度、相对密度或孔隙率,坝体填筑质量应符合《碾压式土石坝施工规范》(DL/T 5129—2013)的要求。

(3)坝体结构应主要复核坝体分区、防渗体、反滤层和过渡层、坝体排水、护坡等是否符合《碾压式土石坝设计规范》(SL 274—2020)、《小型水利水电工程碾压式土石坝设计规范》(SL 189—2013)等的要求。

(4)防渗体施工质量除应符合《碾压式土石坝设计规范》(SL 274—2020)、《小型水利水电工程碾压式土石坝设计规范》(SL 189—2013)等的要求外,帷幕灌浆还应符合《水工建筑物水泥灌浆施工技术规范》(SL/T 62—2020)的要求。

(5)坝体与坝基、岸坡与其他建筑物的连接处理应符合《碾压式土石坝设计规范》(SL 274—2020)、《小型水利水电工程碾压式土石坝设计规范》(SL 189—2013)等的要求。

（6）对运行中出现均匀沉降、塌陷、裂缝、滑坡、集中渗漏、散浸等现象的土石坝，必要时应补充工程地质勘察与安全检测，以分析、查明质量缺陷，并评估对大坝结构稳定、渗流稳定的影响。

四、砌石坝工程质量评价

砌石坝工程质量评价应复核坝基处理、筑坝材料、坝体防渗、坝体构造、坝体砌筑、温度控制等是否符合《砌石坝设计规范》（SL 25—2006）和《水利水电工程施工质量检验与评定规程（附条文说明）》（SL 176—2007）的要求。

（1）坝基处理应复核砌石重力坝可参照混凝土重力坝执行，砌石拱坝可参照混凝土拱坝执行。

（2）筑坝材料主要复核石料和胶凝材料是否符合要求。

（3）坝体构造主要复核坝顶布置和交通，坝内廊道和孔洞，坝体分缝、排水和基础垫层是否符合要求。

（4）坝体砌筑应复核胶结材料的强度、抗渗等级、抗冻等级、抗溶蚀性能以及砌体强度、砌体容重与空隙率、砌体密实性等是否符合要求。

（5）对运行中出现裂缝、漏水等现象的砌石坝，应进行调查和检测，分析、查明质量缺陷，并评估对大坝稳定性及整体安全的影响。

五、泄水、输水及其他建筑物工程质量评价

（1）泄水、输水及其他建筑物包括溢洪道、泄洪（隧）洞、输水（隧）洞（管）及其金属结构和影响大坝安全的近坝岸坡。

（2）泄水、输水及其他建筑物的混凝土结构工程质量评价，可按本章第二节现场安全检查及安全检测中的混凝土结构安全检测进行，并应符合相关标准的规定。

（3）泄水、输水及其他建筑物的砌石结构工程质量评价，可按本章第二节现场安全检查及安全检测中的砌石结构安全检测进行，并应符合相关标准的规定。

（4）建筑物边坡工程质量评价应复核开挖和压脚、地面排水、地下排水、坡面支护、深层加固、灌浆处理、支挡措施等是否符合有关标准的规定。

（5）泄水、输水及其他建筑物金属结构工程质量评价应重点复核其制造和安装是否符合相关标准的规定。

六、工程质量评价结论

（一）合格
工程质量满足设计和规范要求，且工程运行中未暴露明显质量缺陷的，工程质量可评为合格。

（二）基本合格
工程质量基本满足设计和规范要求，且运行中暴露局部质量缺陷，但尚不严重影响工程安全的，工程质量可评为基本合格。

（三）不合格

工程质量不满足设计和规范要求,运行中暴露严重质量缺陷和问题,安全检测结果大部分不满足设计和规范要求,严重影响工程安全运行的,工程质量应评为不合格。

第四节　运行管理评价

一、评价目的及内容

（一）评价目的

运行管理评价的目的主要是评价水库现有的管理条件、管理工作及管理水平是否满足相关大坝安全管理法规与技术标准的要求,以及保障大坝安全运行的需要,并为改进大坝运行管理工作提供指导性意见和建议。

（二）评价内容

运行管理评价内容主要包括:水库运行管理能力、调度运用、维修养护及安全检测等相关内容评价。

二、运行管理评价

（一）水库运行管理能力评价

水库运行管理能力评价应主要复核水库管理体制机制、管理机构、管理制度、管理设施等是否符合《水库大坝安全管理条例》《水库工程管理设计规范》(SL 106—2017)等相关大坝安全管理法规与技术标准的要求。

（1）管理体制机制应复核水库是否划定合适的工程管理范围与保护范围;是否建立以行政首长为核心的大坝安全责任制,明确政府、主管部门和管理单位责任人;是否按照要求完成水库管理体制改革任务,理顺管理体制,落实人员基本支出和工程维修养护经费。

（2）管理机构应复核水库是否按照《水库工程管理设计规范》(SL 106—2017)及相关法规与规范性文件的要求,组织建立适合水库运行管理需要的管理单位,并配备足额具备相应专业素养、满足水库运行管理需要的行政管理与工程技术人员。

（3）管理制度应复核水库管理机构是否按照相关法规与规范性文件的要求,制定适合水库实际的调度运用、安全监测、维修养护、防汛抢险、闸门操作以及行政管理、水政监察、技术档案等管理制度并严格执行。

（4）管理设施应复核水库水文测报站网、工程安全监测设施、水库调度自动化系统、防汛交通与通信设施、警报系统、工程维修养护设备和防汛设施、供水建筑物及其自动化计量设施、水质监测设施、水库管理单位办公生产用房等是否完备和处于正常运行状态。

（二）调度运用评价

调度运用评价主要复核水库调度规程编制、安全监测、应急预案编制、运行大事记、技术档案等工作是否符合相关大坝安全管理法规与技术标准的要求,以及能否按照审批的调度规程合理调度运用。

（1）水库管理单位或主管部门（业主）应根据相关要求，组织编制水库调度规程，并按管辖权限经水行政主管部门审批后执行。水库汛期调度运用计划应由有调度权限的防汛抗旱指挥部门审批。当水库调度任务、运行条件、调度方式、工程安全状况发生重大变化时，应适时对调度规程进行修订，并报原审批部门审查批准。

（2）土石坝应按《土石坝安全监测技术规范》（SL 551—2012）的要求，砌石坝参照《混凝土坝安全监测技术规范》（SL 601—2013）的要求，定期开展大坝安全巡视检查与仪器监测工作，并及时对监测资料进行整编分析，用于指导大坝安全运行。对具有供水功能的水库，应对水质进行监测。

（3）水库管理单位或主管部门（业主）应根据相关要求，组织编制水库大坝安全管理应急预案，并履行相应的审批和备案手续。

（4）水库管理单位或主管部门（业主）应编写完整、翔实的水库运行大事记，重点记载水库逐年运行特征水位和泄量，运行中出现的异常情况及原因分析与处理情况，遭遇特大洪水、地震、异常干旱等极端事件时大坝安全性态，历次安全鉴定结论和加固改造情况等。

（5）水库管理单位或主管部门（业主）应加强技术资料积累与管理，建立水库工程基本情况、建设与改造、运行与维护、检查与监测、安全鉴定、管理制度等技术档案。对缺失或存在问题的资料应查清补齐、复核校正。

（三）工程养护修理评价

工程养护修理分为工程养护和工程修理。工程养护是指为保证大坝正常使用而进行的保养和防护措施，分为经常性养护、定期养护和专门养护。工程修理是指当大坝发生损坏、性能下降以致失效时，为使其恢复到原设计标准或使用功能所采取的各种修补、处理、加固等措施，分为经常性维修、岁修、大修和抢修。工程修理包括工程损坏调查、修理方案制订与报批、实施、验收等四个工作程序。

工程养护修理包括对水库枢纽水工建筑物、闸门与启闭设备、监测设施、防汛交通和通信设施、备用电源等的检查、测试及养护和修理，以及对影响大坝安全的生物破坏进行防治。

工程养护修理评价主要复核水库管理单位和主管部门（业主）是否按照相关大坝安全管理法规和技术标准要求，制订维修养护计划，落实维修养护经费，对大坝和相关设施（备）进行经常性的养护和修理，使其处于安全和完整的工作状态。

（1）工程养护修理应按《土石坝养护修理规程》（SL 210—2015）等相关标准的要求执行。对设备还应定期检查和测试，确保其安全和可靠运行。

（2）以往对大坝开展的修理和加固改造工程及其效果应做详细记录和评价。

三、运行管理评价结论

运行管理评价应做出下列明确结论：

（1）水库管理机构和管理制度是否健全，管理人员职责是否明晰。

（2）大坝安全监测、防汛交通与通信等管理设施是否完善。

（3）水库调度规程与应急预案是否制定并报批。

（4）是否能按审批的调度规程合理调度运用，并按规范开展安全监测，及时掌握大坝安全性态。

（5）大坝是否得到及时养护修理，是否处于安全和完整的工作状态。

（一）运行管理规范

以上5条均做得好，水库能按设计条件和功能安全运行时，大坝运行管理可评为规范。

（二）运行管理较规范

以上5条中大部分做得好，水库基本能按设计条件和功能安全运行时，大坝运行管理可评为较规范。

（三）运行管理不规范

以上5条中大部分未做到，水库不能按设计条件和功能安全运行时，大坝运行管理应评为不规范。

第五节　防洪能力复核

一、一般规定

（1）防洪能力复核的主要内容应包括防洪标准复核、设计洪水复核计算、调洪计算及大坝抗洪能力复核。

（2）设计洪水复核计算应优先采用流量资料推求。如设计洪水复核计算成果小于原设计洪水成果，宜沿用原设计洪水成果进行调洪计算。

（3）调洪计算应根据设计批复的调度原则和采用能反映工程现状的水位—泄量—库容关系曲线。当调洪计算结果低于原设计或前次大坝安全鉴定确定的指标时，宜仍沿用原特征水位和库容指标。

（4）当大坝控制流域内还有其他水库时，应研究各种洪水组合，并按梯级水库调洪方式进行防洪能力的复核。考核上游水库拦洪作用对下游水库的有利因素时应留有足够余地，并应考虑上游水库超标准泄洪时的安全性。

（5）对设有非常溢洪道的水库，应根据非常溢洪道下游的现状条件，复核其是否能够按原设计确定的启用方式和条件及时泄洪。

二、防洪标准复核

（1）应根据水库总库容以及现状防洪保护对象的重要性与功能效益指标，复核水库工程等别、建筑物级别和防洪标准是否符合《防洪标准》（GB 50201—2014）和《水利水电工程等级划分及洪水标准》（SL 252—2017）的规定。

（2）如水库现状工程等别、建筑物级别和防洪标准达不到《防洪标准》（GB 50201—2014）和《水利水电工程等级划分及洪水标准》（SL 252—2017）的要求，应根据《水利枢纽工程除险加固近期非常运用洪水标准》，确定水库近期非常运用洪水标准，并按《防洪标准》（GB 50201—2014）和《水利水电工程等级划分及洪水标准》（SL 252—2017）对防洪标准进行调整，作为本次防洪能力复核调洪计算与大坝抗洪能力复核的依据。

三、设计洪水复核计算

设计洪水包括设计洪峰流量、设计洪水总量、设计洪水过程线、设计洪水的地区组成和分期设计洪水等。按拥有的资料不同,设计洪水可由流量资料推求和由雨量资料推求。

对天然河道槽蓄能力较大的水库,应采用入库洪水资料进行设计洪水计算;若设计阶段采用的是坝址洪水资料,宜改用入库洪水资料,或估算入库洪水的不利影响。

对于难以获得流量资料的中小型水库,可根据雨量资料,计算流域设计暴雨,然后通过流域产汇流计算,推求相应频率的设计洪水。对于缺乏暴雨洪水资料的水库,可利用邻近地区实测或调查洪水和暴雨资料,进行地区综合分析,计算设计洪水。

(1)由流量资料推求设计洪水应采用下列步骤:

①利用设计阶段坝址洪水或入库洪水实测系列资料、历史调查洪水资料,并加入运行期坝址洪水或入库洪水实测系列资料,延长洪峰流量和不同时段洪量的系列,进行频率计算。当运行期无实测入库洪水资料时,可利用实测库水位和出库流量记录以及水位—库容曲线反推求算入库洪水系列资料。

②频率曲线的线型宜采用皮尔逊Ⅲ型,对特殊情况,经分析论证后也可采用其他线型。可采用矩法或其他参数估计法初步估算频率曲线的统计参数,然后采用经验适线法或优化适线法调整初步估算的统计参数。当采用经验适线法时,宜拟合全部点据;拟合不好时,可侧重考虑较可靠的大洪水点据。

③在分析洪水成因和洪水特性的基础上,选用对工程防洪运用较不利的大洪水过程作为典型洪水过程,据以放大求取各种频率的设计洪水过程线。

(2)由雨量资料推求设计洪水应采用下列步骤:

①当流域内雨量站较多、分布比较均匀且具有长期比较可靠的暴雨资料时,可直接选取各种历时面平均暴雨量系列,进行暴雨频率计算,推求设计暴雨。设计暴雨包括设计流域各种历时点或面暴雨量、暴雨的时程分配和面分布。当流域面积较小,且缺少各种历时面平均暴雨量系列时,可用相应历时的设计点雨量和暴雨点面关系间接计算设计面暴雨量;当流域面积很小时,可用设计点暴雨量作为流域设计面平均暴雨量。

②在设计流域内或邻近地区选择若干个测站,对所需各种历时暴雨做频率分析,并进行地区综合,合理确定流域设计点雨量,也可从经过审批的暴雨统计参数等值线图上查算工程所需历时的设计点雨量。

③设计暴雨量的时程分配应根据符合大暴雨雨型特性的综合或典型雨型,采用不同历时设计暴雨量同频率控制放大。

④设计暴雨的面分布应根据符合大暴雨面分布特性的综合或典型面分布,以流域设计面雨量为控制,进行同倍比放大计算,也可采用分区的设计面雨量同频率控制放大计算。

⑤根据设计暴雨计算结果,采用暴雨径流相关、扣损等方法进行产流计算,求得设计净雨过程。根据设计净雨过程,可采用单位线、河网汇流曲线等方法推求设计洪水过程线。如流域面积较小,可用推理公式计算设计洪水过程线。

⑥当流域面积小于 1 000 km^2,且又缺少实测暴雨资料时,可采用经审批的暴雨径流

查算图表计算设计洪水,必要时可对参数做适当修正。

⑦对于采用可能最大洪水作为非常运用洪水标准的水库,应复核可能最大暴雨和可能最大洪水的计算成果。

四、调洪计算

调洪计算应根据水库承担的任务以及运行环境和功能变化,复核水库调度运用方式,在此基础上进行洪水调节计算,并按照复核确定的水库防洪标准及近期非常运用洪水标准确定水库的防洪库容、拦洪库容和调洪库容以及相应的防洪特征水位。

调洪计算前应做好计算条件的确定和有关资料的核查等准备工作。

(1)核定起调水位。

①大坝设计未经修改的,应采用原设计确定的汛期限制水位。

②大坝经过加固或改、扩建或水库控制流域人类活动对设计洪水有较大改变的,应采用经过审批重新确定的汛期限制水位。

③因各种原因降低汛期限制水位控制运用的,应仍采用原设计确定的汛期限制水位。

(2)复核设计拟定的或主管部门批准变更的调洪运用方式的实用性和可操作性,了解有无新的限泄要求。

(3)复核水位—库容曲线。对多泥沙河流上淤积比较严重的水库,应采用淤积后的实测成果,且应相应缩短复核周期。

(4)复核泄洪建筑物泄流能力曲线。对具有泄洪功能的输水建筑物,其泄量可加入泄流能力曲线进行调洪计算,但是否全部或部分参与泄洪,应根据《水利工程水利计算规范》(SL 104—2015)的规定确定。

调洪计算宜采用静库容法。对动库容占较大比重的重要大型水库,宜采用入库设计洪水和动库容法进行调洪计算;当设计洪水采用坝址洪水时,仍宜采用静库容法。

调洪计算时不宜考虑气象预报。但对洪水预报条件好、预报方案完善、预报精度较高的水库,在估计预报误差留有余地的前提下,洪水调节计算时可适当考虑预报预泄。

五、大坝抗洪能力复核

大坝抗洪能力复核应在调洪计算确定的防洪特征水位基础上,加上坝顶超高,求得满足防洪标准要求的最低坝顶高程或防浪墙顶高程,并与现状实际坝顶高程或防浪墙顶高程比较,评判大坝现状抗洪能力是否满足《防洪标准》(GB 50201—2014)和《水利水电工程等级划分及洪水标准》(SL 252—2017)或《水利枢纽工程除险加固近期非常运用洪水标准》的要求;对土石坝,还应按《碾压式土石坝设计规范》(SL 274—2020)的要求复核防渗体顶高程是否满足防洪标准要求。

应从下列几个方面复核泄洪建筑物在设计洪水和校核洪水条件下的泄洪安全性:

(1)能否安全下泄最大流量。

(2)泄水对大坝有何影响。

(3)泄水对下游河道有何影响。

六、防洪能力复核结论

防洪能力复核应做出下列明确结论：

(1)水库原设计防洪标准是否满足《防洪标准》(GB 50201—2014)和《水利水电工程等级划分及洪水标准》(SL 252—2017)的要求,是否需要调整。

(2)水文系列延长后,原设计洪水成果是否需要调整。

(3)水库泄洪建筑物的泄流能力是否满足安全泄洪的要求。

(4)水库洪水调度运用方式是否符合水库的特点,是否满足大坝安全运行的要求,是否需要修订。

(5)大坝现状坝顶高程或防浪墙顶高程以及防渗体顶高程是否满足规范要求。

(一)大坝防洪安全性 A 级

当水库防洪标准及大坝抗洪能力均满足规范要求,洪水能够安全下泄时,大坝防洪安全性应评为 A 级。

(二)大坝防洪安全性 B 级

当水库防洪标准及大坝抗洪能力不满足规范要求,但满足近期非常运用洪水标准要求;或水库防洪标准及大坝抗洪能力满足规范要求,但洪水不能安全下泄时,大坝防洪安全性可评为 B 级。

(三)大坝防洪安全性 C 级

当水库防洪标准及大坝抗洪能力不满足近期非常运用洪水标准要求时,大坝防洪安全性应评为 C 级。

第七节　渗流安全评价

一、一般规定

渗流安全评价的目的是复核大坝渗流控制措施和当前的实际渗流性态能否满足大坝按设计条件安全运行。

渗流安全评价应包括下列主要内容:

(1)复核工程的防渗和反滤排水设施是否完善,设计与施工(含基础处理)质量是否满足现行有关规范要求。

(2)查明工程运行中发生过何种渗流异常现象,判断是否影响大坝安全。

(3)分析工程防渗和反滤排水设施的工作性态及大坝渗流安全性态,评判大坝渗透稳定性是否满足要求。

(4)对大坝存在的渗流安全问题,分析其原因和可能产生的危害。

应在现场安全检查的基础上,根据工程地质勘察、渗流监测、安全检测等资料,综合监测资料分析与渗流计算对大坝渗流安全进行评价。对有渗流监测资料的大坝,首先应进行监测资料分析;对运行中暴露的异常渗流现象应做重点分析;对设有穿坝建筑物的土石坝,还应重点分析穿坝建筑物与坝体之间的接触渗透稳定是否满足要求。

二、渗流安全评价方法

渗流安全评价可采用现场检查法、监测资料分析法、计算分析法和经验类比法,宜综合使用。

(一)现场检查法

通过现场检查大坝渗流表象,判断大坝渗流安全状况。当工程存在下列现象时,可初步认为大坝渗流性态不安全或存在严重渗流安全隐患,并进一步分析论证:

(1)渗流量在相同条件下不断增大;渗漏水出现浑浊或可疑物质;出水位置升高或移动等。

(2)土石坝上游坝坡塌陷、下游坝坡散浸,且湿软范围不断扩大;坝趾区冒水翻砂、松软隆起或塌陷;库内出现漩涡漏水、铺盖产生严重塌坑或裂缝。

(3)坝体与两坝端岸坡、输水涵管(洞)等接合部漏水,附近坝面塌陷,渗水浑浊。

(4)渗流压力和渗流量同时增大,或者突然改变其与库水位的既往关系,在相同条件下突然增大。

(二)监测资料分析法

通过分析渗流压力和渗流量与库水位之间的相关关系,判断大坝渗流性态是否正常;同时通过渗流压力和渗流量实测值数学模型推算值与设计、试验或规范给定的允许值相比较,判断大坝渗流安危程度。

(三)计算分析法

通过理论方法或数值模型计算大坝的渗流量、水头、渗流压力、渗透坡降等水力要素及其分布,绘制流网图,评判防渗体的防渗效果,以及关键部位渗透坡降是否小于允许渗透坡降,浸润线(面)是否低于设计值,渗流出逸点高程是否在贴坡反滤保护范围内。常用的数值计算方法多采用渗流有限单元法。

(四)经验类比法

对中小型水库,当缺少监测资料和渗透试验参数时,可根据工程具体情况、坝体结构与工程地质条件,依据工程经验或与类似工程对比,判断大坝渗流安全性。

三、土石坝渗流安全评价

(一)坝基渗流安全评价

坝基渗流安全评价应包括下列要点:

(1)砂砾石层的渗透稳定性,应根据土的类型及其颗粒级配判别其渗透变形形式,核定其相应的允许渗透比降,与实际渗透比降相比,判断渗流出口有无管涌或流土破坏的可能性,以及渗流场内部有无管涌、接触冲刷等渗流隐患。

(2)覆盖层为相对弱透水土层时,应复核其抗浮稳定性,其允许渗透比降宜通过渗透试验或参考流土指标确定;当有反滤盖重时,应核算盖重厚度和范围是否满足要求。

(3)接触面的渗透稳定应主要评价下列两种情况:

①复核粗、细散粒料土层之间有无流向平行界面的接触冲刷和流向从细到粗垂直结构界面的接触流土的可能性;粗粒料层能否对细粒料层起保护作用。

②复核散粒料土体与混凝土防渗墙、涵管和岩石等刚性结构界面的接触渗透稳定性，应注意分析散粒料与刚性面接合的紧密程度，出口有无反滤保护，以及与断层破碎带、灰岩溶蚀带、较大张性裂隙等接触面有无妥善处理及其抗渗稳定性。

(4)应分析地基中防渗体的防渗性能与渗透稳定性。

(二)坝体渗流安全评价

1.均质坝

均质坝应复核坝体的防渗性能是否满足规范要求、坝体实际浸润线(面)和下游坝坡渗出段高程是否高于设计值，还应注意坝内有无横向或水平裂缝、松软接合带或渗漏通道等。

2.分区坝

(1)应复核心墙、斜墙、铺盖、面板等防渗体的防渗性能及渗透稳定性是否满足规范要求，心墙或斜墙的上、下游侧有无合格的过渡层，水平防渗铺盖的底部垫层或天然砂砾石层能否起保护作用，面板有无合格垫层。

(2)应复核上游坝坡在库水位骤降情况下的抗滑稳定性和下游坝坡出逸段(区)的渗透稳定性，下游坡渗出段的贴坡层是否满足反滤层的设计要求。

(3)对于界于坝体粗、细填料之间的过渡区以及棱体排水、褥垫排水和贴坡排水，应复核反滤层设计的保土条件和排水条件是否合格，以及运行中有无明显集中渗流和大量固体颗粒被带出等异常现象。

(三)绕坝渗流

绕坝渗流应复核两坝端填筑体与山坡接合部的接触渗透稳定性，以及两岸山脊中的地下水渗流是否影响天然岩土层的渗透稳定和岸坡的抗滑稳定；坝肩设有灌浆帷幕的，应分析灌浆帷幕的防渗性能与渗透稳定性。

对渗漏水，应分析渗流量与库水位之间的相关关系，并注意是否存在接触渗漏问题，以及渗漏水是否出现浑浊或可疑物质。

四、砌石坝渗流安全评价

砌石坝坝基渗流安全评价应包括下列要点：

(1)应分析灌浆帷幕的防渗性能与渗透稳定性，以及坝基排水孔的有效性，并结合扬压力监测数据，复核坝基扬压力系数是否满足设计和规范要求，及其对大坝抗滑稳定性的影响。

(2)坝基接触面有断层破碎带、软弱夹层和裂隙充填物时，应复核这些物质的抗渗稳定性，其允许抗渗比降宜由专项试验确定；当软弱岩层中设有排水孔时，应复核其是否设有合格的反滤料保护层。

(3)对非岩石坝基，应分析地基中灌浆帷幕、防渗墙等垂直防渗体的防渗性能与渗透稳定性，复核坝基接触处相应土类的水平渗流和渗流出口的渗透稳定性。

(4)对坝体，应复核坝体、上游防渗面板或心墙的防渗性能是否满足设计和规范要求。对存在坝体渗漏现象的砌石坝，应检测砌筑砂浆的强度变化及抗渗性，并复核坝体强度和抗滑稳定安全性。对设有防渗面板或心墙的砌石坝，还应复核防渗体与基础防渗帷幕是否能形成连续的封闭防渗体系。

（5）对绕坝渗流及岸坡地下水渗流,应通过两岸地下水动态分析,分析灌浆帷幕的防渗性能与渗透稳定性,以及两岸山脊中的地下水渗流是否影响坝肩地质构造带的渗透稳定和坝肩抗滑稳定。

（6）对渗漏水,应分析析出物和水质化学成分,并与库水的化学成分做对比,以判断对混凝土建筑物或天然地基有无破坏性化学侵蚀。

（7）在库水位相对稳定期或下降期,如渗流量和扬压力单独或同时出现骤升、骤降的异常现象,且多与温度有关,则应结合温度和变形监测资料做结构变形分析。

五、泄水、输水建筑物渗流安全评价

（1）溢洪道、泄洪洞应分别按《溢洪道设计规范》(SL 253—2018)、《水工隧洞设计规范》(SL 279—2016)进行渗流安全评价。

（2）输水隧洞（涵管）的渗流安全评价,应检查洞（管）身有无漏水、管内有无土粒沉积、岩（土）体与洞（涵管）接合带是否有水流渗出、出口有无反滤保护,在此基础上,分析其外围接合带有无接触冲刷等渗透稳定问题。

六、渗流安全评价结论

大坝渗流安全复核应做出下列明确结论:
（1）大坝防渗和反滤排水设施是否完善。
（2）大坝渗流压力与渗流量变化规律是否正常,坝体浸润线（面）或坝基扬压力是否低于设计值。
（3）各种岩土材料与防渗体的渗透稳定性是否满足要求。
（4）运行中有无异常渗流现象存在。

《水库大坝安全评价导则》(SL 258—2017)将各种渗流现象划分为局部异常渗流现象、严重异常渗流现象两种类型,并作为渗流安全评价等级的依据之一。

（1）局部异常渗流现象
下游边坡或坝后地面局部散浸与松软现象可以认为是局部异常渗流现象。

（2）严重异常渗流现象
严重异常渗流现象包括以下几种情况:
①坝基、下游坝坡、穿坝建筑物出口附近突然出现集中渗漏。
②穿坝建筑物附近突然出现塌陷坑。
③渗流量在相同条件下不断增大;渗漏水出现浑浊或可疑物质;出水位置升高或移动。
④土石坝上游坝坡塌陷、下游坝坡散浸,且湿软范围不断扩大;坝趾区冒水翻砂、松软隆起或塌陷;库内出现漩涡漏水、铺盖产生严重塌坑或裂缝。
⑤坝体与两坝端岸坡、输水涵管（洞）等接合部漏水,附近坝面塌陷,渗水浑浊。
⑥渗流压力和渗流量同时增大,或突然改变其与库水位既往关系,在相同条件下显著增大等。

（一）大坝渗流性态安全 A 级

当大坝防渗和反滤排水设施完善,设计与施工质量满足规范要求;通过监测资料分析和计算分析,大坝渗流压力与渗流量变化规律正常,坝体浸润线(面)或坝基扬压力低于设计值,各种岩土材料与防渗体的渗透比降小于其允许渗透比降;运行中无渗流异常现象时,可认为大坝渗流性态安全,评为 A 级。

（二）大坝渗流性态安全 B 级

当大坝防渗和反滤排水设施较为完善;通过监测资料分析和计算分析,大坝渗流压力与渗流量变化规律基本正常,坝体浸润线(面)或坝基扬压力未超过设计值;运行中虽出现局部渗流异常现象,但尚不严重影响大坝安全时,可认为大坝渗流性态基本安全,评为 B 级。

（三）大坝渗流性态安全 C 级

当大坝防渗和反滤排水设施不完善,或存在严重质量缺陷;通过监测资料分析和计算分析,大坝渗流压力与渗流量变化改变既往规律,在相同条件下显著增大,关键部位的渗透比降大于其允许渗透比降,或渗流出逸点高于反滤排水设施顶高程,或坝基扬压力高于设计值;运行中已出现严重渗流异常现象时,应认为大坝渗流性态不安全,评为 C 级。

第八节　结构安全评价

一、一般规定

结构安全评价的目的是复核大坝(含近坝岸坡)在静力条件下的变形、强度与稳定性是否满足现行规范要求。

结构安全评价的主要内容包括大坝结构强度、变形与稳定复核。土石坝安全评价的重点是变形与稳定分析;混凝土坝、砌石坝及输水、泄水建筑物安全评价的重点是强度与稳定分析。

结构安全评价可采用现场检查法、监测资料分析法和计算分析法。应在现场安全检查基础上,根据工程地质勘察、安全监测、安全检测等资料,综合监测资料分析与结构计算对大坝结构安全进行评价;对有变形、应力、应变及温度监测资料的大坝,应先进行监测资料分析;对运行中暴(揭)露的影响结构安全的裂缝、孔洞、空鼓、腐蚀、塌陷、滑坡等问题或异常情况应做重点分析。

二、土石坝结构安全评价

土石坝结构安全评价应主要复核坝体变形规律是否正常,变幅与沉降率是否在安全经验值范围之内;以及坝坡稳定、坝顶高程、坝顶宽度、上游护坡是否满足规范要求。

变形分析包括沉降(竖向位移)分析、水平位移分析、裂缝分析,必要时应进行应力应变分析。分析方法或途径包括变形监测资料分析和变形计算分析,两者应相互验证和补充。对有变形监测资料的大坝,应先做监测资料分析;当缺乏变形监测资料且大坝已发生异常变形和开裂,或沿坝轴线地形和地质条件变化较大,有开裂疑虑时,应进行变形计算分析。变形分析应包括下列要点：

（1）变形监测资料分析按《土石坝安全监测技术规范》（SL 551—2012）执行。

（2）变形计算分析主要包括裂缝分析和应力应变分析。裂缝分析可采用基于沉降监测资料的倾度法。当缺乏沉降监测资料时，可利用沉降计算结果。沉降可采用分层总和法计算，也可采用有限单元法计算。

变形分析评价应对下列问题做出结论：

（1）大坝总体变形性状及坝体沉降是否稳定。

（2）大坝防渗体是否产生危及大坝安全的裂缝。

（3）大坝变形监测是否符合规范要求。

坝坡稳定复核计算应包括下列要点：

（1）稳定计算的工况按《碾压式土石坝设计规范》（SL 274—2020）、《小型水利水电工程碾压式土石坝设计规范》（SL 189—2013）执行，并应采用大坝现状的实际环境条件和水位参数。

（2）稳定计算方法按《碾压式土石坝设计规范》（SL 274—2020）、《小型水利水电工程碾压式土石坝设计规范》（SL 189—2013）执行。

稳定分析所需的抗剪强度指标和孔隙水压力按《碾压式土石坝设计规范》（SL 274—2020）、《小型水利水电工程碾压式土石坝设计规范》（SL 189—2013）执行，并按下列原则确定：

（1）当无代表现状的抗剪强度参数时，对于一般中小型水库，可通过直接慢剪试验测定土的有效强度指标；对渗透系数小于 10^{-7} cm/s 或压缩系数小于 0.2 MPa^{-1} 的土体，也可采用直接快剪或固结快剪试验测定其总应力强度指标。

（2）稳定渗流期坝体及坝基中的孔隙水压力，应根据流网确定。

（3）水位降落期上游坝壳内的孔隙水压力，对于无黏性土，可通过渗流计算确定库水位降落期坝体内的浸润线位置，绘出瞬时流网，定出孔隙水压力；对于黏性土，可采用《碾压式土石坝设计规范》（SL 274—2020）附录 C 的方法估算。

稳定计算所得到的坝坡抗滑稳定安全系数，不应小于《碾压式土石坝设计规范》（SL 274—2020）、《小型水利水电工程碾压式土石坝设计规范》（SL 189—2013）等的规定。

三、砌石坝结构安全评价

砌石坝结构安全评价应主要复核大坝强度与稳定、坝顶高程、坝顶宽度等是否满足规范要求。

大坝强度与稳定复核，重力坝按《混凝土重力坝设计规范》（SL 319—2018）规定的方法进行。强度复核主要包括应力复核与局部配筋验算；稳定复核主要应核算重力坝沿坝基面和沿坝基软弱夹层、缓倾角结构面的抗滑稳定性。

砌石坝结构安全分析计算的有关参数，对于高坝，必要时应重新进行坝体或坝基的钻探试验；对于中、低坝，当监测资料或分析结果表明应力较高或变形较大或安全系数较低时，也应重新试验确定计算参数。在有监测资料的情况下，应同时利用监测资料进行反演分析，综合确定各计算参数。

砌石坝结构安全应采用下列评价标准：

（1）在现场检查或观察中，如发现下列情况之一，可认为大坝结构不安全或存在隐患，并应进一步监测和分析。

①坝体表面或孔洞、泄水管等削弱部位以及闸墩等个别部位出现对结构安全有危害的裂缝。

②坝体混凝土出现严重溶蚀现象。

③坝体表面或坝体内出现混凝土受压破碎现象。

④坝体沿建基面发生明显的位移或坝身明显倾斜。

⑤坝基下游出现隆起现象或两岸支撑山体发生明显位移。

⑥坝基或拱坝拱座、支墩坝的支墩发生明显变形或位移。

⑦坝基或拱坝拱座中的断层两侧出现明显相对位移。

⑧坝基或两岸支撑山体突然出现大量渗水或涌水现象。

⑨溢流坝泄流时，坝体发生共振。

⑩廊道内明显漏水或射水。

（2）当通过监测资料分析对大坝的结构安全进行评价时，如出现下列情况之一，可认为大坝结构不安全或存在隐患。

①位移、变形、应力、裂缝开合度等的实测值超过有关规范或设计、试验规定的允许值。

②位移、变形、应力、裂缝开合度等在设计或校核条件下的数学模型推算值超过有关规范或设计、试验规定的允许值。

③位移、变形、应力、裂缝开合度等监测值与作用荷载、时间、空间等因素的关系突然变化，与以往同样情况对比有较大幅度增长。

当通过计算分析对大坝结构安全进行评价时，重力坝的强度与稳定复核控制标准应满足《混凝土重力坝设计规范》（SL 319—2018）的要求。

四、泄水、输水建筑物结构安全评价

泄水、输水建筑物结构安全评价主要复核建筑物顶高程（或平台高程）、泄流安全、结构强度与稳定是否满足相关规范要求。

溢洪道控制段顶部高程复核应按《溢洪道设计规范》（SL 253—2018）的规定执行，进水口建筑物安全超高复核应按《水利水电工程进水口设计规范》（SL 285—2020）的规定执行。

泄流安全应主要复核泄流能力、溢洪道泄槽边墙高度、泄洪无压隧洞过流断面，根据建筑物的结构形式、材料特性与过流特点，按相关规范选取合适的计算方法和计算模型。高速水流区还应复核防空蚀能力和底板抗浮安全性。

溢洪道结构强度与稳定主要复核控制段、泄槽、挑流鼻坎、消力池护坦和有关边墙、挡土墙、导墙等结构沿基底面的抗滑稳定、抗浮稳定和应力、强度，具体应按《溢洪道设计规范》（SL 253—2018）和《水工挡土墙设计规范》（SL 379—2007）执行。

水工隧洞结构安全应主要复核隧洞围岩稳定性和支护结构的安全，具体应按《水工

隧洞设计规范》(SL 279—2016)执行,其中围岩稳定评价应收集原设计和开挖后揭露的地质资料,必要时进行地质勘察,分析评价隧洞围岩现状稳定性;衬砌结构复核计算可根据衬砌结构特点、荷载作用形式及围岩条件,选取合适的计算方法和计算模型。

进水口建筑物结构强度与稳定复核应按《水利水电工程进水口设计规范》(SL 285—2020)和《水工混凝土结构设计规范》(SL 191—2008)执行。

五、近坝岸坡稳定性评价

对影响大坝安全的近坝岸坡,应结合地质勘察及监测资料进行边坡稳定计算分析,分析方法和控制标准应按《水利水电工程边坡设计规范》(SL 386—2007)执行。

对水库近坝新老滑坡体或潜在滑坡体,应开展变形及地下水监测,并定期对监测资料进行整理分析,判断其稳定性。有条件时,应建立相应的数学模型,对边坡稳定进行监控。

六、结构安全评价结论

结构安全复核应做出下列明确结论:

(1)土石坝抗滑稳定及上游护坡是否满足规范要求;浆砌石坝及其他材料坝的强度与稳定是否满足规范要求。

(2)大坝变形规律是否正常,是否存在危及安全的异常变形。

(3)泄水、输水和过船等建筑物的泄流安全、结构强度与稳定是否满足规范要求。

(4)近坝岸坡是否稳定。

(一)结构安全性 A 级

当大坝及泄水、输水和过船等建筑物的强度、稳定、泄流安全满足规范要求,无异常变形现象,近坝岸坡稳定时,可认为大坝结构安全,评为 A 级。

(二)结构安全性 B 级

当大坝及泄水、输水和过船等建筑物的整体稳定、泄流安全满足规范要求,存在的局部强度不足或异常变形尚不严重影响工程安全,近坝岸坡整体稳定时,可认为大坝结构基本安全,评为 B 级。

(三)结构安全性 C 级

当大坝及泄水、输水和过船等建筑物的强度、稳定、泄流安全不满足规范要求,存在危及工程安全的异常变形,或近坝岸坡不稳定时,应认为大坝结构不安全,评为 C 级。

第九节　抗震安全评价

一、一般规定

抗震安全评价的目的是按现行规范复核大坝工程现状是否满足抗震要求。

抗震安全评价应包括下列主要内容:

(1)复核工程场地地震基本烈度和工程抗震设防类别,在此基础上复核工程的抗震设防烈度或地震动参数是否符合规范要求。

（2）复核大坝的抗震稳定性与结构强度。

（3）复核土石坝及建筑物地基的地震永久变形，以及是否存在地震液化的可能。

（4）复核工程的抗震措施是否合适和完善。

对抗震设防烈度超过Ⅵ度的大坝，应进行抗震安全复核。抗震设防烈度为Ⅵ度时，可不进行抗震计算，但对 1 级水工建筑物，仍应按《水工建筑物抗震设计规范》（SL 203—1997）复核其抗震措施；抗震设防烈度高于Ⅸ度的水工建筑物或高度超过 250 m 的壅水建筑物，应对其抗震安全性进行专门研究论证，并报主管部门审批。

当工程原设计抗震设防烈度或采用的地震动参数不符合现行规范要求时，应对抗震设防烈度和地震动参数进行调整，并履行审批手续。

抗震复核计算的荷载与荷载组合、计算方法、计算参数及计算结果控制标准应按照相关设计规范执行，并符合《水工建筑物抗震设计规范》（SL 203—1997）的相关规定；抗震措施复核及地震荷载计算应按《水工建筑物抗震设计规范》（SL 203—1997）执行。

防震减灾应急预案应重点复核应急备用电源及油料储备情况，以保障地震发生后泄水建筑物启闭设备能快速紧急启动。

二、抗震设防烈度复核

工程场地地震动参数及与之对应的地震基本烈度应按《中国地震动参数区划图》（GB 18306—2015）确定。

宜采用地震基本烈度作为抗震设防烈度。工程抗震设防类别为甲类的水工建筑物，应根据其遭受强震影响的危害性，在地震基本烈度基础上提高一度作为抗震设防烈度。

当工程现状设防烈度不满足上述要求时，应按《中国地震动参数区划图》（GB 18306—2015）和《水工建筑物抗震设计规范》（SL 203—1997）对抗震设防烈度进行调整，并作为本次抗震安全复核的依据。

三、土石坝抗震安全评价

土石坝（包含其他水工建筑物的土质地基）抗震安全评价应主要复核大坝抗震稳定和抗震措施是否满足规范要求，必要时还应进行坝体永久变形计算与液化可能性判别。

抗震稳定复核应采用拟静力法。对工程抗震设防类别为甲类、设防烈度为Ⅷ度及以上且坝高超过 70 m，或地基存在可液化土的土石坝，复核时应满足下列要求：

（1）应同时采用有限元法对坝体和坝基进行动力分析，综合判断其抗震稳定性及地震液化可能性。计算工况应按《碾压式土石坝设计规范》（SL 274—2020）执行，计算方法和计算参数选取应按《水工建筑物抗震设计规范》（SL 203—1997）执行，计算结果控制标准应按《水工建筑物抗震设计规范》（SL 203—1997）和《碾压式土石坝设计规范》（SL 274—2020）执行。

（2）应结合动力分析计算地震引起的坝体永久变形，并考虑地震永久变形复核坝顶、防浪墙顶以及防渗体顶高程是否满足《碾压式土石坝设计规范》（SL 274—2020）的要求。

应根据《水利水电工程地质勘察规范》（GB 50487—2008）、《中小型水利水电工程地质勘察规范》（SL 55—2005）及《水工建筑物抗震设计规范》（SL 203—1997）综合判断坝体与坝基土是否存在地震液化的可能性。

四、重力坝抗震安全评价

(1)重力坝抗震安全评价应主要复核坝体强度、整体抗滑稳定以及抗震措施是否满足规范要求。

(2)重力坝强度复核方法应以同时计入动、静力作用下的弯曲和剪切变形的材料力学法为基本分析方法。对于工程抗震设防类别为甲类或结构及地质条件复杂的重力坝,宜同时采用有限单元法进行动力分析。

(3)重力坝抗滑稳定复核应采用抗剪断强度公式计算。当坝基存在软弱夹层、缓倾角结构面时,应进行专门研究并复核坝体带动部分基岩的抗滑稳定性。

(4)重力坝强度与抗滑稳定复核计算的荷载与荷载组合、计算方法、计算参数及计算结果控制标准应按《混凝土重力坝设计规范》(SL 319—2018)、《砌石坝设计规范》(SL 25—2006)执行,并符合《水工建筑物抗震设计规范》(SL 203—1997)的相关规定。

五、泄水、输水建筑物抗震安全评价

溢洪道抗震安全评价应主要复核泄洪闸及边墙、挡土墙、导墙等结构的抗震稳定性、结构强度以及抗震措施是否满足规范要求。复核计算的荷载与荷载组合、计算方法、计算参数及计算结果控制标准应按《溢洪道设计规范》(SL 253—2018)执行,并符合《水工建筑物抗震设计规范》(SL 203—1997)的相关规定。

泄洪洞和输水洞(涵)抗震安全复核计算的荷载与荷载组合、计算方法、计算参数及计算结果控制标准应分别按《水利水电工程进水口设计规范》(SL 285—2003)、《水工隧洞设计规范》(SL 279—2016)执行,并符合《水工建筑物抗震设计规范》(SL 203—1997)的相关规定,应主要复核下列内容是否满足规范要求:

(1)进水塔的塔体强度、整体抗滑和抗倾覆稳定以及塔底地基的承载力。

(2)隧洞衬砌和围岩的抗震强度和稳定性。

(3)隧洞进出口边坡的抗震稳定性。

(4)抗震措施。

六、抗震安全评价结论

抗震安全评价应做出下列明确结论:

(1)工程的抗震设防烈度是否符合规范要求。

(2)大坝的抗震稳定性与结构强度是否满足规范要求。

(3)土石坝及建筑物地基是否存在地震液化可能性。

(4)近坝岸坡的抗震稳定性是否满足规范要求。

(5)工程抗震措施及防震减灾应急预案是否符合要求。

(一)抗震安全 A 级

当抗震复核计算结果及采取的抗震措施均不符合规范要求,且不存在地震液化可能性时,可认为大坝抗震安全,评为 A 级。

(二)抗震安全 B 级

当抗震复核计算结果基本符合规范要求,或抗震措施不完善、存在局部液化可能时,可认为大坝基本安全,评为 B 级。

(三)抗震安全 C 级

当抗震复核计算结果及采取的抗震措施均不符合规范要求,或存在严重地震液化可能性时,认为大坝抗震不安全,评为 C 级。

第十节　金属结构安全评价

一、一般规定

(1)金属结构安全评价的目的是复核泄水、输水建筑物的闸门(含拦污栅)、启闭机以及压力钢管等影响大坝安全和运行的金属结构在现状下能否按设计要求安全与可靠运行。

(2)金属结构安全评价的主要内容包括:闸门的强度、刚度和稳定性复核,启闭机的启闭能力和供电安全复核,压力钢管的强度、抗外压稳定性复核。

(3)应在现场安全检查的基础上,综合安全检测成果及计算分析对金属结构安全进行评价。制造与安装过程中的质量缺陷、安全检测揭示的薄弱部位与构件以及运行中出现的异常与事故,应作为评价的重点。

(4)金属结构安全计算分析的有关荷载、计算参数,应根据最新复核成果、监测试验及安全检测结果确定。

二、钢闸门安全评价

(1)应复核闸门总体布置、闸门选型、运用条件、检修门或事故门配置、启闭机室布置及平压、通风、锁定等装置是否符合《水利水电工程钢闸门设计规范》(SL 74—2019)的要求,以及能否满足水库调度运行需要。

(2)应复核闸门的制造和安装是否符合设计要求及《水利水电工程钢闸门制造、安装及验收规范》(GB/T 14173—2008)的相关规定。

(3)应现场检查闸门门体、支承行走装置、止水装置、埋件、平压设备及锁定装置的外观状况是否良好,以及闸门运行状况是否正常。现场检查如发现闸门与门槽存在明显变形和腐(锈)蚀、磨损现象,影响闸门正常运行;或闸门超过《水利水电工程金属结构报废标准》(SL 226—1998)规定的报废折旧年限时,应做进一步的安全检测和分析。

(4)闸门安全检测应按《水工钢闸门和启闭机安全检测技术规程》(SL 101—2014)执行。

(5)计算分析应重点复核闸门结构的强度、刚度及稳定性。复核计算的方法、荷载组合及控制标准应按《水利水电工程钢闸门设计规范》(SL 74—2019)执行。重要闸门结构还应同时进行有限元分析。

三、启闭机安全评价

（1）应按《水利水电工程启闭机设计规范》（SL 41—2018）复核启闭机的选型是否满足水工布置、门型、孔数、启闭方式及启闭时间要求；启闭力、扬程、跨度、速度是否满足闸门运行要求；安全保护装置与环境防护措施是否完备，运行是否可靠。

（2）应复核启闭机的制造和安装是否符合设计要求及《水利水电工程启闭机制造安装及验收规范》（SL 381—2007）的相关规定。

（3）应复核泄洪及其他应急闸门的启闭机供电是否有保障。

（4）应现场检查启闭机的外观状况、运行状况以及电气设备与保护装置状况。现场检查中，如发现启闭机存在明显老化、磨损现象，影响闸门正常启闭，或启闭机超过《水利水电工程金属结构报废标准》（SL 226—1998）规定的报废折旧年限时，应做进一步的安全检测和分析。

（5）启闭机安全检测应按照《水工钢闸门和启闭机安全检测技术规程》（SL 101—2014）执行。

（6）计算分析应重点复核启闭能力，必要时进行启闭机结构构件的强度、刚度及稳定性复核。复核计算的方法、荷载组合及控制标准应按《水利水电工程启闭机设计规范》（SL 41—2018）执行。

四、压力钢管安全评价

（1）应复核压力钢管的布置、材料及构造是否符合《水利水电工程压力钢管设计规范》（SL/T 281—2020）的要求。

（2）应复核压力钢管的制造与安装是否符合《水电水利工程压力钢管制作安装及验收规范》（GB 50766—2012）与《水利工程压力钢管制造安装及验收规范》（SL 432—2008）的相关规定。

（3）应现场检查压力钢管的外观状况、运行状况及变形、腐（锈）蚀状况。如现场检查发现压力钢管存在明显安全隐患，或压力钢管超过《水利水电工程金属结构报废标准》（SL 226—1998）规定的报废折旧年限时，应做进一步的安全检测和分析。

（4）压力钢管安全检测应按《压力钢管安全检测技术规范》（NB/T 10349—2019）执行。

（5）计算分析应重点复核压力钢管的强度、抗外压稳定性。复核计算的方法、荷载组合及控制标准应按《水利水电工程压力钢管设计规范》（SL/T 281—2020）执行，重要的压力钢管还应同时进行有限元分析。

五、金属结构安全评价结论

金属结构安全复核应做出下列明确结论：

（1）金属结构布置是否合理，设计与制造、安装是否符合规范要求。

（2）金属结构的强度、刚度及稳定性是否满足规范要求。

（3）启闭机的启闭能力是否满足要求，运行是否可靠。

(4)供电安全是否有保障,能否保证泄水设施闸门在紧急情况下正常开启。

(5)是否超过报废折旧年限,运行与维护状况是否良好。

(一)金属结构安全 A 级

当金属结构布置合理,设计与制造、安装符合规范要求;安全检测结果为安全,强度、刚度及稳定性复核计算结果满足规范要求;供电安全可靠;未超过报废折旧年限,运行与维护状况良好时,可认为金属结构安全,评为 A 级。

(二)金属结构安全 B 级

当金属结构安全检测结果为基本安全,强度、刚度及稳定性复核计算结果基本满足规范要求;有备用电源;存在局部变形和腐(锈)蚀、磨损现象,但尚不严重影响正常运行时,可认为金属结构基本安全,评为 B 级。

(三)金属结构安全 C 级

当金属结构安全检测结果为不安全,强度、刚度及稳定性复核计算结果不满足规范要求;无备用电源或供电无保障;维护不善,变形、腐(锈)蚀、磨损严重,不能正常运行时,应认为金属结构不安全,评为 C 级。

第十一节　大坝安全综合评价

大坝安全综合评价是在现场安全检查和监测资料分析基础上,根据防洪能力、渗流安全、结构安全、抗震安全、金属结构安全等专项复核评价结果,并参考工程质量与大坝运行管理评价结论,对大坝安全进行综合评价,评定大坝安全类别。

一、一类坝

大坝现状防洪能力满足《防洪标准》(GB 50201—2014)和《水利水电工程等级划分及洪水标准》(SL 252—2017)的要求,无明显工程质量缺陷,各项复核计算结果均满足规范要求,安全监测等管理设施完善,维修管护到位、管理规范,能按设计标准正常运行。

二、二类坝

大坝现状防洪能力不满足《防洪标准》(GB 50201—2014)和《水利水电工程等级划分及洪水标准》(SL 252—2017)的要求,但满足水利部颁布的水利枢纽工程除险加固近期非常运用洪水标准;大坝整体结构安全、渗流安全、抗震安全满足规范要求,运行性态基本正常,但存在工程质量缺陷,或安全监测等管理设施不完善,维修养护不到位,管理不规范,在一定控制运用条件下才能安全运行的大坝。

三、三类坝

大坝现状防洪能力不满足水利部颁布的水利枢纽工程除险加固近期非常运用洪水标准,或者工程存在严重质量缺陷与安全隐患,不能按设计正常运行的大坝。

防洪能力、渗流安全、结构安全、抗震安全、金属结构安全等各专项评价结果均达到 A级,且工程质量合格、运行管理规范的,可评为一类坝;有一项以上(含一项)是 B 级的,可评为二类坝;有一项以上(含一项)是 C 级的,应评为三类坝。

虽然各专项评价结果均达到 A 级,但存在工程质量缺陷及运行管理不规范的,可评定为二类坝;而对有一至二项为 B 级的二类坝,如工程质量合格、运行管理规范,可升为一类坝,但限期对存在的问题进行整改,将 B 级升为 A 级。

对评定为二类、三类的大坝,应提出控制运用和加强管理的要求。对三类坝,还应提出除险加固建议,或根据《水库降等与报废标准》(SL 605—2013)提出降等或报废的建议。

第十二节 小型水库降等与报废

根据《水库降等与报废管理办法(试行)》(2003)第三条,降等是指因水库规模减小或者功能萎缩,将原设计等别降低一个或者一个以上等别运行管理,以保证工程安全和发挥相应效益的措施。

一、水库降等条件

符合下列条件之一的水库,应当予以降等:

(1)因规划、设计、施工等原因,实际工程规模达不到《水利水电工程等级划分及洪水标准》(SL 252—2017)规定的原设计等别标准,扩建技术上不可行或者经济上不合理的。

(2)因淤积严重,现有库容低于《水利水电工程等级划分及洪水标准》(SL 252—2017)规定的原设计等别标准,恢复库容技术上不可行或者经济上不合理的。

(3)原设计效益大部分已被其他水利工程代替,且无进一步开发利用价值或者水库功能萎缩已达不到原设计等别规定的。

(4)实际抗御洪水标准不能满足《水利水电工程等级划分及洪水标准》(SL 252—2017)规定或者工程存在严重质量问题,除险加固经济上不合理或者技术上不可行,降等可保证安全和发挥相应效益的。

(5)因征地、移民或者在库区淹没范围内有重要的工矿企业、军事设施、国家重点文物等原因,致使水库自建库以来不能按照原设计标准正常蓄水,且难以解决的。

(6)遭遇洪水、地震等自然灾害或战争等不可抗力造成工程破坏,恢复水库原等别经济上不合理或技术上不可行,降等可保证安全和现阶段实际需要的。

(7)因其他原因需要降等的。

二、水库报废条件

符合下列条件之一的水库,应当予以报废:

(1)防洪、灌溉、供水、发电、养殖及旅游等效益基本丧失或者被其他工程替代,无进一步开发利用价值的。

(2)库容基本淤满,无经济有效措施恢复的。

(3)建库以来从未蓄水运用,无进一步开发利用价值的。

(4)遭遇洪水、地震等自然灾害或战争等不可抗力,工程严重毁坏,无恢复利用价值的。

（5）库区渗漏严重，功能基本丧失，加固处理技术上不可行或者经济上不合理的。

（6）病险严重，且除险加固技术上不可行或者经济上不合理，降等仍不能保证安全的。

（7）因其他原因需要报废的。

三、水库降等、报废论证

水库降等论证报告内容应当包括水库的原设计及施工简况、运行现状、运用效益、洪水复核、大坝质量评价、降等理由及依据、实施方案。

水库报废论证报告内容应当包括水库的运行现状、运用效益、洪水复核、大坝质量评价、报废理由及依据、风险评估、环境影响及实施方案。

小型水库根据其潜在的危险程度，参照规定确定论证内容，可以适当从简。

（一）库容指标

根据《水库降等与报废标准》（SL 605—2013），当库容符合下列情况之一，而又无法采取有效措施予以恢复的水库，应当予以降等：

（1）实际总库容不足 10 万 m^3，但注册登记为水库且按水库进行管理的。

（2）工程未完建即投入使用，实际总库容未达设计工程规模，但仍按原设计工程规模进行注册登记和管理的。

（3）因规划、设计等原因，水库建成后总库容达不到原设计工程规模，但仍按原设计工程规模进行注册登记和管理的。

（4）水库淤积严重，现有总库容已达不到原设计工程规模的。

（5）因其他工程建设分割集水面积，致使来水量减少，总库容达不到原设计工程规模的。

（6）因抗洪或者抗震等安全需要，通过拓挖溢洪道等措施降低水库运行水位，现状总库容达不到原设计工程规模的。

（二）功能指标

当功能指标符合下列情况之一，而又无法采取有效措施予以恢复且无新增功能的水库，应予以降等：

（1）因规划、设计、施工等原因，水库实际防洪、灌溉、供水、发电等功能指标达不到原设计工程规模，但仍按原设计工程规模进行注册登记和管理的。

（2）因经济社会发展和产业结构调整，原设计的防洪、灌溉、供水、发电等功能需求降低或被其他工程部分替代，现实际功能指标达不到水库原设计工程规模的。

（三）运行管理条件

运行管理条件符合下列情况之一，而当地生产、生活需要的水库，宜予以降等：

（1）管理严重缺失、工程老化失修，不能安全运行的。

（2）无防汛交通道路与通信等设施，出现险情后，难以组织人力、物力进行抢险的。

四、降等善后处理工程措施

小型水库降等为塘坝使用后满足要求，降等后，塘坝应加强管理，针对塘坝现状存在的问题,应及时进行修复,以确保塘坝安全。

(1)按照"分级管理,分级负责"的原则,重新确定水库的责任主体,落实安全责任制,并按照《水库大坝注册登记办法》(水管〔1995〕290号发布,根据1997年12月25日《水利部关于修改并重新发布〈水库大坝注册登记办法〉的通知》修订)的规定,办理注册登记变更手续。

(2)重新拟订塘坝调度原则和编制调度规程,以及安全管理应急预案,并报有关部门批准后执行。

(3)塘坝已有安全监测设施(水雨情自动监测站、水位尺),应保留和妥善维护,并继续开展监测工作。

(4)水库资产及有关债权、债务进行妥善处置,并做好原水库管理机构富余员工的安置工作。

(5)工程技术档案应长期保存,塘坝由于主管部门变更,应做好工程档案的移交和管理。

降等后,应及时做好资料整编及归档工作,并根据水库具体情况重新制订相应的运行调度方案,加强检查、养护与维修,及时消除隐患,确保水利工程安全运行。

第三章　小型水库的巡查与观测

第一节　小型水库的巡视检查

一、巡视检查的分类

巡视检查分为日常巡视检查、防汛检查和特别巡视检查三类。

（一）日常巡视检查（简称日常巡查）

日常巡查是由水库管理单位（产权所有者）、巡查管护人员或巡查责任人开展的大坝日常检查工作，重点检查工程和设施运行情况，及时发现挡水、泄水、放水建筑物和近坝库岸、管理设施存在的问题和缺陷。检查部位、内容、频次等应根据运行条件和工程情况及时调整，做好检查记录和重要情况报告。

（1）检查内容。检查挡水、泄水、输水建筑物结构安全性态，金属结构与电气设备可靠性，管理设施是否满足管理需求，近坝库岸安全性等。

（2）频次要求。汛期每天至少1次、非汛期每周至少1次，对初蓄期应加大频次。具体频次各地结合实际确定。

（3）检查记录。根据日常巡查情况，填写巡查记录表。

（二）防汛检查

防汛检查是由水库主管部门、水行政主管部门及防汛行政责任人、技术责任人组织，在汛前、汛中、汛后开展的现场检查，重点检查大坝安全情况、设施运行状况和防汛工作。

（1）检查内容。检查挡水、泄水、放水建筑物安全状况，闸门及启闭设施运行状况，供电条件、备用电源、防汛物料准备情况，应急预案编报与演练、防汛抢险队伍落实情况，对防汛工作提出意见和建议等。

（2）检查频次。每年至少3次，分别在汛前、汛中和汛后开展。

（3）检查记录。防汛检查情况，由防汛技术责任人填写巡查记录表。

（三）特别巡视检查

特别检查是指遭遇洪水、地震和大坝出现异常等情况时，由水库主管部门或水库管理单位（产权所有者）组织的专门检查。必要时可邀请专家或委托专业技术单位进行检查。

（1）检查内容。对工程进行全面检查，异常部位及周边范围应重点检查。

（2）检查频次。发生特殊情况或接到险情报告，及时组织检查。

（3）检查记录。特别检查应当形成检查报告。

二、检查方法

(一)常规方法

日常检查和防汛检查一般采用眼看、耳听、脚踩、手摸、鼻嗅等直觉方法,或辅以锹、锤、尺等简单工具进行检查或量测。

(1)眼看。观察工程平整破损、变形裂缝、塌陷隆起、渗漏潮湿等情况。

(2)耳听。有无不正常的声响或振动。

(3)脚踩。检查坝坡、坝脚是否有土质松软、鼓胀、潮湿或渗水。

(4)手摸。用手对土体、渗水、水温进行感测。

(5)鼻嗅。库水、渗水有无异常气味。

特别检查还可采用开挖探查、隐患探测、化学示踪、水下电视、潜水检查等方法。

(二)特殊方法

采用开挖探坑(或探槽)、探井,钻孔取样或孔内电视,孔内注水试验,投放化学试剂,潜水员探摸或水下电视、水下摄影或录像等方法,对工程内部、水下部位或坝基进行检查。

三、小型水库主要检查内容

(一)大坝主要检查内容

(1)坝顶有无裂缝、异常变形、积水或植物滋生等现象;防浪墙有无变形、裂缝、挤碎、架空、倾斜和错断等情况。

(2)迎水坡护面或护坡是否损坏;有无裂缝、剥落、滑动、隆起、塌坑、冲刷或植物滋生等现象;近坝水面有无冒泡、变浑、漩涡和冬季不冻等异常现象。块石护坡有无翻起、松动、塌陷、垫层流失、架空或风化变质等损坏现象。

(3)混凝土面板堆石坝应检查面板之间接缝的开合情况和缝间止水设施的工作状况;面板表面有无不均匀沉陷,面板和趾板接触处沉降、错动、张开情况;混凝土面板有无破损、裂缝,表面裂缝出现的位置、规模、延伸方向及变化情况;面板有无溶蚀或水流侵蚀现象。

(4)背水坡及坝趾有无裂缝、剥落、滑动、隆起、塌坑、雨淋沟、散浸、积雪不均匀融化、冒水、渗水坑或流土、管涌等现象;表面排水系统是否通畅,有无裂缝或损坏,沟内有无垃圾、泥沙淤积或长草等情况;草皮护坡植被是否完好;有无兽洞、蚁穴等隐患;滤水坝趾、减压井等导渗降压设施有无异常或破坏现象;排水反滤设施是否堵塞和排水不畅,渗水有无骤减骤增和浑浊现象。

(二)坝基和坝区主要检查内容

(1)基础排水设施的工况正常;渗漏水的水量、颜色、气味及浑浊度、酸碱度、温度有无变化;基础廊道是否有裂缝、渗水等现象。

(2)坝体与岸坡连接处有无错动、开裂及渗水等情况;两岸坝端区有无裂缝、滑动、滑坡、崩塌、溶蚀、隆起、塌坑、异常渗水和蚁穴、兽洞。

(3)坝趾近区有无阴湿、渗水、管涌、流土或隆起等现象;排水设施是否完好。

(4)坝端岸坡有无裂缝、塌滑迹象;护坡有无隆起、塌陷或其他损坏情况;下游岸坡地下水露头及绕坝渗流是否正常。

（5）有条件应检查上游铺盖有无裂缝、塌坑。

（三）溢洪道主要检查内容

（1）进水段有无坍塌、崩岸、淤堵或其他阻水现象；流态是否正常。

（2）堰顶或闸室、闸墩、胸墙、边墙、溢流面、底板有无裂缝、渗水、剥落、冲刷、磨损、空蚀等现象；伸缩缝、排水孔是否完好。

（四）闸门及启闭机主要检查内容

（1）闸门有无变形、裂纹、脱焊、锈蚀及损坏现象；门槽有无卡堵、气蚀等情况；启闭是否灵活；开度指示器是否清晰、准确，止水设施是否完好；吊点结构是否牢固；栏杆、螺杆等有无锈蚀、裂缝、弯曲等现象。钢丝绳或节链有无锈蚀、断丝等现象。

（2）启闭机能否正常工作；制动、限位设备是否准确有效；电源、传动、润滑等系统是否正常；启闭是否灵活可靠；备用电源及手动启闭是否可靠。

（五）输、泄水洞（管）主要检查内容

（1）引水段有无堵塞、淤积、崩塌。

（2）进水口边坡坡面有无新裂缝、滑塌发生，原有裂缝有无扩大、延伸；地表有无隆起或下陷；排水沟是否通畅、排水孔工作是否正常；有无新的地下水露头，渗水量有无变化。

（3）进水塔（或竖井）混凝土有无裂缝、渗水、空蚀或其他损坏现象；塔体有无倾斜或不均匀沉降。

（4）洞身有无裂缝、坍塌、鼓起、渗水、空蚀等现象；原有裂（接）缝有无扩大、延伸；放水时洞内声音是否正常。

（5）出水口在放水期水流形态、流量是否正常；停水期是否有水渗漏。

（6）消能工有无冲刷、磨损、淘刷或砂石、杂物堆积等现象，下游河床及岸坡有无异常冲刷、淤积和波浪冲击破坏等情况。

（7）工作桥是否有不均匀沉陷、裂缝、断裂等现象。

（六）近坝岸坡主要检查内容

（1）岸坡有无冲刷、开裂、崩塌及滑移迹象。

（2）岸坡护面及支护结构有无变形、裂缝及错位。

（3）岸坡地下水露头有无异常，表面排水设施和排水孔工作是否正常。

影响土石坝安全运用的病害，主要有裂缝、渗漏、滑坡等，因此巡查时这些方面应是重点。

（七）监测设施检查内容

1. 人工观测设施

（1）检查各种观测设施是否完整，有无变形、损坏、堵塞现象。

（2）检查各种变形观测设施的保护装置是否完好，标志是否明显，是否存在观测障碍物等。

（3）测压管口及其他保护装置是否完好。

（4）水位观测尺是否受到碰撞，有无损坏。

（5）量水堰板上是否留有附着物，量水堰上、下游是否存在淤泥或堵塞物。集水池有无绕渗、漏水等现象。

2. 自动化监测设施

(1)水雨情及工程安全监测仪器设备、传输线缆、通信设施、防雷设施和保护设施、供电设施是否可以正常工作。

(2)测压管、引张线、静力水准及正、倒垂等易损坏的监测设施是否加盖上锁、建围栅或房屋进行保护。

(3)是否有动物在监测设置中筑巢、窝、穴等。

(4)对于有防潮湿、锈蚀要求的监测设施,是否采取除湿措施。

(5)遥测设施的避雷装置是否进行定期养护和检测。

(八)工程管理和保护范围主要检查内容

(1)工程管理保护设施如围墙、护栏、围挡等有无损坏。坝顶过车限载限行设施及指示标牌是否完好。

(2)界碑、界牌是否明显,有无损坏等。

(3)在管护范围内有无违章建筑,有无违法、违规等行为和危害工程安全的活动。

(4)安全警示牌、法规宣传牌是否健全,有无损坏、遮挡等。

(九)防汛及消防检查内容

防汛物料是否齐备、消防设施是否齐备有效等。

(十)附属设施巡查项目

对大坝所有的附属设施应进行日常检查和定期检查,以保证其正常运行。检查应包括(但不限于)下列项目:

(1)液压和空压系统。

(2)通风设备。

(3)供水和消防系统。

(4)各种泵及其管路。

(5)照明系统及事故应急照明。

(6)通信系统及应急通信设施。

(7)对外交通及应急交通工具。

四、专项巡查项目

(一)裂缝巡查

土石坝裂缝是最常见的病害现象,对坝的安全威胁很大。个别横向裂缝还会发展成集中渗流通道,有的纵向裂缝可能造成滑坡。有资料显示,在土坝出现的各种事故中,因裂缝造成的事故要占到1/4。因此,对土石坝裂缝的巡查必须引起重视。

土石坝裂缝的巡查主要凭肉眼观察。对于观察到的裂缝,应设置标志并编号,保护好缝口。对于缝宽大于 5 mm 的裂缝,或缝宽小于 5 mm 但长度较长、深度较深或穿过坝轴线的横向裂缝、弧形裂缝(可能是滑坡迹象的裂缝)、明显的垂直错缝以及与混凝土建筑物连接处的裂缝,还必须进行定期观测,观测内容包括裂缝的位置、走向、长度、宽度和深度等。

观测裂缝位置时,可在裂缝地段按土坝桩号和距离,用石灰或小木桩画出大小适宜的方格网进行测量,并绘制裂缝平面图。

裂缝长度可用皮尺沿缝迹测量。对于缝宽,可在整条缝上选择几个有代表性的测点,在测点处裂缝两侧各打一排小木桩,木桩间距以 50 cm 为宜,木桩顶部各打一小铁钉。用钢尺量测两铁钉距离,其距离的变化量即为缝宽变化量,也可在测点处洒石灰水,直接用尺量测缝宽。

必要时可对裂缝深度进行观测,在裂缝中灌入石灰水,然后挖坑探测,深度以挖至裂缝尽头为准,如此即可量测缝深及走向。对土石坝裂缝观测的同时,应观测库水位和渗水情况,并做好观测记录。

土坝裂缝巡测的测次,应视裂缝发展情况而定。在裂缝发生的初期,应每天巡测 1次。待裂缝发展缓慢后,可适当延长间隔时间,但在裂缝有明显发展和库水位骤变时,应加密测次;雨后还应加测。特别是对于可能出现滑坡的裂缝,在变化阶段,应每隔 1~2 h巡测 1 次。

(二)渗漏巡查

土石坝渗漏的巡视检查也是用肉眼观察坝体、坝基、反滤坝趾、岸坡、坝体与岸坡或混凝土建筑物接合处是否有渗水、阴湿以及渗流量的变化等。

在进行渗漏巡查时,应记录渗漏发生的时间、部位、渗漏量增大或减小的情况,渗水浑浊度的变化等,同时应记录相应的库水位。渗水由清变浑或明显带有土粒,出现漏水冒砂现象,渗流量增大,是坝体发生渗透破坏的征兆。若渗水时清时浊、时大时小,则可能是渗漏通道塌顶,也可能由蚁患引起,但这种情况可观察到菌圃屑或白蚁随水流出,此时应加强巡查和渗漏观测,并采取措施予以处理。

如下游坝基发生涌水冒砂现象,说明坝基已发生渗透破坏。出现这种情况时,涌水口附近开始会形成砂环,以后砂环逐渐增大。当渗水再增大时沙粒会被带走,涌水口附近可能出现塌坑。

巡查中如发现库水位达到某一高程,下游坝坡开始出现渗水,就应检查迎水面是否有裂缝或漏水孔洞。

(三)滑坡巡查

在水库运用的关键时刻,如初蓄、汛期高水位、特大暴雨、库水位骤降、连续放水、有感地震或坝区附近大爆破时,应巡查坝体是否发生滑坡。在北方地区,春季解冻后,坝体冻土因体积膨胀,干容重减小。融化后土体软化,抗剪强度降低,坝坡的稳定性降低,也可能发生滑坡。坝体滑坡之前往往在坝体上部先出现裂缝,因此在滑坡巡查中应注意加强对坝体裂缝的巡查。

五、巡查记录

(1)每次巡查均应按巡查表格做好翔实的现场记录。如发现异常情况,除应详细记述时间、部位、险情和绘出草图外,必要时应测图、摄像,并在现场做好标记。

(2)每次巡查后应在 1~2 个工作日内对巡查原始记录进行整理,并做出初步分析判断。

(3)现场记录应与上次或历次巡查结果进行比较分析,如有异常现象,应立即进行复查确认。

六、巡查报告

(1)日常检查中巡查人员发现工程隐患或险情时,应立即报告工程管理单位负责人,工程管理单位应在 24 h 内上报到上级水行政主管部门;视工程隐患或险情危急情况,水行政主管部门可直接处理或逐级上报,紧急情况下也可越级上报。

(2)定期检查和特别检查中发现异常情况时应及时上报,并在现场工作结束后 5 个工作日内提交详细报告。

(3)报告内容应简洁、扼要说明问题,必要时附上照片及示意图。定期检查和特别检查报告一般应包括以下内容:①检查日期;②本次检查的目的和任务;③检查组参加人员名单及其职务;④对规定项目的检查结果(包括文字记录、略图、素描或照片);⑤历次检查结果的对比、分析和判断;⑥不属于规定检查项目的异常情况发现、分析及判断;⑦有必要加以说明的特殊问题;⑧检查结论(包括对某些检查结论的不一致意见);⑨检查组的建议;⑩检查组成员的签名。

七、资料整编与归档

(1)工程管理单位每年应进行资料整编,形成工程巡查资料汇编报告。

(2)整编成果应做到项目齐全,考证清楚,数据可靠,图表完整,规格统一,说明扼要,并按年度集中成册。

(3)各种巡查记录、图纸和报告的纸质及电子文档等成果均应及时整理归档备查。

第二节　小型水库的监测项目与监测频次

一、监测项目

小型水库大坝、溢洪道、输水洞等建筑物,在施工及运行过程中,受外荷载作用及各种因素影响,其状态不断变化,这种变化常常是隐蔽、缓慢、直观不易察觉的。为监视工程安全状况,小型水库除开展库水位、降雨量等环境量观测外,还设置了其他大坝安全监测项目。土石坝一般有测压管水位、渗流量和坝体沉降等项目;浆砌石坝一般有扬压力、渗流量、变形、裂缝等项目。

二、监测频次

原则上,库水位和降水量观测每天 1 次,测压管水位和渗流量观测每周 1 次(初蓄期每周 2 次),坝体沉降观测每 3 个月 1 次(初蓄期每月 1 次)。汛期、初蓄期以及遭遇特殊情况时,适当增加频次。具体频次由有管辖权的县级以上水行政主管部门确定。

第三节　小型水库环境量监测

环境量监测的目的是了解环境量的变化规律及对水工建筑物变形、渗流和应力应变等的影响。需监测的环境量主要有上下游水位、降水量、气温、水温、波浪、坝前淤积和冰冻等。环境量监测仪器的安装埋设应在水库蓄水前完成。

一、水位监测

(一)监测断面及测点布置

上游水位监测站应设置在受泄流和风浪影响小、便于仪器安装埋设和监测的位置,如稳定岸坡处,永久建筑物上,水面平稳、能代表坝前平稳水位的位置。

下游(河道)水位监测站一般布置在受泄流影响小、水流平顺、方便安装仪器设备和进行监测的位置。水位监测断面应同测流断面统一布置。当各泄水口的泄流以分道方式汇入干道时,除在干道上布置必需的测点外,也可在各分道上布置测点。若下游河道无水,可用河道地下水位代替,地下水位监测的测压管或观测井根据地形和地质情况布置,并尽可能与渗流监测结合。水位监测的水准基面与水工建筑物的水准基面应一致。

(二)水位监测方法

水位监测方法有水尺法、浮子式水位计法、压力式水位计法和超声波水位计法等,根据具体地形和水流条件选用。

1.水尺法

水位测量基准值的获取需用到水尺,每个水位测点都必须设置水尺,即便采用别的水位观测方法,也应辅以水尺进行观测,并定期比对和校核。水尺要有一定的强度和刚度,温度变形要小,同时耐水性要好,一般由木材、搪瓷或合成材料制作而成。水尺的刻度要求清晰、醒目,刻度分辨率 1 cm,为方便夜间观测,水尺表面可设荧光涂层。

2.浮子式水位计法

浮子式水位计的观测原理是将绕过水位轮的悬索一端固定在漂浮于水位井内浮子上,另一端连接一个重锤,重锤的作用是控制悬索的张紧和位移。当浮子随着水位的升降而升降时,悬索带动水位轮转动,再由转动部件驱动水位编码器(或记录仪)记录数据。

浮子式水位计结构可靠、测量精度高、便于维护。但必须修建水位测井,水位测井造价高,且在有的地方建水位测井比较困难,因而限制了浮子式水位计的应用。

二、降水量监测

降水量主要为降雨量。常用的降雨量监测仪器有雨量器、虹吸式和翻斗式雨量计。小型水库较多采用雨量器观测降雨量。

(一)雨量器

雨量器由承雨器、储水筒、储水器和器盖等组成,并配有专用量雨杯,量雨杯的总刻度为 10.5 mm。雨量器上部的漏斗口呈圆形,内径 20 cm,漏斗口是里直外斜的刀刃形,以防雨水溅湿。雨量器下部是储水筒,筒内放有收集雨水用的储水器。

(二) 日记型自记雨量计

日记型自记雨量计需人工更换记录纸,适用于坝址雨量站观测降雨量。按其结构形式可分为两种。

1. 虹吸式自记雨量计

采用浮子式传感器,机械传动,图形记录降雨量,记录的分辨率为 0.1 mm。主要由承雨器、浮子室、虹吸管、自记钟、记录笔及外壳等组成。

2. 双翻斗式自记雨量计

采用翻斗式传感器,电量输出,图形记录和同步数字显示降雨量,记录和计数的分辨率为 0.1 mm 或 0.2 mm。传感器部分由承雨器、上翻斗、计量翻斗、计数翻斗、转换开关及外壳等组成。记录部分由步进图形记录器、计数器和电子传输线路等部件组成。

三、气温及水温监测

(一) 测点布置

(1) 坝址区附近至少设置一个气温监测点。

(2) 一般在重点监测坝段靠近上游坝面的库水中布置测温垂线监测库水温度。若混凝土坝的上游坝面附近设有温度测点,可作为库水温度的测点。

(3) 对于坝高 30 m 以下的混凝土坝,可在正常蓄水位以下 20 cm、1/2 水深处以及库底各布置一个温度测点。

(4) 对于坝高 30 m 以上的混凝土坝,可在正常蓄水位至死水位以下 10 cm 处的范围内每隔 3~5 m 布置一个测点,再往下则每隔 10~15 m 布置一个测点,必要时也可在正常蓄水位以上适当设置测点。

(5) 土石坝的库水温度监测断面可设置在坝前或泄水建筑物进水口前,断面上至少设 3 条测温垂线。垂线上至少应在水面以下 20 cm 处、1/2 水深处和接近库底处布设 3 个测点。

(二) 监测方法

常用的温度监测仪器有铜电阻温度计、铂电阻温度计和半导体温度计等。气温监测仪器应放在专门的百叶箱内。百叶箱应依据有关气象观测的规范和标准进行制作。库水温度监测的温度计应牢固固定在测点处,电缆设套管进行保护。

第四节　土石坝的变形监测

一、概述

变形是大坝结构性态和安全状况的最直观、最有效的反映,是大坝安全监测最主要的项目之一。变形监测的主要目的是掌握水工建筑物与地基变形的空间分布特征和随时间变化的规律,监控有害变形及裂缝等的发展趋势。

变形监测一般分为表面变形监测和内部变形监测,其中表面变形监测包括垂直位移监测和水平位移监测,内部变形监测主要有分层垂直位移、分层水平位移、界面位移、挠度和倾斜等监测。水平位移还可以划分为平行于坝轴线的水平位移和垂直于坝轴线的水平位移。其中平行于坝轴线的水平位移在重力坝中称为左右岸方向水平位移,在拱坝中称为切向水平位移,在土石坝中称为纵向水平位移;垂直于坝轴线的水平位移在重力坝中称为上下游水平位移,在拱坝中称为径向水平位移,在土石坝中称为横向水平位移。大坝与地基、高边坡、地下洞室等变形发展到一定限度后就会出现裂缝,裂缝的深度、分布范围、稳定性等对结构与地基安全影响重大。同时,为了适应温度及不均匀变形等要求,水工建筑物自身设计有各种接缝,接缝处的变形过大将造成止水的撕裂而出现集中渗漏等问题,因此裂缝监测亦不容忽视。

对于土石坝而言,必设的变形监测项目是表面水平位移监测和表面垂直位移监测。

变形监测的符号规定:

(1)水平位移。向下游为正,向左岸为正;反之为负。

(2)垂直位移。向下为正,向上为负。

(3)界面、接(裂)缝及脱空变形。张开(脱开)为正,闭合为负。相对于稳定界面(如混凝土墙、趾板、基岩岸坡等)下沉为正,反之为负;向左岸或下游为正,反之为负。

(4)滑移。向坡下为正,向河谷为正,向下游左岸为正;反之为负。

(5)倾斜。向下游、左岸倾斜为正,反之为负。

(6)面板挠度。沉陷为正,隆起为负。

(7)地下洞室围岩变形。向洞内为正(拉伸),反之为负(压缩)。

二、水平位移观测

水平位移常用的观测方法有视准线法、引张线法、激光准直法、边角网法、交会法、导线法及GPS技术等。对于土石坝,水平位移监测可采用视准线法、前方交会法、极坐标法和GPS技术,下面介绍视准线法。

(一)视准线法观测原理

视准线法观测方便、计算简单、成果可靠,是观测水工建筑物水平位移的一种常用方法,其观测原理如图3-1所示。在坝端两岸山坡上设工作基点 A 和 B,将经纬仪安置在 A 点上,后视 B 点,构成视准线。由于 A、B 点在两岸山坡上,不受土坝变形影响,因此 AB 构成的视准线是固定不变的,以此作为观测坝体变形的基准线。然后沿视准线在坝体上每隔适当距离埋设水平位移标点,如 a、b、c、d、e。测出标点中心离视准线的距离 l_{a0}、l_{b0}、l_{c0}、l_{d0}、l_{e0},作为初测成果,记录了各位移标点与视准线的相对位置。当坝体发生水平位移后,各位移标点与视准线相对位置发生变化。再将经纬仪安置在工作基点 A 上,后视 B 点,可测出各位移标点离视准线的距离 l_{a1}、l_{b1}、l_{c1}、l_{d1}、l_{e1},与初测成果的差值即为该位移标点在垂直视准线方向的水平位移量。以 c 点为例,初测成果为 l_{c0},变位后离视准线距离为 l_{c1},l_{c1} 与 l_{c0} 的差值即为位移标点 c 的水平位移量 δ_{c1}。

(二)测点的布设

为了全面掌握土坝的水平位移规律,同时又不使观测工作过于繁重,就要在土坝坝体上选择有代表性的部位布设适当数量的测点进行观测。水平位移的测点分为三级:位移标点、工作基点和校核基点。

位移标点布置在坝体上。观测横断面选择在最大坝高处、原河床处、合龙段、地形突

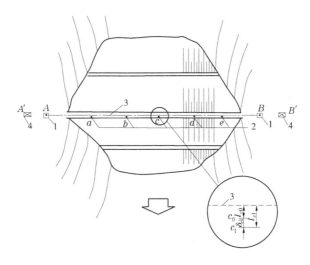

1—工作基点；2—位移标点；3—视准线；4—校核基点

图 3-1 视准线法观测水平位移示意图

变处、地质条件复杂处、坝内埋管及运行有异常反应处，一般不少于 3 个。观测纵断面一般不少于 4 个，通常在坝顶的上、下游两侧布设 1~2 个；上游坝坡正常蓄水位以上 1 个，正常蓄水位以下视需要设临时测点；下游坝坡半坝高以上 1~3 个，半坝高以下 1~2 个（含坡脚处 1 个）。对软基上的土石坝，还应在下游坝址外侧增设 1~2 个。

坝长小于 300 m 时，每排位移标点的间距宜取 20~50 m；坝长大于 300 m 时，宜取 50~100 m。

每排位移标点延长线两端山坡上各设一个工作基点。若坝轴线非直线或轴线长度超过 500 m，可在坝体每一纵排标点中增设工作基点，并兼做标点。

（三）观测仪器和设备

1. 观测仪器

视准线法观测水平位移，一般用经纬仪进行。

一般大型水库的土坝水平位移，可使用 J_6 级或 J_2 级经纬仪进行观测。土坝长度超过 500 m 以及比较重要的水库，最好使用 J_1 级经纬仪进行观测。

对于视准线长度超过 500 m（或曲线形坝）的变形观测，可以采用莱卡或拓普康的全站仪观测。

2. 观测设备

1）工作基点

工作基点是供安置经纬仪和觇标构成视准线的标点，有固定工作基点和非固定工作基点两种。埋设在两岸山坡上的工作基点，称为固定工作基点。较长大坝或折线形坝需要在两个固定工作基点之间增设工作基点，这种工作基点埋设在坝体上，其本身随坝体变形而发生位移，故称为非固定工作基点。

工作基点应采用混凝土观测墩，其高度不宜小于 1.2 m，顶部应设强制对中装置，对中误差不超过±0.1 mm，盘面倾斜度不应大于 4°。建在基岩上的，可直接凿坑浇筑混凝土埋设;建在土基上的,应对基础进行加固处理。

2)校核基点

校核基点的结构基本与工作基点相同。校核基点和工作基点的位置应具有良好视线(对空)条件,视线高出(旁离)地面或障碍物距离应在1.5 mm以上,并远离高压线、变电站、发射台站等,避免强电磁场的干扰。要求监测点离障碍物距离1.0 mm以上。工作基点和校核基点是测定坝体位移的依据,必须保证其不发生变位,一般需浇筑在基岩或原状土层上。

3)位移标点

位移标点应与被监测部位牢固结合,能切实反映该位置变形,其埋设结构可依位移标点布设独立设计。

4)观测觇标

位移观测所用的觇标,可分为固定觇标和活动觇标两种。

(1)固定觇标。设于后视工作基点上,供经纬仪瞄准构成视准线。

(2)活动觇标。置于位移标点上供经纬仪瞄准对点的。

简易活动觇标底缘刻有毫米分划,其零分划与觇标图案中线一致,注记分划向左右增加,供观测时读数用。应用简易活动觇标,位移标点顶部只需埋设刻有十字线的铁板,十字线中心即为位移标点中心。

(四)观测方法

用视准线法观测水平位移,视线长度受光学仪器的限制,一般前视位移标点的视线长度为250~300 m,可保证要求的精度。坝长超过500 m或折线形坝,则需增设非固定工作基点,以提高精度。观测方法有活动觇牌法和小角法,下面介绍活动觇牌法。

1.坝长小于500 m时

对于坝长小于500 m的坝,坝体位移标点可分别由两端工作基点观测,使前视距离不超过250 m。观测时,在工作基点 A 上安置经纬仪,后视另一端的工作基点 B 的固定觇标,固定经纬仪上下盘。然后前视离基点 A 1/2坝长范围内的位移标点。观测每个位移标点时,用旗语或报话机指挥位于标点的持标者,移动位移标点上的活动觇标,使觇标中心线与望远镜竖丝重合,由持标者读出活动觇标分划尺上位移标点中心所对的读数,读数两次取均值。再倒镜观测一次,取正、倒镜两次读数的平均值作为第一测回的成果,正镜或倒镜两次读数差应不大于2 mm。同法再测第二测回,两测回观测值之差应不大于1.5 mm。如此,依次观测工作基点 A 至坝长中点之间的位移标点。最后在工作基点 B 上安置经纬仪,后视工作基点 A ,依次观测坝长中点至工作基点 B 之间的位移标点。

2.坝长大于500 m时

当坝长超过500 m,观测位移标点的视距超过250 m时,需在坝体中间增设非固定工作基点。在视准线中点附近坝体增设非固定工作基点 M 。当坝体发生变形后, M 点也随坝体发生位移至 M' 。进行位移观测时,首先由工作基点 A 和 B ,测定 M' 点的位移量。观测应进行2个测回,各测回成果与平均值的偏差应不大于2 mm,然后将经纬仪安置在 M' 点后视 A 和 B ,观测 M' 前后各250 m范围内位移标点的位移量。其他位移标点由固定工作基点 A 和 B 后视 M' 进行观测。

　　由于视准线法观测位移的视线不宜超过 300 m,故即使增设非固定工作基点,最大坝长不宜超过 1 000 m。对坝长超过 1 200 m 的坝,则应采用其他方法,如前方交会法等进行观测。

三、垂直位移观测

　　垂直位移是大坝安全监测的主要项目之一,常用的方法有精密水准测量法、静力水准测量法、三角高程法及 GPS 技术等。

　　土石坝垂直位移观测周期与水平位移观测周期一样,通常两项观测同期进行。土石坝、混凝土坝的垂直位移都可用上述几种方法进行观测。为叙述方便、避免重复,在本节统一介绍。

(一)精密水准测量法

　　水准法是目前大坝垂直位移观测的主要方法。用精密水准测量法监测大坝垂直位移时,应尽量组成水准网。一般采用三级点位——水准基点、起测基点和位移标点;两级控制——由起测基点观测垂直位移标点,再由水准基点校测起测基点。如大坝规模较小,也可由水准基点直接观测位移标点。水准基点和起测基点设在大坝两岸不受坝体变形影响的部位,垂直位移标点布设在坝体表面,通过观测位移标点相对水准基点的高程变化计算测点垂直位移值。每次观测进行两个测回,每个测回对测点测读 3 次。观测的往返闭合差按《国家一、二等水准测量规范》(GB/T 12897—2006)的有关规定执行。垂直位移的计算公式如下:

$$\Delta z_i = z_0 - z_i \tag{3-1}$$

式中:Δz_i 为第 i 次测得测点的累计垂直位移;z_0、z_i 分别为测点的始测高程和第 i 次测得的高程。

　　测点的间隔垂直位移由下式计算:

$$\Delta z_{ji} = \Delta z_i - \Delta z_{i-1} \tag{3-2}$$

式中:Δz_{ji} 为第 i 次测得的间隔垂直位移,其余符号意义同式(3-1)。

　　土石坝垂直位移观测的测点布置要求与水平位移测点布置要求一样。因此,垂直位移测点与水平位移测点常结合在一起,只需在水平位移标点顶部的观测盘上加制一个圆顶的金属标点头。

(二)静力水准测量法

　　静力水准测量法又称连通管法。该法采用水力学连通管原理,用充水连通管连接起测基点和各位移标点,以连通管中水面线与起测基点高差确定水面线高程,通过测量各位移标点同水面线的高差获得各位移标点高程,各位移标点高程与其始测高程的差值即为该位移标点的累计垂直位移。

(三)三角高程法

　　随着全站仪、光电测距仪的研发应用及对大气折射等领域研究的快速发展,三角高程测量已接近或达到了一等水准测量的精度。三角高程测量具有外业简单、观测快速,可以测量水准测量难以达到的高程等优点。

四、裂缝观测

根据《土石坝安全监测技术规范》(SL 551—2012)的规定,对已建坝的表面裂缝(非干缩、冰冻缝),凡缝宽大于 5 mm、缝长大于 5 m、缝深大于 2 m 的纵、横向裂缝,以及危及大坝安全的裂缝,均应横跨裂缝布置表面测点进行裂缝开合度监测。裂缝的观测内容包括裂缝的位置、走向、长度、宽度和深度等。

观测裂缝位置时,可在裂缝地段按土坝桩号和距离,用石灰或小木桩画出大小适宜的方格网进行测量,并绘制裂缝平面图。裂缝长度可用皮尺沿缝迹测量。对于缝宽,可在整条缝上选择几个有代表性的测点,在测点处裂缝两侧各打一排小木桩,木桩间距以 50 cm 为宜。木桩顶部各打一小铁钉,用钢尺量测两铁钉距离,其距离的变化量即为缝宽变化量。也可在测点处洒石灰水,直接用尺量测缝宽。裂缝深度观测,可在裂缝中灌入石灰水,然后挖坑或钻孔探测,深度以挖至裂缝尽头为准,如此即可量测缝深和走向。对表面裂缝的长度和可见深度的测量,应精确到 1 cm,宽度应精确到 0.2 mm;对于深层裂缝,除按表面裂缝的要求测量裂缝深度和宽度外,还应测定裂缝走向,精确到 0.5°。

土坝裂缝巡测的测次,应视裂缝发展情况而定。在裂缝发生的初期,应每天巡测 1 次。待裂缝发展缓慢后,可适当延长间隔时间。但在裂缝有明显发展和库水位骤变时,应加密测次;雨后还应加测。特别是对于可能出现滑坡的裂缝,在变化阶段,应每隔 1~2 h 巡测 1 次。

第五节　土石坝渗水压力观测

水库建成蓄水后,在上下游水头差的作用下,坝体和坝基会出现渗流。渗流分正常渗流和异常渗流。对于能引起土体渗透破坏或渗流量影响到蓄水兴利的,称为异常渗流;反之,渗水从原有防渗排水设施渗出,其逸出坡降不大于允许值,不会引起土体发生渗透破坏的,则称为正常渗流。异常渗流往往会逐渐发展并对建筑物造成破坏。对于正常渗流,水利工程中是允许的。但是在一定外界条件下,正常渗流有可能转化为异常渗流。所以,对水库中的渗流现象,必须要有足够的重视,并进行认真的检查观测,从渗流的现象、部位、程度来分析并判断工程建筑物的运行状态,保证水库安全运用。

《土石坝安全监测技术规范》(SL 551—2012)和《混凝土坝安全监测技术规范》(SL 601—2013)对大坝渗流监测的一般要求:大坝渗流监测各项目应相应配合,并同时观测大坝上、下游水位,降雨量和大气温度等环境因素。

土石坝浸润线和渗压的观测可采用测压管或渗压计。使用测压管观测,成本低、操作简便,但存在时间滞后的问题,滞后时间主要与坝料的渗透系数 K 有关。若 $K \geqslant 10^{-3}$ cm/s,测压管观测的时间滞后影响可以忽略不计;若 10^{-5} cm/s $\leqslant K \leqslant 10^{-4}$ cm/s,则需考虑测压管滞后时间的影响;若 $K \leqslant 10^{-6}$ cm/s,由于滞后时间的影响比较显著,故不宜用测压管进行观测。

一、坝体渗水压力(浸润线)观测

土坝建成蓄水后,由于水头的作用,坝体内必然产生渗流现象。水在坝体内从上游渗向下游,形成一个逐渐降落的渗流水面,称为浸润面(属无压渗流)。浸润面在土石坝横截面上只显示为一条曲线,通常称为浸润线。土坝浸润面的高低和变化,与土坝的安全稳定有密切关系。土坝设计中先需根据土石坝断面尺寸、上下游水位以及土料的物理力学指标,计算确定浸润线的位置,然后进行坝坡稳定分析计算。由于设计采用各项指标与实际情况不可能完全符合设计要求,因此土坝设计运用时的浸润线位置往往与设计计算的位置有所不同。如果实际形成的浸润线比设计计算的浸润线高,就降低了坝坡的稳定性,甚至可能造成滑坡失稳的事故。为此,观测掌握坝体浸润线的位置和变化,以判断土坝在运行期间的渗流是否正常和坝坡是否安全稳定,是监视土坝安全运用的重要手段,一般大中型土坝水库都必须予以重视,认真进行。

常用的坝体渗压监测仪器有测压管和渗压计,应根据监测目的、坝料透水性、渗流场特征以及埋设条件等选用。

(1)上下游水位差小于 20 m 的坝、渗透系数 $K \geqslant 10^{-4}$ cm/s 的土中、渗流压力变幅小或防渗体需监视裂缝的部位,宜采用测压管。

(2)上下游水位差大于 20 m 的坝、渗透系数 $K < 10^{-4}$ cm/s 的土中、非稳定渗流的监测以及铺盖或斜墙底部接触面等不适宜埋设测压管的部位,宜采用渗压计观测,其量程应与测点实际可能出现的渗压相适应。

(一)测点布置

土坝浸润线观测的测点应根据水库的重要性和规模大小、土坝类型、断面形式、坝基地质情况以及防渗、排水结构等进行布置。一般选择有代表性、能反映主要渗流情况以及预计有可能出现异常渗流的横断面,作为浸润线观测断面。例如,选择最大坝高、老河床、合龙段以及地质情况复杂的横断面。在设计时进行浸润线计算的断面,最好也作为观测断面,以便与设计进行比较。横断面间距一般为 100~200 m,如果坝体较长、断面情况大体相同,可以适当增大间距。对于一般大型和重要的中型水库,浸润线观测断面不少于 3个,一般中型水库应不少于 2 个。

每个横断面内测点的数量和位置布置,以能使观测成果如实地反映出断面内浸润线的几何形状及其变化,并能描绘出坝体各组成部位如防渗排水体、反滤层等处的渗流状况为宜。要求每个横断面内的测压管数量不少于 3 根。

(二)观测方法

1. 测压管法

测压管由透水管和导管组成,材料常用金属管或塑料管。测压管的种类较多,有单管式、双管式和 U 形管式等,其中单管式应用最广。

测压管根据设计要求钻孔埋设。钻孔孔径一般为 100~150 mm,测压管管径一般为50 mm。单管式测压管的透水管段结构应能保证渗透水顺利进入管内,同时测点处又不致发生渗透变形,因此通常由反滤层和插入反滤层的透水管组成。透水管长约 2 m,在下部 0.5~1 m 长度的管壁上钻有直径为 5~6 mm 的梅花状分布的小孔,因此透水管俗称花管。为便于渗流进入测压管并防止透水管堵塞,在透水管外壁包裹过滤材料,并在透水管底部和四周填充经筛分并冲洗干净的粒径为 6~8 mm 的砂卵石形成反滤层。反滤层以上用膨胀土泥球封孔,泥球应由直径 5~10 mm 的不同粒径组成,应风干,不宜日晒或烘烤。

封孔厚度不宜小于 4.0 m。测压管封孔回填完成后,应向孔内注水进行灵敏度试验。

导管管径与透水管管径相同,连接在透水管上面,一直引出到预定的便于观测的孔口部位。

2. 渗压计法

渗压计又称孔隙水压力计,一般埋设在观测对象内部,通过观测测点处的渗透压力来确定测点的渗压水头。目前使用较多的是差动电阻式渗压计和弦式渗压计。

(三)测压管水位的观测方法

观测测压管水位的仪器很多,目前常用的有测深钟、电测水位计和遥测水位器等。

1. 测深钟

测深钟构造最为简单,中小型水库都可进行自制。最简单的形式为上端封闭、下端开敞的一段金属管,长度为 30~50 mm,好像一个倒置的杯子。上端系以吊索。吊索最好采用皮尺或测绳,其零点应置于测深钟的下口。

观测时,用吊索将测深钟慢慢放入测压管中,当测深钟下口接触管中水面时,将发出空筒击水的"嘭"声,即应停止下送。再将吊索稍为提上放下,使测深钟脱离水面又接触水面,发出"嘭、嘭"的声音。即可根据管口所在的吊索读数分划,测读出管口至水面的高度,计算出管内水位高程。

测压管水位高程 = 管口高程 − 管口至水面高度

用测深钟观测,一般要求测读两次,其差值应不大于 2 cm。测压管管口高程,在施工期和初蓄期应每隔 3~6 个月校测 1 次;运行期每两年至少校测 1 次,疑有变化时随时校测。

2. 电测水位计

电测水位计是利用水能导电或者利用水的浮力将导电的浮子托起接通电路的原理制成的。各单位自行制作的电测水位计形式很多,一般由测头、指示器和吊尺组成。测头可用钢质或铁质的圆柱筒,中间安装电极。利用水导电的测头安装有两个电极。也可只安装一个电极,利用金属测压管作为另一个电极。

电测水位计的指示器可采用电表、灯泡、蜂鸣器等。指示器与测头电极用导线连接。

测头挂接在吊尺上,吊尺可用钢尺。连接时应使钢尺零点正好在电极入水构通电路处,或者用厚钢尺挂接,再加自钢尺零点至电极头的修正值。

观测时,用钢尺将测头慢慢放入测压管内,至指示器得到反映后,测读测压管管口的读数,然后计算管内水面高程。

测压管水位高程 = 管口高程 − 管口至水面距离 − 测头入水引起水面升高值

测头入水引起水面升高值可事先试验求得。

用电测水位计观测测压管水位每次需测读两次,两次读数的差值,对大型水库要求不大于 1 cm,对中型水库要求不大于 2 cm。

3. 遥测水位器

对于大型水库,测压管水位低于管口较深,测压管数目较多,测次频繁时,采用遥测水位器观测管中水位可大大节省人力,而且精度高,效果好。适用于测压管管径不小于 50 mm,且安装比较顺直的情况。其原理主要是采用测压管中的水位升降,由浮子带动传动轮和滚筒,观测时,通过一系列电路带动滚筒一侧的棘轮,追踪量测滚筒的转动量,并反映到室内仪表,即可读出管中水位。

上述各种观测方法表明,测读测压管水位高程都要以管口高程作为依据,因此管内水位高程观测是否正确,不仅取决于观测方法的精度,同时也取决于管口高程是否可靠。

为此,要求定期对测压管管口高程进行校测。在土石坝运用初期,应每月校测一次,以后可逐渐减少,但每年至少一次。测头吊索上的距离刻度标志也要定期进行率定。

二、坝基渗水压力观测

坝基渗水压力一般是在坝基内埋设测压管或渗压计进行观测。测点的布设应根据地基土层情况、防渗设施的结构和排水设备形式以及可能发生渗透变形的部位等而定,一般要求如下。

(1)监测断面选择主要取决于地层结构、地质构造情况,断面数一般不少于3个。渗压测点应沿渗流方向布置,每个观测断面不少于3个。

(2)测点一般设在强透水层中。如是双层地基(表面是相对弱透水层,下层是强透水层)或多层地基,应在强透水层中布置测点,但在靠近下游坝趾及出口附近的相对弱透水层也要适当布置部分测点。

(3)防渗和排水设备的上下游都要安设测点,以了解防渗排水设施的效果。

(4)为掌握渗流出逸坡降及承压水作用情况,需在坝趾下游一定范围内布置若干测点。

(5)已经发生渗流变形的地方应在其四周临时增设测压管进行观测。在采取工程措施进行处理后,应保留一部分测点继续监测,以评价处理措施的效能。

坝基渗水压力的观测仪器和观测方法与坝体渗水压力观测一样。但当接触面处的测点选用测压管时,其透水段和回填反滤料的长度宜小于1.0 m。

三、绕坝渗流观测

水库蓄水后,渗流绕过两岸坝头从下游岸坡流出,称为绕坝渗流。土石坝与混凝土或砌石等建筑物连接的接触面也有绕坝渗流发生。在一般情况下,绕坝渗流是一种正常现象。但如果土石坝与岸坡连接不好,或岸坡过陡产生裂缝,或岸坡中有强透水间层,就有可能发生集中渗流造成渗流变形,影响坝体安全,因此需要进行绕坝渗流观测,以了解坝头与岸坡以及混凝土或砌石建筑物接触处的渗流变化情况,判明这些部位的防渗与排水效果。

绕坝渗流观测的原理和方法与坝体、坝基渗流观测相同,一般采用测压管或渗压计进行观测,测压管和渗压计应埋设于死水位或筑坝前的地下水位之下。绕坝渗流的一般规定如下:

(1)绕坝渗流监测包括两岸坝端及部分山体、土石坝与岸坡或混凝土建筑物接触面以及防渗齿墙或灌浆帷幕与坝体或两岸接合部等关键部位。绕坝渗流监测的测点应根据枢纽布置、河谷地形、渗控措施和坝肩岩土体的渗透特性进行布置。

(2)绕坝渗流监测断面宜沿着渗流方向或渗流较集中的透水层(带)布置,数量一般2~3个,每个监测断面上布设3~4条观测铅直线(含渗流出口)。

(3)土工建筑物与刚性建筑物接合部的绕坝渗流观测,应在对渗流起控制作用的接触轮廓线处设置观测铅直线,沿接触面不同高程布设观测点。

(4)岸坡防渗齿槽和灌浆帷幕的上下游侧应各设1个观测点。

第六节　土石坝渗流量观测

一、目的与要求

水库的挡水建筑物蓄水运用后,必然产生渗流现象。在渗流处于稳定状态时,其渗流量将与水头的大小保持稳定的相应变化,渗流量在同样水头情况下的显著增加和减少,都意味着渗流稳定的破坏。渗流量的显著增加,有可能是在坝体或坝基中发生管涌或集中渗流通道;渗流量的显著减少,则可能是排水体堵塞的反映。在正常条件下,随着坝前泥沙淤积,同一水位情况下的渗流量将会逐年缓降。因此,进行渗流量观测,对于判断渗流是否稳定、防渗和排水设施工作是否正常,具有很重要的意义,是保证水库安全运用的重要观测项目之一。

渗流量观测,根据坝型和水库的具体条件不同,其方法也不一样。对土石坝来说,通常是将坝体排水设备的渗水集中引出,量测其单位时间的水量。对有坝基排水设备,如排水沟、减压井等的水库,也应将坝基排水设备的排水量进行观测。有的水库土石坝坝体和坝基渗流量很难分清,可在坝下游设集水沟,观测总的渗流量变化,也能据以判断渗流稳定是否遭受破坏。对混凝土坝和砌石坝,可以在坝下游设集水沟观测总渗流量,也可在坝体或坝基排水集水井观测排水量。

渗流量观测必须与上、下游水位以及其他渗透观测项目配合进行。土石坝渗流量观测要与浸润线观测、坝基渗水压力观测同时进行。混凝土坝和砌石坝,则应与扬压力观测同时进行。根据需要,还应定期对渗流水进行透明度观测和化学分析。

二、观测方法和设备

总渗流量通常应在坝下游能汇集渗流水的地方,设置集水沟,在集水沟出口处观测。

当渗流水可以分区拦截时,可在坝下游分区设集水沟进行观测,并将分区集水沟汇集至总集水沟,同时观测其总渗流量。

集水沟和量水设备应设置在不受泄水建筑物泄水影响和不受坝面及两岸排泄雨水影响的地方,并应结合地形尽量使其平直整齐,便于观测。观测渗流量的方法,根据渗流量的大小和汇集条件,一般可选用容积法、量水堰法和测流速法。

(一)容积法

容积法适用于渗流量小于1 L/s或渗流水无法长期汇集排泄的地方。观测时需进行计时,当计时开始时,将渗流水全部引入容器内,计时结束时停止。量出容器内的水量,已知记取的时间,即可计算渗流量。

(二)量水堰法

量水堰法适用于渗流量为1~300 L/s的情况。量水堰法就是在集水沟或排水沟的直线段上安装量水堰,用水尺量测堰前水位,根据堰顶高程计算出堰上水头 H,再由 H 按量水堰流量公式计算渗流量。安装量水堰时,使堰壁直立,且与水流方向垂直。堰板采用钢板或钢筋混凝土板,堰口做成向下游倾斜 45°的薄片状。堰口水流形态为自由式,测读堰上水头的水尺应设在堰板上游 3 倍以上堰口水头处。

量水堰按过水断面形状分为三角堰、梯形堰和矩形堰三种形式。

1. 三角堰

三角堰缺口为一等腰三角形,一般采用底角为直角,如图 3-2 所示。三角堰适用于渗流量小于 100 L/s 的情况,堰上水深一般不超过 0.35 m,最小不宜小于 0.05 mm。

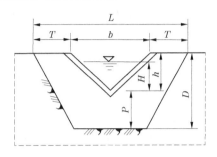

2. 梯形堰

梯形堰过水断面为一梯形,边坡常用 1∶0.25,堰口应严格保持水平,底宽 b 不宜大于 3 倍堰上水头,最大过水深一般不宜超过 0.3 m。适用于渗流量在 10 ~ 300 L/s 的情况。

3. 矩形堰

矩形堰分为有侧收缩和无侧收缩两种。矩形堰适用于渗流量大于 50 L/s 的情况。矩形堰堰口应严格保持水平,堰口宽度一般为

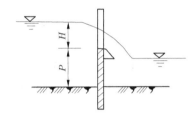

图 3-2　三角堰示意图

2~5 倍堰上水头,最小水头应大于 0.25 m,最大应不超过 2.0 m。

(三)测流速法

当渗流量大于 300 L/s 或受落差限制不能设量水堰,且能将渗水汇集到比较规则平直的集水沟时,可采用流速仪或浮标等观测渗水流速 v,然后测出集水沟水深和宽度,求得过水断面面积 A,按公式 $Q=vA$ 即可计算渗流量。

三、渗流水质监测

渗流水的透明度测定和水质的化验分析,是了解渗流水源、监测渗流发展状况以及研究确定是否需要采取工程措施的重要参考资料。

(一)渗流水的透明度测定

清洁的水是透明的,而当水中含有悬浮物或胶体化合物时,其透明度便大大降低。水中悬浮物等的含量越大,其透明度越小。

渗流水透明度要固定专人进行测定,以避免因视力不同而引起误差。每次测定时的光亮条件应相同,光线的强弱和光线与视线的角度都应尽量一致,并避免阳光直接照射字板。正常情况下,渗流水的透明度可每月(或更长时间)测定一次,但是如果发现渗水浑浊或出现可疑现象时,应立即进行透明度测定。透明度测定的方法可分为现场和室内两种。

1. 现场测定

渗流水透明度现场测定的仪器由三部分组成:

(1)长度为 150 cm 的带有刻度的木质或铁质直杆,杆上刻度的单位为 1 cm,最大刻度 120 cm,并以圆盘处为零点。

(2)用搪瓷板、木板或铁板制成的厚 0.5 cm、直径 30 cm 的圆盘。

(3)小铅鱼。直杆顶端系绳索,方便测量时上下提放。

测定时,先将透明度测定仪器慢慢沉入水中直至沿杆往下看不见圆盘,记录水面与杆相切处的刻度值;再将仪器慢慢上提至看见圆盘为止,记录水面与杆相切处的刻度值;如前后两次记录的刻度相差不超过 4 cm,则取其平均值作为渗流水的透明度,否则重新进行测定,直到满足要求。

2. 室内测定

在渗流水出水口取得水样后,可按十字法在室内测定渗流水的透明度。

室内测定渗流水的透明度一般采用透明度测定管,即带有刻度的内径为 3 cm,长度为 50 cm 或 100 cm 的玻璃管,其下放一白瓷片,瓷片上有宽度为 1 mm 的黑色十字和 4 个直径为 1 mm 的黑点。

测定时,取出透明度测定管,用毛巾将其底部的白瓷片擦干净;然后将振荡均匀的水样缓慢倒入测定管中,自管口垂直往下观察,直到瓷片上的黑色十字完全消失;重复操作两次,如果两次读数的差值小于 2 cm,则渗流水的透明度取两次读数的平均值,否则重复测定至符合要求。

(二)渗流水质的化验分析

渗流水质的化验分析可以了解渗流水的化学性质和对坝体、坝基材料有无溶蚀破坏作用,有时为了探明坝基和绕坝渗流的来源,也可在大坝上游相应位置投放颜料、荧光粉或食盐,然后在下游取水样进行分析。

在下游渗流出口处取 0.5~1.0 L 水样,精确分析时取 1~2 L。用带玻璃瓶塞的广口玻璃瓶装水样,装入水样前先将玻璃瓶及瓶塞洗干净,再用所取渗流水至少冲洗三次。装入水样后,用棉线填满瓶口与瓶塞之间的缝隙,再用蜡进行封闭。最后,在瓶上标明采样地点、日期、时刻、化验分析的项目及目的,并迅速将水样提交化验单位进行分析。

第四章　筑坝土的工程性质

就地取材是土石坝的特点。坝体附近土石料的种类及工程性质,料场的分布、储量、开采和运输是进行土石坝设计的重要依据。选择筑坝土石料应遵循的原则是:①填筑坝体的土石料应具有与其使用目的相适应的物理力学性质,并且有较好的长期稳定性;②在不影响工程安全的前提下,优先使用坝址附近的材料和枢纽建筑物的开挖料,少占或不占农田;③便于开采、运输。由于土石坝的坝壳、防渗体、排水体等组成部分承担的任务和所处的工作条件不同,所以土石坝对材料的要求也有所不同。

一、均质坝对土料的要求

均质坝不设置专门的防渗体,土料除具有一定的抗剪强度外,还应具有一定的抗渗性能,其渗透系数不宜大于 10^{-4} cm/s,黏粒含量一般为 10%~30%;有机质含量不大于 5%,最常用的土料是砂质黏土和壤土。

二、防渗设施对土料的要求

作为坝体防渗体的土料首先应该具有足够的防渗性,渗透系数不大于 10^{-5} cm/s,它与坝壳材料的渗透系数之比应该最小,最好不大于 1/1 000。防渗土料还应该具有一定的塑性,以便适应坝体和坝基的变形而不产生裂缝。一般塑性指数为 7~20 的适用作防渗材料。塑性指数过大,则黏粒含量太多,不宜用来防渗。浸水后膨胀软化较大的黏土以及开挖压实困难的干硬性黏土应尽量不用。防渗体对杂质的含量的要求也比对坝体材料的要求高,一般要求有机质含量不超过 2%,水溶性盐(按质量计)不大于 3%。

塑性指数大于 20 和液限大于 40% 的冲积黏土、膨胀土,开挖、压实困难的干硬黏土、冻土,分散性黏土,均不宜作为防渗体的土料。

三、心墙坝和斜墙坝对坝壳材料的要求

坝壳土石料主要是为了保持坝体的稳定性,要求有较高的抗剪强度,一般没有防渗要求,所以很少用黏土或壤土、沙壤土建造,而多用粒径级配较好的中砂、粗砂、砂石、卵石及其他透水性高、抗剪强度较大的混合料。均匀的砂料,特别是颗粒较细的砂料,不均匀系数在 1.5~2.6 时,极易产生液化,高坝尽量不用,在地震区更应忌用。砂石土和风化料也可作为坝壳材料,但要进行适当的布置和必要的处理。

四、排水设施和砌石护坡对石料的要求

排水设施和砌石护坡所用的石料,应有较高的抗水性(在水中不软化、溶蚀),抗冻性和耐风化力强,石料的抗压强度不低于 49 MPa,软化系数不小于 0.75~0.85,岩石的孔隙率不大于 3%。岩石尺寸应满足设计要求,块石形状应比较方正,最长边与最短边比值一

般为 1.5～2.0。新鲜的岩浆岩、某些新鲜的沉积岩及变质岩均可用作排水设备、护坡的材料。

第一节　土的组成

自然界的土是由岩石经风化、搬运、堆积而形成的。因此,母岩成分、风化性质、搬运过程和堆积的环境是影响土的组成的主要因素,而土的组成又是决定地基土工程性质的基础。土是由固体颗粒、水和气体三部分组成的,通常称为土的三相组成,随着三相物质的质量和体积的比例不同,土的性质也就不同。因此,首要的问题是要了解土是由什么物质组成的。

一、土的固体颗粒

土的固体颗粒包括无机矿物颗粒和有机质,是构成土的骨架最基本的物质,称为土粒。对土粒应从其矿物成分、颗粒的大小和形状来描述。

(一)土的矿物成分

土的矿物成分可以分为原生矿物和次生矿物两大类。

原生矿物是指岩浆在冷凝过程中形成的矿物,如石英、长石、云母等。

次生矿物是由原生矿物经过风化作用后形成的新矿物,如三氧化二铝、三氧化二铁、次生二氧化硅、黏土矿物以及碳酸盐等。次生矿物按其与水的作用可分为易溶的、难溶的和不溶的,次生矿物的水溶性对土的性质有重要的影响。黏土矿物的主要代表性矿物为高岭石、伊利石和蒙脱石,由于其亲水性不同,当其含量不同时土的工程性质各异。

在以物理风化为主的过程中,岩石破碎而并不改变其成分,岩石中的原生矿物得以保存下来;但在化学风化的过程中,有些矿物分解成为次生的黏土矿物。黏土矿物是很细小的扁平颗粒,表面具有极强的和水相互作用的能力。颗粒愈细,表面积愈大,这种亲水的能力就愈强,对土的工程性质的影响也就愈大。

从外表上看到的土的颜色,在很大程度上反映了土的固相的不同成分和不同含量。红色、黄色和棕色一般表示土中含有较多的三氧化二铁,并说明氧化程度较高。黑色表示土中含有较多的有机质或锰的化合物;灰蓝色和灰绿色的土一般含有亚铁化合物,是在缺氧条件下形成的;白色或灰白色则表示土中有机质较少,主要含石英或高岭石等黏土矿物。

(二)土的粒度成分

天然土是由大小不同的颗粒组成的,土粒的大小称为粒度。土颗粒的大小相差悬殊,从大于几十厘米的漂石到小于几微米的胶体。由于土粒的形状往往是不规则的,很难直接测量土粒的大小,只能用间接的方法来定量地描述土粒的大小及各种颗粒的相对含量。常用的方法有两种,对粒径大于 0.075 mm 的土粒常用筛分析法,而对小于 0.075 mm 的土粒则用沉降分析法。工程上常用不同粒径颗粒的相对含量来描述土的颗粒组成情况,这种指标称为粒度成分。

1. 土的粒组划分

天然土的粒径一般是连续变化的,为了描述方便,工程上常把大小相近的土粒合并为组,称为粒组。粒组间的分界线是人为划定的,划分时应使粒组界限与粒组性质的变化相适应,并按一定的比例递减关系划分粒组的界限值。

对粒组的划分,各个国家,甚至一个国家的各个部门有不同的规定。从20世纪70年代末到80年代末这10年中,我国的粒组划分标准出现了一些变化。《建筑地基基础设计规范》(GB 50007—2011)和《岩土工程勘察规范》(GB 50021—2001)在修订和编制过程中经过充分论证,将砂粒粒组与粉粒粒组的界限从0.05 mm改为0.075 mm。我国上述规范采用的粒组划分标准见表4-1。《土的工程分类标准(附条文说明)》(GB/T 50145—2007)在砂粒粒组与粉粒粒组的界限上取与上述规范相同的标准,但将卵石粒组与砾石粒组界限改为60 mm,其粒组划分标准见表4-2。

表4-1　粒组划分标准(GB 50021—2001)

粒组名称	粒组范围(mm)	粒组名称	粒组范围(mm)
漂石(块石)粒组	>200	砂粒粒组	0.075~2
卵石(碎石)粒组	20~200	粉粒粒组	0.005~0.075
砾石粒组	2~20	黏粒粒组	<0.005

表4-2　粒组划分

粒组	颗粒名称		粒径 d 的范围(mm)
巨粒	漂石(块石)		$d>200$
	卵石(碎石)		$60<d\leqslant200$
粗粒	砾粒	粗砾	$20<d\leqslant60$
		中砾	$5<d\leqslant20$
		细砾	$2<d\leqslant5$
	砂粒	粗砂	$0.5<d\leqslant2$
		中砂	$0.25<d\leqslant0.5$
		细砂	$0.075<d\leqslant0.25$
细粒	粉粒		$0.005<d\leqslant0.075$
	黏粒		$d\leqslant0.005$

2. 土的粒度成分及其表示方法

土的粒度成分是指土中各种不同粒组的相对含量(以干土质量的百分比表示),它可用以描述土中不同粒径土粒的分布特征。常用的粒度成分的表示方法有表格法、累计曲线法和三角坐标法。

1)表格法

表格法是以列表形式直接表达各粒组的相对含量。它用于粒度成分的分类是十分方便的,如表 4-3 给出了 3 种土样的粒度成分分析结果。表格法能很清楚地用数量说明土样的各粒组含量,但对于大量土样之间的比较就显得过于冗长,且无直观概念,使用比较困难。

表 4-3　土的粒度成分分析结果

粒径(mm)	10~2	2~0.05	0.05~0.005	<0.005	d_{60}	d_{10}	d_{30}	C_u	C_c
	土粒组成(%)								
土样 A	0	99	1	0	0.165	0.11	0.15	1.5	1.24
土样 B	0	66	30	4	0.115	0.012	0.044	9.6	1.40
土样 C	44	56	0	0	3.00	0.15	0.25	20	0.14

2)累计曲线法

累计曲线法是一种图示的方法,通常用半对数纸绘制,横坐标(按对数比例尺)表示某一粒径,纵坐标表示小于某一粒径的土粒的百分含量。累计曲线法能用一条曲线表示一种土的粒度成分,而且可以在一张图上同时表示多种土的粒度成分,能直观地比较其级配状况。

根据曲线形态,可以评定土颗粒大小的均匀程度。如曲线平缓,表示粒径大小相差很大,颗粒不均匀,级配良好;反之,则颗粒均匀,级配不良。为了定量说明问题,工程中常用不均匀系数 C_u 和曲率系数 C_c 来描述土的级配状况。C_u 和 C_c 可以借助累计曲线确定:

$$C_u = \frac{d_{60}}{d_{10}} \tag{4-1}$$

$$C_c = \frac{d_{30}^2}{d_{60}d_{10}} \tag{4-2}$$

式中:d_{60}、d_{30}、d_{10} 分别相当于小于某粒径土粒累计百分含量为 60%、30% 和 10% 的粒径;其中 d_{10} 为有效粒径,d_{60} 为限制粒径。

不均匀系数 C_u 反映大小不同粒组的分布情况,$C_u < 5$ 的土称为匀粒土,级配不良;C_u 越大,表示粒组分布范围比较广,$C_u > 5$ 的土级配良好。但如果 C_u 过大,表示可能缺失中间粒径,属不连续级配,故需同时用曲率系数来评价。曲率系数 C_c 则是描述累计曲线整体形状的指标。

《土工试验方法标准》(GB/T 50123—2019)中规定:对于纯净的砾、砂,当 $C_u \geq 5$ 且 $C_c = 1 \sim 3$ 时,级配良好;若不能同时满足上述条件,则级配不良。

3. 粒度成分分析方法

粒度成分分析方法目前有筛分析法和沉降分析法两种。

1)筛分析法

筛分析法适用于土粒直径 $d > 0.075$ mm 的土。筛分析法的主要设备为一套标准分析筛,筛子孔径分别为 20,10,5,2.0,1.0,0.5,0.25,0.1,0.075 mm。

取样数量:粒径 $d \approx 20$ mm,可取 2 000 g;$d < 10$ mm,可取 500 g;$d < 2$ mm,可取 200 g。

将干土样倒入标准筛中,盖严,置于筛析机上振筛(10~15 min)。由上而下的顺序称各级筛上及底盘内试样的质量。少量试验可用人工筛。

2)沉降分析法

沉降分析法是根据土粒在悬液中沉降的速度与粒径的平方成正比的司笃克斯公式来确定各粒组相对含量的方法。但实际上,土粒并不是球形颗粒,因此用上述公式计算的并不是实际土粒的尺寸,而是与实际土粒有相同沉降速度的理想球体的直径,称为水力直径。用沉降分析法测定土的粒度成分可用两种方法,即比重计法和移液管法。比重计是用以测定液体密度的一种仪器,对于不均匀的液体,从比重计读出的密度只表示浮泡形心处的液体密度。移液管法是用一种特定的装置在一定深度处吸出一定量的悬液,用烘干的方法求出其密度。用上述两种方法都可以求出土粒的粒径和累计百分含量。

二、土中水

通常认为水是中性的,在零度时冻结,但实际上土中的水是一种成分非常复杂的电解质水溶液,它和亲水性的矿物颗粒表面有着复杂的物理化学作用。按照水与土相互作用程度的强弱,可将土中水分为结合水和自由水两大类。

(一)结合水

根据水与土颗粒表面结合的紧密程度又可分为吸着水(强结合水)和薄膜水(弱结合水)。

1.吸着水

试验表明,极细的黏粒表面带有负电荷,由于水分子为极性分子,即一端显正电荷,一端显负电荷,水分子就被颗粒表面电荷引力牢固地吸附,在其周围形成很薄的一层水,这种水就称为吸着水。其性质接近于固态,不冻结,比重大于1,具有很大的黏滞性,受外力不转移。这种水的冰点很低,沸点较高,−78 ℃才冻结,在105 ℃以上才蒸发。吸着水不传递静水压力。

2.薄膜水

薄膜水是位于吸着水以外,但仍受土颗粒表面电荷吸引的一层水膜。显然,距土粒表面愈远,水分子引力就愈小。薄膜水也不能流动,含薄膜水的土具有塑性。它不传递水压力,冻结温度低,已冻结的薄膜水在不太大的负温下就能融化。

(二)自由水

自由水包括毛细水和重力水。

毛细水不仅受到重力的作用,还受到表面张力的支配,能沿着土的细孔隙从潜水面上升到一定的高度。这种毛细水上升现象对于公路路基土的干湿状态及建筑物的防潮有重要影响。

重力水在重力或压力差作用下能在土中渗流,对于土颗粒和结构物都有浮力作用,在土力学计算中应当考虑这种渗流及浮力的作用力。在以后的章节中将进一步讨论重力水的渗流及浮力的作用与计算问题。

三、土中气

土中的气体包括与大气连通的自由气体和与大气隔绝的封闭气体两类。

与大气连通的自由气体对土的工程性质没有多大的影响,它的成分与空气相似,当土受到外力作用时,这种气体很快从孔隙中挤出。

与大气隔绝的封闭气体对土的工程性质有很大的影响,封闭气体的成分可能是空气、水汽或天然气。在压力作用下这种气体可被压缩或溶解于水中,而当压力减小时,气泡会恢复原状或重新游离出来。含气体的土称为非饱和土,非饱土工程性质的研究已经成为土力学的一个新的分支。

第二节　土的物理性质

如前所述,土是由固体颗粒、水和气体所组成,并且各种组成成分是交错分布的。三相物质在体积上和质量上的比例关系可以用来描述土的干湿、疏密、轻重、软硬等物理性质。所谓土的物理性质指标就是表示三相比例关系的一些物理量。

为了推导土的物理性质指标,通常把在土体中实际上是处于分散状态的三相物质理想化地分别集中在一起,构成如图 4-1 所示的三相图。图中右边字母为各相的体积,左边字母为各相的质量。土样的体积 V 为土中空气的体积 V_a、水的体积 V_w 和土粒的体积 V_s 之和,孔隙体积 V_v 为空气的体积 V_a 与水的体积 V_w 之和;土样的质量 m 为土中空气的质量 m_a、水的质量 m_w 和土粒的质量 m_s 之和,通常认为空气的质量 m_a 可以忽略,则土样的质量就为水和土粒质量之和,即

$$V = V_s + V_w + V_a = V_s + V_v \tag{4-3}$$

$$m = m_a + m_w + m_s = m_w + m_s \tag{4-4}$$

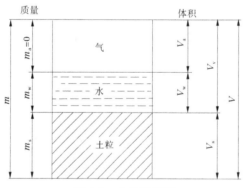

图 4-1　土的三相图

土的物理性质指标可以分为两种,一种是基本指标,另一种是推算指标。

一、土的三个基本指标

(一)天然密度

在天然状态下,单位体积土的质量称为土的天然密度,用下式表示:

$$\rho = \frac{m}{V} \tag{4-5}$$

在天然状态下,单位体积土所受的重力称为土的天然重度,用下式表示:

$$\gamma = \frac{G}{V} = \frac{mg}{V} = \rho g \approx 10\rho (\text{kN/m}^3) \tag{4-6}$$

天然状态下土的密度变化范围较大,一般黏性土 $\rho = 1.8 \sim 2.0$ g/cm³,砂土 $\rho = 1.6 \sim 2.0$ g/cm³,腐殖土 $\rho = 1.5 \sim 1.7$ g/cm³。

室内密度测定一般采用环刀法。用一定容积的不锈钢圆环刀(刀刃向下)放在削平的原状土样面上,徐徐削去环刀外围的土,边削边压,保持天然状态的土样压满环刀内,上下修平,称得环刀内土样质量计算而得。适用于黏性土、粉土的密度测定。

砂土、砾石土等不易取出原状样的土,可在现场挖坑用灌砂法、灌水法测定土的原位密度。灌水法就是在现场开挖试坑,将挖出的试样装入容器,称其质量,再用塑料薄膜袋平铺于试坑内,注水入薄膜袋直至袋内水与坑口平齐,注入的水量即为试坑的体积;灌砂法就是利用粒径 $0.25 \sim 0.50$ mm 清洁干净的均匀砂,从一定高度自由下落到试坑内,按其单位重不变的原理来测量试坑的容积,从而测定试样的天然密度。灌水法、灌砂法适用于卵石、砾石、砂土的原位密度测定。

(二)天然含水率

在天然状态下,土中水的质量与土粒质量之比,称为土的天然含水率,可用下式表示:

$$\omega = \frac{m_w}{m_s} \times 100\% \tag{4-7}$$

天然含水率通常以百分数表示。含水率的测定有多种方法,工程上常用的有以下几种。

1. 烘箱法

烘箱法属于常规性试验,适用于黏性土、粉土与砂土含水率测定。试验时取代表性黏性土试样 $15 \sim 20$ g,砂性土与有机质土 50 g,装入称量盒内称其质量,然后放入烘箱内,在 $105 \sim 110$ ℃ 的恒温下烘干(黏性土 8 h 以上、砂性土 6 h 以上),取出烘干后土样冷却后称其质量,计算而得。

2. 红外线法

红外线法适用于少量土样试验。方法类似于烘箱法,不同之处在于用红外线灯箱代替烘箱,一个红外线灯泡下只能放 $3 \sim 4$ 个试样,烘干时间约为 30 min 即可。

3. 酒精燃烧法

酒精燃烧法适用于少量试样快速测定。将称完质量的试样盒放在耐热桌面上,倒入酒精至试样表面齐平,点燃酒精燃烧,熄灭后仔细搅拌试样,重复倒入酒精燃烧 3 次,冷却后称其质量,计算而得。该方法操作简便,可在施工现场试验,对于含有机质土不宜用该方法测定。

4. 铁锅炒干法

铁锅炒干法适用于卵石或砂夹卵石。取代表性试样 $3 \sim 5$ kg,称完质量后倒入铁锅炒干,不冒水汽为止,冷却后再称量质量,计算而得。

(三)土粒比重

土粒质量与同体积 4 ℃ 时水的质量之比称为土粒比重,用下式表示:

$$G_s = \frac{m_s}{V_s \rho_w} \tag{4-8}$$

土粒比重常用比重瓶法测定。通常将烘干试样 15 g 装入容积 100 mL 玻璃制的比重瓶里,用 0.001 g 精度的天平称瓶加干土质量。注入半瓶水后煮沸 1 h 左右以排除土中气体,冷却后将纯水注满比重瓶,再称总质量并测量瓶内水温计算而得。此法适用粒径小于 5 mm 的土,对于粒径大于或等于 5 mm 的土,可用浮称法和虹吸筒法测定,具体方法详见《土工试验方法标准》(GB/T 50123—2019)。土粒比重的数值大小主要取决于土的矿物成分,一般土的土粒比重参考值见表 4-4。

表 4-4　土粒比重参考值

土的类别	砂土	粉土	黏性土	
			粉质黏土	黏土
土粒比重	2.65~2.69	2.70~2.71	2.72~2.73	2.73~2.74

上述三个物理性质指标 ρ、ω、G_s 是直接用试验方法测定的,通常又称为室内土工试验指标,根据这三个基本指标,可以求出以下其他推算指标。

二、土的推算指标

(一)干密度

单位体积内的土粒质量称土的干密度,可用下式表示:

$$\rho_d = \frac{m_s}{V} \tag{4-9}$$

干密度越大,土越密实,强度越高。干密度通常作为填土密实度的施工控制指标。如果已知土的天然密度 ρ 和天然含水率 ω,就可以得到计算干密度的推导公式:

$$\rho_d = \frac{m_s}{V} = \frac{m_s}{m/\rho} = \frac{m_s \rho}{m_s + m_w} = \frac{\rho}{1 + m_w/m_s} = \frac{\rho}{1 + \omega} \tag{4-10}$$

相应地,单位体积内土粒所受的重力称为干重度,$\gamma_d = \rho_d g$（kN/m³）。

(二)饱和密度

土中孔隙完全被水充满时土的密度称为土的饱和密度,即全部充满孔隙的水的质量与固相质量之和与土的总体积之比,可用下式表示:

$$\rho_{sat} = \frac{m_w + m_s}{V} = \frac{\rho_w V_v + m_s}{V} \tag{4-11}$$

相应地,土中孔隙完全被水充满时土的重度称为饱和重度,即 $\gamma_{sat} = \rho_{sat} g$（kN/m³）。

(三)有效密度

土的有效密度是指土粒质量与同体积水的质量之差与土的总体积之比,也称为浮密度,可用下式表示:

$$\rho' = \frac{m_s - \rho_w V_s}{V} \tag{4-12}$$

如果已知土的饱和密度 ρ_{sat} ，就可以得到计算有效密度的推导公式：

$$\rho' = \frac{m_s - \rho_w V_s}{V} = \frac{m_s - \rho_w(V - V_v)}{V} = \frac{m_s + \rho_w V_v - \rho_w V}{V} = \rho_{sat} - \rho_w \quad (4-13)$$

当土体浸没在水中时，土的固相要受到水的浮力的作用。在计算地下水位以下土层的自重应力时，应考虑浮力的作用，采用有效重度。扣除浮力以后的固相重力与土的总体积之比称为有效重度，也称为浮重度，即 $\gamma' = \rho' g = (\rho_{sat} - \rho_w)g = \gamma_{sat} - \gamma_w$ ，式中 γ_w 为水的重度， $\gamma_w = 10 \text{ kN/m}^3$ 。

（四）孔隙比

土中孔隙体积与土粒体积之比称为孔隙比，可用下式表示：

$$e = \frac{V_v}{V_s} \quad (4-14)$$

孔隙比是反映土的密实程度的物理指标，用小数来表示。一般 $e < 0.6$ 的土是密实的低压缩性土， $e > 1$ 的土是疏松的高压缩性土。

如果已知土粒比重 G_s 、土的天然含水率 ω 和天然密度 ρ ，就可以得到计算孔隙比的推导公式：

$$e = \frac{V_v}{V_s} = \frac{V - V_s}{V_s} = \frac{G_s \rho_w(1 + \omega)}{\rho} - 1 \quad (4-15)$$

（五）孔隙率

土中孔隙体积与土的总体积之比称为孔隙率，可用下式表示：

$$n = \frac{V_v}{V} \times 100\% \quad (4-16)$$

孔隙率一般用百分数表示。通过推导，可得孔隙率与孔隙比的关系：

$$n = \frac{V_v}{V} = \frac{V_v}{V_v + V_s} = \frac{e}{1 + e} \quad (4-17)$$

（六）饱和度

土中孔隙水的体积与孔隙体积之比称为饱和度，可用下式表示：

$$S_r = \frac{V_w}{V_v} \times 100\% \quad (4-18)$$

饱和度是衡量土体潮湿程度的物理指标，用百分数来表示。若 $S_r = 100\%$ ，土中孔隙全部充满水，土体处于饱和状态；若 $S_r = 0$ ，则土中孔隙无水，土体处于干燥状态。

第三节　土的可塑性

一、黏性土的状态

随着含水率的改变，黏性土将经历不同的物理状态。当含水率很大时，土是一种黏滞流动的液体即泥浆，称为流动状态；随着含水率逐渐减少，黏滞流动的特点渐渐消失而显示出塑性（所谓塑性就是指可以塑成任何形状而不产生裂缝，并在外力解除以后能保持已有的形状而不恢复原状的性质),称为可塑状态;当含水率继续减小时,则发现土的可塑性逐渐消失,从可塑状态变为半固体状态。当含水率很小时,土的体积却不再随含水率的减小而减小,这种状态称为固体状态。

二、界限含水率

黏性土从一种状态变到另一种状态的含水率分界点称为界限含水率。土的界限含水率主要有液限、塑限两种。

(一)液限

1. 定义

流动状态与可塑状态间的分界含水率称为液限 ω_L。

2. 测定方法

1)锥式液限仪

锥式液限仪的平衡锥重 76 g,锥尖顶角 30°。试验时先将土样调制成均匀膏状,装入土杯内,刮平表面,放在底座上。平衡锥置于土样中心,在自重下沉入土中,当 5 s 内入土深度为 10 mm 时的含水率即为液限。如液限仪沉入土中锥体刻度高于或低于土面,则表明土样的含水率低于或高于液限,此时应将土取出,加少量水或反复搅拌使土样水分蒸发再测试,直到锥尖入土深度达到 10 mm。

2)碟式液限仪

美国、日本等国家采用碟式液限仪测定液限。将制备好的土样铺在铜碟前半部,用调土刀刮平表面,用切槽器在土中划开成 V 形槽,以 2 r/s 的速度转动摇柄,使铜碟反复起落,连续下落 25 次后,如土槽合龙长度为 13 mm,这时试样的含水率就是液限。

3)液塑限联合测定仪

为克服手动放锥误差大、土样反复操作等缺点,近年来采用电动放锥、液塑限联合测定仪法来测定液限。试验时取代表性试样,加不同数量的水,调成三种不同稠度状态的试样。一般情况下,三个试样含水率分别接近液限、塑限和两者之间。用 76 g 的平衡锥分别测定三个试样的入土深度和相应的含水率,以含水率为横坐标,入土深度为纵坐标,绘于双对数纸上,将测得的三点连成直线,由含水率与圆锥下沉深度曲线,查出 10 mm 对应的含水率即为液限 ω_L,2 mm 对应的含水率即为塑限 ω_P。

(二)塑限

1. 定义

可塑状态与半固体状态间的分界含水率称为塑限 ω_P。

2. 测定方法

1)搓条法

取略高于塑限含水率的试样 8~10 g,放在毛玻璃板上用手搓条,在缓慢的、单方向的搓动过程中土膏内的水分渐渐蒸发,如搓到土条的直径为 3 mm 产生裂缝并开始断裂,则此时的含水率即为塑限 ω_P。

2)液塑限联合测定仪

试验方法同前。

三、塑性指数与液性指数

(一) 塑性指数

可塑性是黏性土区别于砂土的重要特征。可塑性的大小用土处在塑性状态的含水率变化范围来衡量,从液限到塑限含水率的变化范围愈大,土的可塑性愈好,这个范围称为塑性指数 I_P :

$$I_P = \omega_L - \omega_P \tag{4-19}$$

塑性指数习惯上用不带百分号的数值表示。塑性指数是黏性土的最基本、最重要的物理指标之一,它综合地反映了黏性土的物质组成,广泛应用于土的分类和评价。

(二) 液性指数

液性指数 I_L 是表示天然含水率与界限含水率相对关系的指标,其表达式为:

$$I_L = \frac{\omega - \omega_P}{\omega_L - \omega_P} \tag{4-20}$$

可塑状态的土的液性指数在 $0\sim1$,液性指数越大,表示土越软;液性指数大于 1 的土处于流动状态;小于 0 的土则处于固体状态或半固体状态。

黏性土的状态可根据液性指数 I_L 分为坚硬、硬塑、可塑、软塑和流塑 5 种状态,见表4-5。

表 4-5　按液性指数值确定黏性土状态

I_L 值	$I_L \leq 0$	$0 < I_L \leq 0.25$	$0.25 < I_L \leq 0.75$	$0.75 < I_L \leq 1.0$	$1.0 < I_L$
状态	坚硬	硬塑	可塑	软塑	流塑

第四节　土的压实性

在工程建设中,常用土料填筑土堤、土坝、路基和地基等,为了提高填土的强度、增加土的密实度、减小压缩性和渗透性,一般都要经过压实。压实的方法很多,可归结为碾压、夯实和振动三类。大量实践证明,在对黏性土进行压实时,土太湿或太干都不能被较好压实,只有当含水率控制为某一适宜值时,压实效果才能达到最佳。黏性土在一定的压实功能下,达到最密实的含水率,称为最优含水率,用 ω_{op} 表示,与其对应的干密度则称为最大干密度,用 ρ_{dmax} 表示。因此,为了既经济又可靠地对土体进行碾压或夯实,必须要研究土的这种压实特性,即土的击实性。

一、击实试验

室内击实试验,是把某一含水率的试样分三层放入击实筒内,每放一层用击实锤击打至一定击数,对每一层土所做的击实功为锤体重量、锤体落距和击打次数三者的乘积,将土层分层击实至满筒后(试验时,使击实土稍超出筒高,然后将多余部分削去),测定击实后土的含水率和湿密度,计算出干密度。用同样的方法将 5 个以上的不同含水率的土样击实,每一土样均可得到击实后的含水率与干密度。以含水率为横坐标,干密度为纵坐标绘出这些数据点,连接各点绘出的曲线即为土的击实曲线(见图 4-2)。

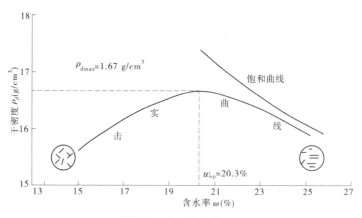

图 4-2　土的击实曲线

(一)黏性土的击实特性

由图 4-2 可知,当含水率较低时,土的干密度较小;随着含水率的增加,土的干密度也逐渐增大,表明压实效果逐步提高;当含水率超过某一限量 ω_{op} 时,干密度则随着含水率增大而减小,即压密效果下降。这说明土的压实效果随着含水率而变化,并在击实曲线上出现一个峰值,相应于这个峰值的含水率就是最优含水率。据研究,黏性土的最优含水率与塑限有关,大致为 $\omega_{op} = \omega_p \pm 2\%$。

对大型工程或重要工程,土的最优含水率应根据击实试验确定,对于小型工程或者粗估土的最优含水率时,可根据经验判别,用八个字描述,即"手握成团、落地开花",将一把土握在手中能成团,摔在地上能散开,基本上为土的最优含水率。

黏性土的击实机制:当含水率较小时,土中水主要是强结合水,土粒周围的水膜很薄,颗粒间具有很大的分子引力,阻止颗粒移动,受到外力作用时不易改变原来位置,因此压实就比较困难。当含水率适当增大时,土中结合水膜变厚,土粒间的连接力减弱而使土粒易于移动,压实效果就变好。但当含水率继续增大时,土中水膜变厚,以致土中出现了自由水,击实时由于土样受力时间较短,孔隙中过多的水分不易立即排出,势必阻止土粒的靠拢,所以击实效果下降。

(二)无黏性土的击实特性

无黏性土颗粒较粗,颗粒之间没有或只有很小的黏聚力,不具有可塑性,多成单粒结构,压缩性小、透水性高、抗剪强度较大,且含水率的变化对它的性质影响不显著。因此,无黏性土的击实特性与黏性土相比有显著差异。在风干和饱和状态下,击实都能得出较好的效果。其机制是在这两种状态时不存在假黏聚力。在这两种状态之间时,受假黏聚力的影响,击实效果最差。

工程实践证明,对于无黏性土的压实,应该有一定静荷载与动荷载联合作用,才能达到较好的压实度。所以,对于不同性质的无黏性土,振动碾是最为理想的压实工具。

二、影响土击实效果的因素

影响土击实效果的因素很多,但最重要的是含水率、击实功能和土的性质。

(一) 含水率

由前可知,土太湿或太干都不能被较好压实,只有当含水率控制为某一适宜值即最优含水率时,土才能得到充分压实,得到土的最大干密度。实践表明,当压实土达到最大干密度时,其强度并非最大;当含水率小于最优含水率时,土的抗剪强度均比最优含水率时高,但将其浸水饱和后,则强度损失很大;只有在最优含水率时浸水饱和后的强度损失最小,压实土的稳定性最好。

(二) 击实功能

夯击的击实功能与夯锤的质量、落高、夯击次数等有关。碾压的压实功能则与碾压机具的质量、接触面积、碾压遍数等有关。对于同一土料,击实功能小,则所能达到的最大干密度也小;击实功能大,所能达到的最大干密度也大。而最优含水率正好相反,即击实功能小,最优含水率大;击实功能大,则最优含水率小。但是应当指出,击实效果增大的幅度是随着击实功能的增大而降低的。企图单纯用增大击实功能的办法来提高土的干密度是不经济的。

(三) 土粒级配和土的类别

在相同的击实功能条件下,级配不同的土,击实效果也不同。一般地,粗粒含量多、级配良好的土,最大干密度较大,最优含水率较小。砂土的击实性与黏性土不同,一般在完全干燥或充分洒水饱和的状态下,容易击实到较大的干密度;而在潮湿状态下,由于毛细水的作用,填土不易击实。所以,粗粒土一般不做击实试验,只要在压实时,对其充分洒水使土料接近饱和,就可得到较大的干密度。

三、土石料的填筑标准

土石料的填筑标准是指土料的压实程度及其适宜含水率。一般情况下,土石料压得越密实,即干密度越大,其抗剪强度、抗渗性、抗压缩性也越好,可使坝坡较陡、剖面缩小。但过大的密实度,需要增加碾压费用,往往不一定经济,工期还可能延长。因此,应综合分析各种条件,并通过试验,合理地确定土料的填筑标准,达到既安全又经济的目的。

(一) 黏性土的压实标准

对不含砾或含少量砾的黏性土料,以设计干重度作为设计指标,按击实试验的最大干重度乘以压实度确定。对于Ⅰ级坝和高坝,压实度为 0.98~1.00;对于Ⅱ级、Ⅲ级及其以下的中坝,压实度为 0.96~0.98。

土料的压实度受击实功能的控制,同时又随含水率而变化。在一定的压实功能条件下达到最佳压实效果的含水率称为最优含水率。最优含水率多在塑限附近,黏性土的填筑含水率控制在最优含水率附近。

(1) 填土含水率 w 由下式计算:

$$\omega = \omega_p + \beta I_p \tag{4-21}$$

式中: ω 为土的最优含水率; ω_p 为土的塑限; I_p 为土的塑性指数; β 为系数[高坝可取 ±0.1,中低坝可取 $\pm(0.1~0.2)$]。

(2) 填土的干重度 γ_d。

$$r_d = m \frac{\gamma_s (1 - V_a)}{1 + 0.01 \omega \gamma_s} \qquad (4\text{-}22)$$

式中：V_a 为单位土体中空气的体积（黏性土可取 0.05，壤土可取 0.04，砂壤土可取 0.03）；γ_s 为土粒比重；m 为施工条件系数（高坝可取 0.97~0.99，中低坝可取 0.95~0.97）。

（二）非黏性土料的压实标准

非黏性土料是填筑坝体或坝壳的主要材料之一，对它的填筑密度也应有严格的要求，以便提高其抗剪强度和变形模量，增加坝体稳定和减小变形，防止砂土料的液化。它的压密程度一般与含水率关系不大，而与粒径级配和压实功能有密切关系。压密程度一般用相对密度 D_r 来表示。

$$D_r = \frac{e_{max} - e}{e_{max} - e_{min}} \qquad (4\text{-}23)$$

式中：e_{max}、e_{min} 为最大与最小孔隙比；e 为设计孔隙比。

为了便于施工控制，常将相对密度 D_r 换算成干重度 γ_d。

$$\gamma_d = \frac{\gamma_{dmax} \gamma_{dmin}}{(1 - D_r) \gamma_{dmax} + D_r \gamma_{dmin}} \qquad (4\text{-}24)$$

式中：γ_{dmin}、γ_{dmax} 为最小和最大干重度，两者均可由试验得出。

设计时，应当选定所要求的密实度。对于砂砾土，相对密度要求不低于 0.75~0.80，地震区的土石坝，一般要求浸润线以上不低于 0.75，浸润线以下不低于 0.75~0.85。对于堆石坝，平均孔隙率宜在 20%~30% 之间选择，坝的级别和高度越高，应选小值，反之应选大值。

非黏性土料设计中的一个重要问题是防止产生液化。解决的途径除要有较高的密实度外，还要注意颗粒不能太小，级配要适当，不能过于均匀。

第五节　土的渗透性

土是一种松散的固体颗粒集合体，土体内具有相互连通的孔隙。在水头差作用下，水就会从水位高的一侧，流向水位低的一侧，这种现象就是水在土体中的渗流现象，而土允许水透过的性能称为土的渗透性。

渗流将引起渗漏和渗透变形两方面的问题。渗漏造成水量损失，如挡水土坝的坝体和坝基的渗水、闸基的渗漏等，直接影响闸坝蓄水的工程效益；渗透变形将引起土体内部应力状态发生变化，从而改变其稳定条件，使土体产生变形破坏，甚至危及建筑物的安全稳定。2004 年 1 月 21 日，位于新疆生产建设兵团的八一水库发生了管涌事故。管涌直径超过 8 m，估计流量 80 m³/s，事故受灾人口接近 2 万人。在 1998 年的大洪水中，长江大堤多处险情，也都是渗流造成的。因此，工程中必须研究土的渗透性及渗流的运动规律，为工程的设计、施工提供必要的资料和依据。我国和其他国家的调查资料表明，由于渗流冲刷破坏失事的土坝高达 40%，而与渗流密切相关的滑坡破坏也占 15% 左右，由此可见渗流对建筑物的影响作用很大。

一、达西定律

由于土体中孔隙的形状和大小极不规则,因而水在其中的渗透是一种十分复杂的水流现象。人们用和真实水流属于同一流体的、充满整个含水层(包括全部的孔隙和土颗粒所占据的空间)的假想水流来代替在孔隙中流动的真实水流来研究水的渗透规律,这种假想水流具有以下性质:

(1)它通过任意断面的流量与真实水流通过同一断面的流量相等。

(2)它在某一断面上的水头应等于真实水流的水头。

(3)它在土体体积内所受到的阻力应等于真实水流所受到的阻力。

1856 年法国工程师达西对均质砂土进行了大量的试验研究,得出了层流条件下的渗透规律:水在土中的渗透速度与试样两端面间的水头损失成正比,而与渗径长度成反比,即

$$V = \frac{q}{A} = Ki = K\frac{\Delta h}{L} \tag{4-25}$$

式中:V 为断面平均渗透流速,cm/s;q 为单位时间的渗出水量,cm^3/s;A 为垂直于渗流方向试样的截面面积,cm^2;K 为反映土的渗透性大小的比例常数,称为土的渗透系数,cm/s;i 为水力梯度或水力坡降,表示沿渗流方向单位长度上的水头损失,无量纲;Δh 为试样上、下两断面间的水头损失,cm;L 为渗径长度,cm。

二、渗透系数的测定

渗透系数是反映土的透水性能强弱的一个重要指标,常用它来计算堤坝和地基的渗流量,分析堤防和基坑开挖边坡出逸点的渗透稳定,以及作为透水强弱的标准和选择坝体填筑土料的依据。渗透系数只能通过试验直接测定。试验可在实验室或现场进行。一般地说,现场试验比室内试验得到的结果要准确些。因此,对于重要工程常需进行现场测定。

实验室常用的方法有常水头法和变水头法。前者适用于粗粒土(砂质土),后者适用于细粒土(黏质土和粉质土)。

(一)常水头法

常水头法是在整个试验过程中,水头保持不变。设试样的厚度即渗径长度为 L,截面面积为 A,试验时的水头差为 Δh,这三者在试验前可以直接量出或控制。试验中只要用量筒和秒表测出在某一时段 t 内流经试样的水量 Q,即可求出该时段内,单位时间内通过土体的流量 q,将 q 代入达西公式(4-25)中,即可得到土的渗透系数:

$$K = \frac{QL}{A\Delta ht} \tag{4-26}$$

(二)变水头法

黏性土由于渗透系数很小,流经试样的水量很少,难以直接准确量测,因此采用变水头法。此法在整个试验过程中,水头是随着时间而变化的,其试验装置如图 4-3 所示。试样的一端与细玻璃管相连,在试验过程中测出某一时段 t 内($t = t_2 - t_1$)细玻璃管中水位的

变化,就可根据达西定律求出土的渗透系数。

$$K = 2.3 \frac{aL}{At} \lg \frac{h_1}{h_2} \qquad (4\text{-}27)$$

式中:a 为细玻璃管内部的截面面积;h_1、h_2 为时刻 t_1、t_2 对应的水头差。

试验时只需测出某一时段 t 两端点对应的水位即可求出渗透系数。

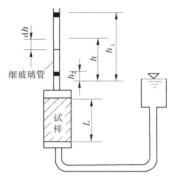

图 4-3　变水头试验装置

(三)现场抽水试验

对于粗粒土或成层土,室内试验时不易取到原状样,或者土样不能反映天然土层的层次或土颗粒排列情况,这时现场试验得到的渗透系数将比室内试验准确。具体的试验原理和方法参阅水文地质方面的有关书籍。

三、影响土的渗透性的因素

影响土体渗透性的因素很多,主要有土的粒度成分及矿物成分、土的结构构造和土中气体等。

(一)土的粒度成分及矿物成分的影响

土的颗粒大小、形状及级配影响土中孔隙大小及其形状,因而影响土的渗透性。土粒越细、越浑圆、越均匀时,渗透性就越大。砂土中含有较多粉土或黏性土颗粒时,其渗透性就会大大降低。土中含有亲水性较大的黏土矿物或有机质时,因为结合水膜厚度较厚,会阻塞土的孔隙,土的渗透性降低。土的渗透性还和水中交换阳离子的性质有关系。

(二)土的结构构造的影响

天然土层通常不是各向同性的,因此不同方向,土的渗透性也不同。如黄土具有竖向大孔隙,所以竖向渗透系数要比水平向的大得多。在黏性土中,如果夹有薄的粉砂层,它在水平方向的渗透系数要比竖向的渗透系数大得多。

(三)土中气体的影响

当土中孔隙存在密闭气泡时,会阻塞水的渗流,从而降低了土的渗透性。这种密闭气泡有时是由溶解于水中的气体分离出来而形成的,故水的含气量也影响土的渗透性。

(四)水的温度

水温对土的渗透性也有影响,水温愈高,水的动力黏滞系数 η 愈小,渗透系数 K 值愈大。试验时某一温度下测定的渗透系数,应按下式换算为标准温度 20 ℃下的渗透系

数,即

$$K_{20} = K_T \frac{\eta_T}{\eta_{20}} \tag{4-28}$$

式中:K_T、K_{20}为T℃和20℃时土的渗透系数;η_T、η_{20}为T℃和20℃时水的动力黏滞系数,见《土工试验方法标准》(GB/T 50123—2019)。

总之,对于粗粒土,主要因素是颗粒大小、级配、密度、孔隙比以及土中封闭气泡的存在;对于黏性土,则更为复杂,黏性土中所含矿物、有机质以及黏土颗粒的形状、排列方式等都影响其渗透性。

四、渗透力与渗透变形破坏

水在土体中的渗流将引起土体内部应力状态的变化,从而改变水工建筑物地基或土坝的稳定条件。因此,对于水工建筑物来讲,如何确保在有渗流作用时的稳定性是一个非常重要的课题。

渗流所引起的稳定问题一般可归结为两类:一类是土体的局部稳定问题。这是由渗透水流将土体中的细颗粒冲出、带走或局部土体产生移动,导致土体变形而引起的。因此,这类问题常称为渗透变形问题。此类问题如不及时加以纠正,同样会酿成整个建筑物的破坏。另一类是整体稳定问题。这是在渗流作用下,整个土体发生滑动或坍塌。土坝(堤)在水位降落时引起的滑动、雨后的山体滑坡、泥石流是这类破坏的典型事例。

(一)渗透力

由前面的渗流试验可知,水在土体中流动时,会引起水头损失。这表明水在土中流动会引起能量的损失,这是由于水在土体孔隙中流动时,力图带动土颗粒而引起能量消耗。根据作用力与反作用力,土颗粒阻碍水流流动,给水流以作用力,那么水流也必然给土颗粒以某种拖曳力,我们将渗透水流施加于单位土体内土粒上的拖曳力称为渗透力。

渗透力为

$$j = \frac{J}{V} = \frac{\gamma_w \Delta h A}{AL} = \gamma_w \frac{\Delta h}{L} = \gamma_w i \tag{4-29}$$

从式(4-29)可知,渗透力的大小与水力坡降成正比,其作用方向与渗流(或流线)方向一致,是一种体积力,常以 kN/m³ 计。

从上述分析知,在有渗流的情况下,渗透力的存在,将使土体内部受力情况(包括大小和方向)发生变化。一般地说,这种变化对土体的整体稳定是不利的。但是,对于渗流中的具体部位应做具体分析。由于渗透力的方向与渗流作用方向一致,它对土体的稳定性有很大的影响。

(二)渗透变形破坏形式

从前面对渗流的分析可知,地基或某些结构物(如土坝等)的土体中发生渗流后,土中的应力状态将发生变化,建筑物的稳定条件也将发生变化。由渗流作用而引起的变形破坏形式,根据土的颗粒级配和特性、水力条件、水流方向和地质情况等因素,通常有流土、管涌、接触流失和接触冲刷四种。流土和管涌发生在同一土层中,接触流失和接触冲刷发生在成层土中。

1. 流土

正常情况下,土体中各个颗粒之间都是相互紧密结合的,并具有较强的制约力。但在向上渗流作用下,局部土体表面会隆起或颗粒群同时发生移动而流失,这种现象称为流土。它主要发生在地基或土坝下游渗流逸出处而不发生于土体内部。基坑或渠道开挖时所出现的流砂现象是流土的一种常见形式,流土常发生在颗粒级配均匀的细砂、粉砂和粉土等土层中,在饱和的低塑性黏性土中,当受到扰动时,也会发生流土。

由流土的定义知,流土多发生在向上的渗流情况下,而此时渗透力的方向与渗流方向一致。由受力分析可知,一旦 $j > \gamma'$,流土就会发生。而 $j = \gamma'$,土体处于流土的临界状态,此时的水力坡降定义为临界水力坡降,以 i_{cr} 表示。

竖直向上的渗透力 $j = \gamma_w i$,单位土体本身的有效重量 $\gamma' = \gamma_{sat} - \gamma_w$,当土体处于临界状态时,$j = \gamma'$,则由以上条件得:

$$i_{cr} = \frac{\gamma'}{\gamma_w} = \frac{\gamma_{sat} - \gamma_w}{\gamma_w} = \frac{\gamma_{sat}}{\gamma_w} - 1 \tag{4-30}$$

根据土的物理性质指标的关系,上式可表达为

$$i_{cr} = (G_s - 1)(1 - n) = \frac{G_s - 1}{1 + e} \tag{4-31}$$

流土一般发生在渗流的逸出处,因此只要将渗流逸出处的水力坡降,即逸出坡降 i 求出,就可判别流土的可能性:$i < i_{cr}$ 时,土处于稳定状态;$i = i_{cr}$,则土处于临界状态;$i > i_{cr}$ 时,土处于流土状态。在设计时,为保证建筑物的安全,通常将逸出坡降限制在容许坡降 $[i]$ 之内,即

$$i < [i] = \frac{i_{cr}}{F_s} \tag{4-32}$$

式中:F_s 为安全系数,常取 $1.5 \sim 2.0$。

2. 管涌

在渗流力的作用下,土中的细颗粒在粗颗粒形成的孔隙中被移去并被带出,在土体内形成贯通的渗流管道,这种现象称为管涌。开始土体中的细颗粒沿渗流方向移动并不断流失,继而较粗颗粒发生移动,从而在土体内部形成管状通道,带走大量砂粒,最后堤坝被破坏。管涌发生的部位可以在渗流逸出处,也可以在土体内部。它主要发生在砂砾中,必须具备两个条件:一个是几何条件,土中粗颗粒所形成的孔隙必须大于细颗粒的直径,一般不均匀系数 $C_u > 10$ 的土才会发生管涌,这是必要条件;另一个条件是水力条件,渗流力大到能够带动细颗粒在粗颗粒形成的孔隙中运动,可用管涌的临界水力坡降来表示,它标志着土体中的细颗粒开始流失,表明水工建筑物或地基某处出现了薄弱环节。

3. 接触流失

渗流垂直于渗透系数相差较大的两层土的接触面流动时,把其中一层的颗粒带出,并通过另一层土孔隙冲走的现象,称为接触流失。例如,土石坝黏性土的防渗体与保护层的接触面上发生黏性土的湿化崩解、剥离,从而在渗流作用下通过保护层的较大孔隙而发生接触流失。这是因为保护层的粒径与防渗体层的粒径相差很大,若保护层的粒径很粗,则与防渗体土层接触处必然有孔径相当大的孔隙,孔隙下的土层不受压重作用,当渗流进入

这种孔隙时,剩余水头就会全部消失,于是在接触面上,水力坡度加大,其结果就造成渗流破坏——接触流失。所以,土坝防渗体的土料、反滤层的土料以及坝壳的土料质量都必须满足工程技术要求。

4. 接触冲刷

渗流沿着两种不同介质的接触面流动时,把其中颗粒层的细颗粒带走,这种现象称为接触冲刷。这里所指的接触面,其方向是任意的。接触冲刷现象常发生在闸坝地下轮廓线与地基土的接触面上,管道与周围介质的接触面或刚性与柔性介质的界面上。

五、渗透变形破坏形式的判别

土的特性对渗透变形破坏形式有很大关系。黏性土颗粒间具有凝聚力,粒间联结较紧,不易产生管涌而往往出现流土破坏;砂土和砂砾石的渗透破坏的形式与其颗粒组成有关。影响土的渗透变形破坏形式的因素很多,主要是土的颗粒级配、细粒含量及土体的孔隙大小等,下面介绍几种判别方法。

(一)伊斯托明娜法

苏联学者伊斯托明娜用土的不均匀系数 C_u 为判别依据:

不均匀系数 $C_u > 10$ 的土易产生管涌;不均匀系数 $C_u < 10$ 的均匀砂土,在一定水力坡降下,较易局部地发生流土。此法简单方便,但准确性差。

(二)水利水电科学研究院法

1. 级配不连续

对于缺乏中间粒径的不连续土,可根据土体中的细颗粒含量进行判别:

$P < 25\%$,发生管涌型;

$P > 35\%$,发生流土型;

$P = (25\% \sim 35\%)$,可能发生流土或管涌,由其密实度大小确定,称为过渡型。

式中:P 为细颗粒含量,对于级配不连续的土,是指小于粒组频率曲线中谷点对应粒径的土粒含量;对于连续级配,是指小于几何平均粒径 $d = \sqrt{d_{70} d_{10}}$ 的土粒含量,d_{70}、d_{10} 分别为小于该粒径的土粒含量为 70%、10% 对应的粒径。

2. 级配连续

对于级配连续的无黏性土,可分别用孔隙直径法、细颗粒含量法进行判别。

1) 孔隙直径法

对于连续级配的砂砾石,按土体的平均孔隙尺寸与可移动的颗粒含量及其相应直径来判别。如果土体中有一定量的细颗粒直径(d_s)小于土体的孔隙平均直径(D_0),这部分细颗粒易被渗流带出土体外,破坏形式为管涌;相反,某一定量的细颗粒直径(d_s)大于土的孔隙平均直径(D_0),则细颗粒难于被渗流带出,土体的渗透破坏必然是流土型。其具体判别式如下:

$$\begin{cases} D_0 > d_5, & \text{发生管涌型} \\ D_0 < d_3, & \text{发生流土型} \\ D_0 = (d_3 \sim d_5), & \text{发生过渡型} \end{cases}$$

式中：d_5 为级配曲线中小于 5% 的相应粒径；d_3 为级配曲线中小于 3% 的相应粒径；D_0 为粗颗料孔隙的平均直径，按下式计算：

$$D_0 = 0.25 C_u^{\frac{1}{8}} d_{20} \tag{4-33}$$

2）细颗粒含量法

$$\begin{cases} P < 0.9 P_{op}，发生管涌型 \\ P \geqslant 1.1 P_{op}，发生流土型 \\ P = (0.9 \sim 1.1) P_{op}，发生过渡型 \end{cases}$$

式中：P_{op} 为最优细颗粒含量，可按下式计算：

$$P_{op} = (0.3 - n + 3n^2)/(1 - n) \tag{4-34}$$

式中：n 为土的孔隙率，按小数计。

（三）沙金煊法

对所有的土壤，沙金煊给出临界细颗粒含量 P_z 计算公式：

$$P_z = \alpha \frac{\sqrt{n}}{1 + \sqrt{n}} \tag{4-35}$$

式中：α 为修正系数，一般取 0.95~1.0；n 为土的孔隙率，按小数计。

$$\begin{cases} P < P_z，发生管涌型 \\ P > P_z，发生流土型 \end{cases}$$

常见土发生流土型、管涌型、过渡型的临界水力坡降、容许坡降范围见表 4-6。

表 4-6　常见土发生流土型、管涌型、过渡型的临界水力坡降、容许坡降范围

项目	土的渗透破坏形式				
	流土型		过渡型	管涌型	
	$C_u \leqslant 5$	$C_u > 5$		级配连续	级配不连续
临界水力坡降 i_{cr}	0.8~1.0	1.0~1.6	0.4~0.6	0.2~0.4	0.1~0.3
容许坡降 $[i]$	0.4~0.5	0.5~0.8	0.25~0.40	0.15~0.25	0.10~0.15

第六节　土的液化性

一、饱和砂土与饱和粉土的液化

饱和松散的砂土或粉土在强烈的地震作用下，会产生剧烈的状态变化，使原砂土或粉土结构受到破坏，抗剪强度丧失，成为液体状态。当覆盖土层被振裂时，受压水挟带砂粒和粉粒喷出地面，出现喷水、冒砂现象，常常导致建筑物、坝坡产生不均匀沉降，甚至失稳，造成建筑物开裂、倾斜或破坏、滑坡，这种现象称为砂土的液化。

（一）液化机制

饱和砂土和粉土是由土粒及水组成的复合体。在未震动前，外力由土粒骨架承担，水

只受其本身(静水)压力,此时砂土或粉土地基是稳定的。但在地震动荷载反复作用下,饱和砂土和粉土颗粒在强烈震动下发生相对位移,颗粒结构趋于压密,颗粒间孔隙水来不及排出而受到挤压,因而使孔隙水压力急剧增加。但孔隙水压力上升到与土颗粒所受到的总的正压应力接近或相等时,土粒之间因摩擦产生的抗剪能力消失,土颗粒便形同"液体"一样处于悬浮状态,形成液化现象。

(二)液化形成的条件

液化形成的条件与本身特性(土粒径、密度)、土层埋深、地下水位(有效覆盖压力)及震动特性(地震的强度、地震持续时间)等密切相关。实际调查发现,土的粒径和级配是影响砂土液化的重要因素,土中粉粒含量大,平均粒径在 0.075~0.10 mm 的土,容易产生液化。土的密度是影响动力稳定性的根本因素,相对密度小于 70% 时,往往会产生液化,大于 70% 时,一般不易液化;土层埋深大、地下水位低,则有效覆盖压力大,不易产生液化现象。据调查,有效覆盖压力小于 50 kPa 的地段,易发生液化喷水、冒砂现象。地震是土层产生液化的外因,在地震烈度高的地区,地面运动强度大,作用土层的往复切应力大。地震持续时间长,震动次数多,孔隙水压力累积高,容易引起液化。若土的颗粒粗、级配良好、密度大,土粒间有黏性,排水条件好,所受静载大,震动时间短,震动强度低,则不易引起液化。

二、液化判别

地震时饱和无黏性土和少黏性土的液化破坏,应根据土层的天然结构、颗粒组成、松密程度、地震前和地震时的受力状态、边界条件和排水条件以及地震历时等因素,结合现场勘察和室内试验综合分析判定。

《水利水电工程地质勘察规范》(GB 50487—2008)规定,对土的液化判定工作可分初判和复判两个阶段,初判应排除不会发生液化的土层;对初判可能发生液化的土层,应进行复判。

(一)土的地震液化初判

土的地震液化初判应符合下列规定:

(1)地层年代为第四纪晚更新世 Q_3 或以前,可判为不液化。

(2)土的粒径大于 5 mm 颗粒含量的质量百分率大于或等于 70% 时,可判为不液化;粒径大于 5 mm 颗粒含量的质量百分率小于 70% 时,若无其他整体判别方法,可按粒径小于 5 mm 的这部分判定其液化性能。

(3)对粒径小于 5 mm 颗粒含量的质量百分率大于 30% 的土,其中粒径小于 0.005 mm 颗粒含量的质量百分率相应于地震设防烈度Ⅶ度、Ⅷ度和Ⅸ度分别不小于 16%、18% 和 20% 时,可判为不液化。

(4)工程正常运用后,地下水位以上的非饱和土,可判为不液化。

(5)当土层的剪切波速大于式(4-36)计算的上限剪切波速时,可判为不液化。

$$V_{st} = 219\sqrt{K_H Z \gamma_d} \tag{4-36}$$

式中：V_{st} 为上限剪切波速度,m/s；K_H 为地面最大水平地震加速度系数；Z 为土层深度,m；γ_d 为深度折减系数。

(6)地面最大水平地震加速度系数可按地震设防烈度Ⅶ度、Ⅷ度和Ⅸ度,分别采用 0.1、0.2 和 0.4。

(7)深度折减系数可按下列公式计算:

$Z = 1 \sim 10 \text{ m}$

$$\gamma_d = 1.0 - 0.01Z \qquad (4\text{-}37)$$

$Z = 10 \sim 20 \text{ m}$

$$\gamma_d = 1.1 - 0.02Z \qquad (4\text{-}38)$$

$Z = 20 \sim 30 \text{ m}$

$$\gamma_d = 0.9 - 0.01Z \qquad (4\text{-}39)$$

(二)土的地震液化复判

土的地震液化复判应符合下列规定。

1. 标准贯入击数法

(1)符合下列条件的土应判为液化土:

$$N_{63.5} \leqslant N_{cr} \qquad (4\text{-}40)$$

式中:$N_{63.5}$ 为工程正常运用时,标准贯入点在当时地面以下水下 d_s 深度处的标准贯入锤击数;N_{cr} 为液化判别标准贯入锤击数临界值。

(2)当标准贯入试验贯入点深度和地下水位在试验地面以下的深度不同于工程正常运用时,实测标准贯入锤击数应按下式进行修正,并以校正后的标准贯入锤击数 $N_{63.5}$ 作为复判依据:

$$N_{63.5} = N'_{63.5}\left(\frac{d_s + 0.9d_w + 0.7}{d'_s + 0.9d'_w + 0.7}\right) \qquad (4\text{-}41)$$

式中:$N'_{63.5}$ 为实测标准贯入锤击数;d_s 为工程正常运用时,标准贯入点在当时地面以下的深度,m;d_w 为工程正常运用时,地下水位在当时地面以下的深度,m,当地面淹没于水面以下时,d'_w 取 0;d'_s 为标准贯入试验时,标准贯入点在当时地面以下的深度,m;d'_w 为标准贯入试验时,地下水位在当时地面以下的深度,m,若当时地面淹没于水面以下,则 d'_w 取 0。

校正后标准贯入锤击数和实测标准贯入锤击数均不进行钻杆长度修正。

(3)液化判别标准贯入锤击数临界值按下式计算:

$$N_{cr} = N_0[0.9 + 0.1(d_s - d_w)]\sqrt{3\%/\rho_c} \qquad (4\text{-}42)$$

式中:ρ_c 为土的黏粒含量质量百分率(%),当 $\rho_c \leqslant 3\%$ 时,ρ_c 取 3%;N_0 为液化判别标准贯入锤击数基准值,按表 4-7 采用。

表 4-7　标准贯入锤击数基准值 N_0

地震设防烈度	Ⅶ度	Ⅷ度	Ⅸ度
近震	6	10	16
远震	8	12	—

注:当 $d_s = 3$ m、$d_w = 2$ m、$\rho_c \leqslant 3\%$ 时的标准贯入锤击数称为液化标准贯入锤击数基准值。

(4)式(4-42)只适用于标准贯入点在地面以下 15 m 以内的深度,大于 15 m 的深度内有饱和砂或饱和少黏性土,需要进行液化判别时,可采用其他方法判定。

（5）当标准贯入点在地面以下 5 m 以内的深度时,应采用 5 m 计算。

（6）当建筑物所在地区的地震设防烈度比相应的震中烈度小 2 度或 2 度以上时定为远震,否则为近震。

（7）测定土的黏粒含量时,应采用六偏磷酸钠做分散剂。

2. 相对密度复判法

当饱和无黏性土（包括砂和粒径大于 2 mm 的砂砾）的相对密度不大于表 4-8 中的液化临界相对密度时,可判为可能液化土。

表 4-8　饱和无黏性的液化临界相对密度

地震设防烈度	Ⅵ度	Ⅶ度	Ⅷ度	Ⅸ度
液化临界相对密度 $(D_r)_{cr}$（%）	65	70	75	85

3. 相对含水率或液性指数复判法

（1）当饱和少黏性土的相对含水率大于或等于 0.9 时,或液性指数大于或等于 0.75 时,可判为可能液化土。

（2）相对含水率应按下式计算:

$$\omega_u = \frac{\omega_s}{\omega_L} \tag{4-43}$$

式中: ω_u 为相对含水率,%; ω_s 为少黏性土的饱和含水率,%; ω_L 为少黏性土的液限含水率,%。

$$I_L = \frac{\omega_s - \omega_P}{\omega_L - \omega_P} \tag{4-44}$$

式中: I_L 为液性指数; ω_P 为少黏性土的塑限含水率（%）。

第五章　土石坝的养护与修理

第一节　土石坝的工作条件、类型、构造

土石坝是利用坝址附近的土石料填筑压实而成的挡水建筑物,又称当地材料坝。土石坝具有对地基的适应性强、可就地取材、机械化程度高等特点,在国内外得到广泛应用。

土石坝也存在很多不足。由于填筑坝体的土石料为散粒体,抗剪强度低,颗粒间孔隙较大,因此易受到渗流、冲刷、沉陷、冰冻、地震等方面的影响。水库在运用过程中常常会因渗流而损失水量,还易引起管涌、流土等渗透变形,并使浸润线以下的土料承受着渗透动水压力,使土的内摩擦角和黏结力减小,对坝坡稳定不利;因抗剪能力小、边坡不够平缓、渗流等而产生滑坡;因土粒间黏结力小,抗冲能力很低,在风浪、降雨等作用下而造成坝坡的冲蚀、侵蚀和护坡的破坏,所以不允许坝顶过水;因沉降导致坝顶高程不够和产生裂缝;因气温的剧烈变化而引起坝体土料冻胀和干裂等。故要求土石坝有稳定的坝坡、合理的防渗排水设施、坚固的护坡及适当的坝顶构造,并应在水库的运用过程中加强监测和维护。

一、土石坝的工作条件

土石坝是由松散颗粒土石料填筑碾压而成的挡水建筑物。由于土粒间的抗剪强度小,上、下游坡如不维持一定的坡度,就可能发生坍塌现象。所以,土石坝的剖面一般呈梯形。失稳的形式则是坝坡滑动或坝坡连同地基一起滑动的剪切破坏,这是与其他建筑物不同之处。此外,还有以下一些特性。

(一)渗流影响

土坝挡水后,由于坝体断面较大,除坝基有水平软弱夹层外,产生整体滑动的可能性较小。但在上、下游水位的作用下,水流经过坝身及坝基(包括两岸)的接合面和坝体土与混凝土等建筑物的接合面易产生渗漏。渗流在坝体内形成自由水面,浸润线以下的土体全部处于饱和状态。饱和区的土体受水的浸泡而使土的有效重量减轻,并使土的内摩擦角和黏结力减小。同时,渗透水流对土体还有动水压力的作用,这些力增加了坝坡滑动的可能性;渗透水流在土壤中运动时,如渗透坡降超过允许渗透坡降,还会引起坝体和坝基的渗透变形,严重时会导致坝失事。

(二)冲刷影响

由于土料颗粒间的黏结力很小,因此土石坝抗冲能力较低。雨水一方面侵入坝内降低坝的稳定性,另一方面将沿坝坡面下流而冲刷坝面;库内风浪对坝面也将产生冲击和淘刷作用,使坝面容易受到破坏,甚至产生滑坡。因此,上、下游坝坡均需采取有效的保护措施。

(三)沉陷影响

由于土粒间存在孔隙,在坝体自重和水荷载作用下,坝体和地基(土基)都会由于压

缩而产生沉陷。沉陷量过大会造成坝顶高程不足而影响坝的正常工作;过大的不均匀沉陷量还会引起坝体开裂,甚至造成渗水通道而威胁大坝安全。

(四)其他影响

在严寒地区,当气温低于零度时库水面结冰形成冰盖层,与岸坡及坝坡冻结在一起,冰层的膨胀,对坝坡产生很大冰压力,易导致护坡的破坏。位于水位以上的坝体黏土,在冻融作用下会造成孔穴、裂缝。在夏季,由于含水率的损失,上述土壤也可能干裂引起集中渗流。

在地震区筑坝,还应考虑地震影响。地震的作用增加了坝坡坍滑的可能性。粉砂地基在强烈震动作用下还容易引起液化破坏。

二、设计和建造土石坝的原则要求

(一)不允许水流漫顶

设计时由于对洪水估计偏低,坝顶高程不足,溢洪道尺寸偏小,或水库控制运用不当等,都会造成土石坝漫顶溃坝的严重事故。因此,在土石坝枢纽中应设置容量足够大的泄水建筑物,绝对不允许洪水漫顶。设计中,要充分估计水库风浪及坝的沉陷值,预留足够的超高。库区滑坡要查勘清楚,滑坡体在水库内坍滑产生的涌浪对土石坝极为不利。除对设计标准洪水有足够的泄洪建筑物外,对于可能发生的特殊洪水,也应有应急的泄洪保坝措施。据国外对土石坝失事资料的分析,由于水流漫顶而失事的占30%。

(二)满足渗流控制要求

土石坝蓄水后,一般都会在坝体和坝基中形成渗流,有时还会有绕坝渗漏。若不进行有效的控制,将会引起多方面的问题:渗流量过大,影响水库效益;坝体和坝基产生危害渗透变形,导致大坝失事。如美国93 m高的提堂坝(1975年建成)建成不足一年,坝基透水性大,防渗帷幕施工质量不佳而导致溃坝;浸润线过高,也会降低坝的稳定性。为此,应特别注意土石坝防渗体的合理设计,并保证其施工质量。加强坝与地基、岸坡或其他建筑物的连接,合理布置排水及反滤设施,以避免事故的发生。

(三)坝体坝基稳定可靠

土石坝为散粒体结构,局部范围内土体的抗剪强度不足时,土体开始滑动。因此,应有足够的断面维持坝坡的稳定。边坡稳定是坝安全的基本保证。据统计,过去失事的土石坝中1/4是由于滑坡破坏造成的。如何结合土石坝的类型、材料、构造,选择适宜的坝坡,使之既能保持稳定又最为经济,是土石坝设计的主要内容。

(四)土石坝须能抵抗自然界的其他破坏作用

库水风浪将淘刷坝坡;雨水冲刷坝体;冬季冰冻膨胀易产生裂缝;夏季日晒龟裂;南方有些省份还有白蚁蛀空坝脚等。对这些不利因素都应采取防护措施。

三、土石坝的类型和特点

(一)土石坝的特点

土石坝是一种散粒体结构,具有与其他坝型不同的特点。

土石坝在实践中之所以被广泛采用并得到不断发展,与其自身的优越性是密不可分

的。与混凝土坝相比,它的优点主要体现在以下几方面:

(1)筑坝材料来源直接、方便,能就地取材,材料运输成本低,还能节省大量的钢材、水泥和木材等建筑材料。

(2)土石坝适应变形的能力较强,对地基的要求低,几乎在任何地基上都可以修建。

(3)构造简单,施工技术容易掌握,便于组织机械化施工。

(4)运用管理方便,工作可靠,寿命长,维修加固和扩建均较容易。

同其他的坝型一样,土石坝自身也有其不足的一面:

(1)土石坝的抗冲能力低,不允许水流漫顶,因此应具有超泄能力强的溢洪道。

(2)土石坝挡水后,在坝体内形成由上游到下游的渗流,不仅使水库损失水量,还容易引起渗透变形,所以土石坝必须采取防渗措施。

(3)施工导流不如混凝土坝方便,因而相应地增加了工程造价。

(4)坝体填筑工程量大,且土料填筑质量受气候条件的影响较大。

土石坝体积较大,一般不会产生整体滑动。失稳的形式是坝坡滑动或连同部分地基一起滑动。其剖面应是梯形,要有足够的坡度以保持稳定。

(二)土石坝的类型

1.按坝高分

土石坝按坝高分为高坝、中坝、低坝。坝高在 70 m 以上的为高坝;坝高在 30~70 m 的为中坝;坝高低于 30 m 的为低坝。

2.按施工方法分

按施工方法可分为碾压式土石坝、水力冲填坝、水中填土筑坝和定向爆破筑坝。应用最多的是碾压式土石坝。根据坝体横断面的防渗材料及其结构,碾压式土石坝分为以下三类:

1)均质坝

坝体的绝大部分基本上是由均一的土料筑成,坝体的整个断面用以防渗并保持稳定[见图 5-1(a)]。

2)分区坝

坝体由土质防渗体和若干透水性不同的土石料分区筑成。其中,土质防渗体设在坝体中央或稍向上游的称为心墙坝[见图 5-1(b)、(e)]或斜心墙坝[见图 5-1(g)],坝体上游面或接近上游面有薄土质防渗体的称为斜墙坝[见图 5-1(c)、(d)、(f)]。此外,还有其他形式的分区坝。

3)人工材料防渗面板坝和心墙坝

坝体的防渗体由沥青混凝土、钢筋混凝土或其他人工材料制成,其余部分用土石料筑成。其中防渗体在上游面的称防渗面板坝[见图 5-1(h)],防渗体在坝体中央的称心墙坝[见图 5-1(i)],沥青混凝土防渗体也可做成斜心墙坝。

四、土石坝的剖面尺寸

土石坝的剖面尺寸是指坝坡大小、坝顶宽度和坝顶高程。

(一)坝坡

土石坝的坝坡与坝型、坝高、坝基地质条件、坝的施工条件及坝体的运用条件等因素

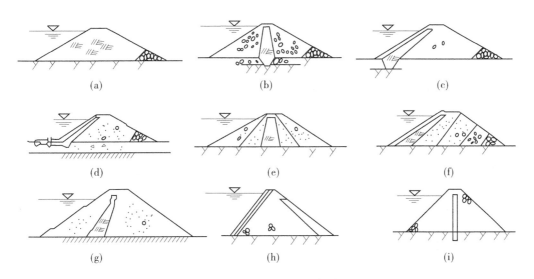

图 5-1 碾压式土石坝类型

有关。坝体较低时,上下游坝坡一般做成直线形,坝体较高时采用折线形。一般每隔 10~
20 m 变一个坡度,上部坡度较陡,下部坡度较缓,相邻坡度差值为 0.25 或 0.5。在上下游
变坡点处,设一条宽为 1.5~2.0 m 的平台,叫作马道。其作用是:截取雨水,防止坝坡冲
刷;便于对坝坡进行检修、观测;增加坝坡稳定性和便于施工交通。

初步拟定坝坡时,可参考表 5-1 中的经验数值,然后通过有关计算确定。

表 5-1 土坝经验坝坡

坝高(m)	上游坝坡	下游坝坡
<10	1:2.00~1:2.50	1:1.50~1:2.00
10~20	1:2.25~1:2.75	1:2.00~1:2.50
20~30	1:2.50~1:3.00	1:2.25~1:2.75
>30	1:3.00~1:3.50	1:2.50~1:3.00

(二)坝顶宽度

土石坝的坝顶宽度主要根据交通、防汛抢险、坝高、施工等因素确定。重要工程需要
考虑战备的要求。坝顶设置公路或铁路时,应按有关交通要求确定。一般坝顶最小宽度
不得小于 5 m。坝高超过 50 m 时,最小坝顶宽度可取坝高的 1/10。当坝高超过 100 m
时,坝顶最小宽度一般为 10 m 左右。

(三)坝顶高程

因为土石坝为挡水建筑物,因此坝顶高程应在水库的静水位以上,并必须有足够的超
高。按土石坝设计规范规定,超高 Δh 由下式确定:

$$\Delta h = R + e + A \tag{6-1}$$

式中:R 为波浪在坝坡上的爬高,m,具体计算可参考《碾压式土石坝设计规范》(SL 274—
2020);e 为风壅水面高度,即风壅水面超出原库水位的高度,m,具体计算可参考《碾压式
土石坝设计规范》(SL 274—2020);A 为安全加高,m,可根据坝的等级和运用条件按

表 5-2 确定。

<table>
<tr><th rowspan="2">运用情况</th><th colspan="4">坝的级别</th></tr>
<tr><th>1</th><th>2</th><th>3</th><th>4、5</th></tr>
<tr><td colspan="2">设计情况</td><td>1.50</td><td>1.00</td><td>0.70</td><td>0.50</td></tr>
<tr><td rowspan="2">校核</td><td>山区、丘陵区</td><td>0.70</td><td>0.50</td><td>0.40</td><td>0.50</td></tr>
<tr><td>平原区、滨海区</td><td>1.00</td><td>0.70</td><td>0.50</td><td>0.30</td></tr>
</table>

表 5-2　土石坝坝顶安全加高 A 值　　（单位：m）

五、土石坝的构造

(一) 坝顶构造

坝顶一般都做护面。护面的材料可采用单层砌石、碎石、沥青碎石等，Ⅳ级以下的坝体也可采用草皮护面。坝顶上游边缘应设坚固不透水的防浪墙或其他安全挡护设备，下游侧宜设缘石。

为了排除雨水，坝顶应做成向一侧或两侧倾斜的横向坡度，坡度值为 1%~3%。有防浪墙的坝顶，宜采用单向的向下游倾斜的横坡，在坝顶的下游侧设纵向排水沟，将汇集的雨水经坝面排水沟排至下游。

防浪墙可用混凝土或浆砌石修筑。墙的基础应牢固地埋入坝内，土石坝有防渗体时，防浪墙墙基要与防渗体可靠地连接起来，以防高水位时漏水。防浪墙的高度一般为 1.2 m 左右（见图 5-2）。坝面布置与坝顶结构应力求经济、实用、美观。

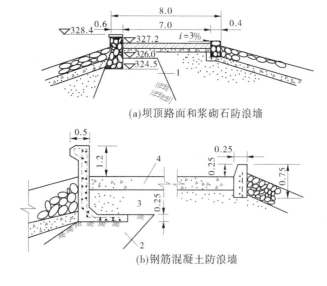

(a) 坝顶路面和浆砌石防浪墙

(b) 钢筋混凝土防浪墙

1—心墙；2—斜墙；3—回填土；4—路面

图 5-2　坝顶构造　（单位：m）

(二) 防渗体

为了防渗,土石坝必须设有防渗体(均质坝不需专门的防渗设备)。土石坝的防渗体,按材料分为塑性材料防渗体与人工材料防渗体。

塑性材料防渗体以黏土心墙坝居多。黏土心墙位于坝体中央或稍偏上游。心墙顶部在设计洪水位上的超高不小于0.3~0.6 m,且不低于校核洪水位。心墙顶部厚度按构造和施工要求不小于2.0 m。心墙为梯形断面,边坡常为1:0.15~1:0.3。底部厚度根据允许渗透坡降计算,具体数值与土壤性质有关,且不小于3.0 m。

为了防冻抗裂,心墙顶部应设置沙土保护层,层厚应大于冰冻深度,且不得小于1.0 m。

人工材料的防渗体常见的是沥青混凝土心墙、钢筋混凝土心墙、钢筋混凝土面板。沥青混凝土心墙厚度可以较薄,常取0.4~1.25 m,对于中低坝,其底部厚度可采用坝高的1/60~1/40,顶部可以减小,但不得小于0.3 m。钢筋混凝土心墙常与黏土心墙结合使用,钢筋混凝土面板常用于堆石坝中。

(三) 坝体排水设备

土石坝虽有防渗设备,但仍有一定水量渗入坝内。设置坝体排水设备可以将渗入坝内的水有计划地排出坝外,以降低浸润线及孔隙水压力,增加坝坡稳定性和保护坝坡土,防止渗透变形和冻胀破坏。

排水设备应具有充分的排水能力,不致被泥沙堵塞,确保在任何情况下都能自由地排出全部渗水,在排水设备与坝体和土基接合处,都应设置反滤层,以保证坝体和地基土不产生渗透变形,并应便于观测和检修。常用的坝体排水有以下几种形式。

1. 贴坡排水

贴坡排水是在下游坝坡底部用块石、卵石、砂料等分层筑成的排水设备,如图5-3所示。当坝体为黏性土时,排水设备的总厚度应大于当地冰冻厚度,以保证渗透水流不遭冻结。其顶部高程应超过浸润线逸出点1.5~2.0 m,并要求坝体浸润线在该地区冻结深度以下。当下游有水时,还应满足波浪爬高的要求。

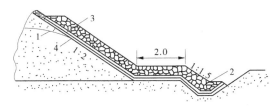

1—浸润线;2—排水沟;3—排水体;4—反滤层
图 5-3　贴坡排水 (单位:m)

在贴坡排水层基础处,必须设置排水沟或排水体,其深度应使水面结冰后,沟(体)的下部仍有足够的排水断面。

这种排水的优点是:用料较少,便于检修,能够防止渗流逸出处的渗透变形,并可以保护下游坝坡不受尾水冲刷。缺点是:不能降低浸润线。这种排水设备适用于浸润线较低的坝型和下游无水的中小型土石坝。

2. 堆石棱体排水

棱体排水是在下游坝脚处用块石堆成棱体(见图5-4),顶部高程应保证使浸润线距下游坝面的距离大于该地区的冻结深度,其顶高程应高出下游水位0.5~1.0 m。棱体排水的顶宽一般为1.0~2.0 m。但棱体的内坡由施工条件确定,一般为1:1.1~1.5;外坡一般为1:1.5~1:2.0。

棱体排水的优点是可以降低浸润线,防止坝坡冻胀和渗透变形,保护下游坡脚不受尾水淘刷,且有支撑坝体、增加稳定的作用,排水效果较好,因此应用较多。但造价较高,与坝体的施工干扰较大,适用于较高的坝或石料较多的地区。

3. 褥垫式排水

褥垫式排水是伸入坝体内部的一种平铺式排水,在坝基面上平铺一层厚0.4~0.5 m块石,并用反滤层包裹。其构造如图5-5所示。

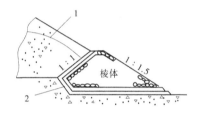

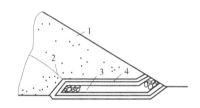

1—浸润线;2—反滤层　　　　　　　1—坝坡;2—浸润线;3—排水体;4—反滤层
图5-4　棱体排水　　　　　　　　　**图5-5　褥垫式排水**

其优点是降低浸润线的效果显著,但当坝基产生不均匀沉陷时,排水层易断裂,且检修困难,对坝体的施工干扰较大。常适用于下游无水且对浸润线要求较高的坝段。

4. 综合式排水

为发挥各种排水形式的优点,实际工程中常根据具体情况采用几种排水形式组合在一起的综合式排水。例如,若下游高水位持续时间不长,为节省石料可考虑在下游正常高水位以上采用贴坡排水,下游正常高水位以下采用棱体排水。还可以采用褥垫式与棱体排水组合,贴坡、棱体与褥垫式排水组合等综合式排水体(见图5-6)。

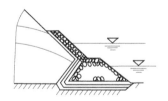

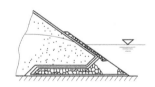

图5-6　综合式排水体

(四)土石坝的护坡

土石坝设置护坡的目的:防止波浪淘刷,避免雨冲、风扬、冻胀、干裂以及动植物的破坏。除由堆石、卵石、碎石筑成的下游坝坡外,均应设置护坡。

1. 上游护坡

上游护坡的形式有抛石、干砌石、浆砌石、混凝土、钢筋混凝土、沥青混凝土或水泥土等。采用最多的是干砌石护坡,如图 5-7 所示。干砌石下面要设碎石或砾石垫层,以防波浪淘刷坝坡。

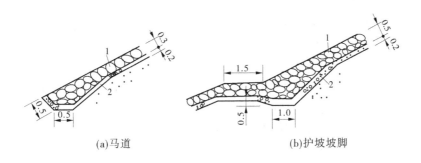

(a)马道　　　　　　　　　　(b)护坡坡脚

1—干砌石;2—垫层

图 5-7　干砌石护坡 （单位:m）

护坡的范围,通常上至坝顶,下至最低库水位以下 1.0~1.5 倍浪高处,不高的坝常护至坝底。护坡在马道及护坡的最下端应适当加厚,嵌入坝体或坝基内,以增加护坡的稳定性。

2.下游护坡

下游护坡可采用干砌石、堆石、卵石、碎石、草皮、钢筋混凝土框格填石或土工合成材料等形式。护坡范围从坝顶到排水棱体,无排水棱体时应护至坡脚。

第二节　土石坝的养护

根据各地水库的管理经验,土石坝最易产生 5 个方面的问题,即坝体裂缝,滑坡,渗漏,坝体沉陷,风浪、雨水对坝面造成的破坏等,因此土石坝的日常检查和养护工作,主要是针对这 5 个方面的,以确保大坝安全运行。

一、土石坝养护的一般规定

(1)养护工作应做到及时消除大坝表面的缺陷和局部工程问题,随时防护可能发生的损坏,保持大坝工程和设施的安全、完整、正常运用。

(2)坝面上不得种植树木、农作物,不得放牧、铲草皮以及搬动护坡和导渗设施的砂石材料等。

(3)严禁在大坝管理和保护范围内进行爆破、打井、采石、采矿、挖沙、取土、修坟等危害大坝安全的活动。

(4)严禁在坝体修建码头、渠道,严禁在坝体堆放杂物、晾晒粮草。在大坝管理和保护范围内修建码头、鱼塘,必须经大坝主管部门批准,并与坝脚和泄水、输水建筑物保持一定距离,不得影响大坝安全、工程管理和抢险工作。

(5)大坝坝顶严禁各类机动车辆行驶。若大坝坝顶确需兼做公路,须经科学论证和上级主管部门批准,并应采取相应的安全维护措施。

二、土石坝养护项目

(一)坝顶、坝端的养护

(1)坝顶、坝端的养护应达到坝顶平整,无积水,无杂草,无弃物;防浪墙、坝肩、踏步完整,轮廓鲜明;坝端无裂缝,无坑洼,无堆物。

(2)坝顶出现坑洼和雨淋沟槽,应及时用相同材料填平补齐,并应保持一定的排水坡度;对经主管部门批准通行车辆的坝顶,如有损坏,应按原路面要求及时修复,不能及时修复的,应用土或石料临时填平;坝顶的杂草、弃物应及时清除。

(3)防浪墙、坝肩和踏步出现局部破损,应及时修补或更换。

(4)坝端出现局部裂缝、坑洼,应及时填补,发现堆积物应及时清除。

(二)坝坡的养护

(1)坝坡养护应达到坡面平整,无雨淋沟槽,无荆棘杂草滋生现象;护坡砌块应完好,砌缝紧密,填料密实,无松动、塌陷、脱落、风化、冻毁或架空现象。

(2)干砌块石护坡的养护。

①及时填补、楔紧个别脱落或松动的护坡石料。

②及时更换风化或冻毁的块石,并嵌砌紧密。

③块石塌陷、垫层被淘刷时,应先翻出块石,恢复坝体和垫层后,再将块石嵌砌紧密。

(3)混凝土或浆砌块石护坡的养护。

①及时填补伸缩缝内流失的填料,填补时应将缝内杂物清洗干净。

②护坡局部发生侵蚀剥落、裂缝或破碎时,应及时采用水泥砂浆表面抹补、喷浆或填塞处理,处理时表面应清洗干净;如破碎面较大,且垫层被淘刷、砌体有架空现象,应用石料临时填塞,岁修时进行彻底整修。

③排水孔如有不畅,应及时进行疏通或补设。

④对于堆石护坡或碎石护坡,石料如有滚动,造成厚薄不均,应及时进行平整。

(4)草皮护坡的养护。

①应经常修整、清除杂草,保持完整美观;草皮干枯时,应及时洒水养护。

②出现雨淋沟槽时,应及时还原坝坡,补植草皮。

(5)严寒地区护坡的养护。在冰冻期间,应积极防止冰凌对护坡的破坏。可根据具体情况,采用打冰道或在护坡临水处铺放塑薄膜等办法减小冰压力;有条件的,可采用机械破冰法、动水破冰法或水位调节法,破碎坝前冰盖。

(三)排水设施的养护

(1)各种排水、导渗设施应达到无断裂、损坏、阻塞、失效现象,排水畅通。

(2)必须及时清除排水沟(管)内的淤泥、杂物及冰塞,保持通畅。

(3)对排水沟(管)局部的松动、裂缝和损坏,应及时用水泥砂浆修补。

(4)排水沟(管)的基础如被冲刷破坏,应先恢复基础,后修复排水沟(管);修复时,应使用与基础同样的土料,恢复到原来断面,并应严格夯实;排水沟(管)如设有反滤层,也应按设计标准恢复。

（5）随时检查修补滤水坝趾或导渗设施周边山坡的截水沟,防止山坡浑水淤塞坝趾导渗排水设施。

（6）减压井应经常进行清理疏通,保持排水畅通;周围如有积水渗入井内,应将积水排干,填平坑洼,保持井周无积水。

（四）观测设施的养护

（1）各种观测设施应保持完整,无变形、损坏、堵塞现象。

（2）经常检查各种变形观测设施的保护装置是否完好,标志是否明显,随时清除观测障碍物;观测设施如有损坏,应及时修复,并应重新进行校正。

（3）测压管口及其他保护装置,应随时加盖上锁;如有损坏应修复或更换。

（4）水位观测尺若受到碰撞破坏,应及时修复,并重新校正。

（5）量水堰板上的附着物和量水堰上下游的淤泥或堵塞物,应及时清除。

（五）坝基和坝区的养护

（1）对坝基和坝区管理范围内一切违反大坝管理规定的行为和事件,应立即制止并纠正。

（2）设置在坝基和坝区范围内的排水、观测设施和绿化区,应保持完整、美观,无损坏现象。

（3）发现绿化区内的树木、花卉缺损或枯萎时,应及时补植或灌水养护。

（4）发现坝区范围内有白蚁活动迹象时,应按要求进行治理。

（5）发现坝基范围内有新的渗漏逸出点时,不要盲目处理,应设置观测设施进行观测,待弄清原因后再进行处理。

（六）隧洞与涵管的检查养护

（1）平时要检查隧洞的衬砌或涵管有无蜂窝、麻面、裂缝、漏水或空蚀等病害,要分析原因,及时处理。还要检查隧洞进出口有无可能崩塌危险的山坡或危石,无衬砌隧洞有无可能塌落的岩块,要及时清除或妥善处理。

（2）经常清除拦污栅上的杂草、污物,以防阻水;易被泥沙淤积的进水口,要定期进行泄水冲砂,防止闸门被砂石卡阻。

（3）加强管理,禁止在建筑物附近采石爆破或炸鱼,以免因震动而使隧洞衬砌或涵管断裂;顶部岩石厚度小于 3 倍洞径的隧洞或涵管顶部禁止堆放重物或修建其他建筑物。

（4）正确操作运用,避免在明、满流交替的流态下运行;闸门启闭要缓慢进行,避免流量猛增或骤减,防止洞内产生超压、负压或水锤等现象而引起破坏;无压洞严禁在受压情况下运用。

（5）运用期间要经常注意洞内有无异常声响,水流是否浑浊;对坝下涵管,要注意观察附近的上下游坝坡有无塌坑、裂缝、湿软及漏水等现象,如有异常,应及时处理。对通气孔亦应及时清理吸入的杂物。

三、土石坝各项目养护频次

（一）坝顶

小(1)型水库:清杂每星期 1 次,路面维护每年 1~2 次。

小(2)型水库:清杂每10 d 1次,路面维护每年1次。

(二)坝坡

小(1)型水库:清杂每星期1次,割草每年不少于4次,维修养护每年1~2次。

小(2)型水库:清杂每10 d 1次,割草每年不少于4次,维修养护每年1次。

(三)排水体(沟)

小(1)型水库:清杂清淤每星期1次,维修养护每年1~2次。

小(2)型水库:清杂清淤每10 d 1次,维修养护每年1次。

(四)溢洪道

小(1)型水库:清杂每星期1次,维修养护每年1~2次。

小(2)型水库:清杂每10 d 1次,维修养护每年1次。

(五)涵洞

小(1)型水库:清杂清淤每月1次,维修养护每年1~2次。

小(2)型水库:清杂清淤每月1次,维修养护每年1次。

(六)闸门

小(1)型水库:清杂清污每月1次,维修养护每年1~2次。

小(2)型水库:清杂清污每月1次,维修养护每年1次。

(七)启闭机

小(1)型水库:涂防锈漆每年1次,上油每年2次。

小(2)型水库:涂防锈漆每年1次,上油每年1次。

第三节 土石坝的裂缝处理

土石坝坝体裂缝是一种较为常见的病害现象,大多发生在蓄水运用期间,对坝体存在着潜在的危险。例如,细小的横向裂缝有可发展成为坝体的集中渗漏通道;部分纵向裂缝则可能是坝体滑坡的征兆;有的内部裂缝,在蓄水期突然产生严重渗漏,威胁大坝安全;有的裂缝虽未造成大坝失事,但影响正常蓄水,长期不能发挥水库效益。因此,对土石坝的裂缝,应予以足够重视。实践证明,只要加强养护修理工作,分析裂缝产生的原因,及时采取有效的处理措施,是可以防止土坝裂缝的发展和扩大,并迅速恢复土石坝的工作能力的。

一、裂缝的类型

土石坝的裂缝,按其方向可分为龟状裂缝、横向裂缝和纵向裂缝;按其产生原因可分为干缩裂缝、冻融裂缝、不均匀沉陷裂缝、滑坡裂缝、水力劈裂裂缝、塑流裂缝、振动裂缝;按其部位可分为表面裂缝和内部裂缝等。在实际工程中土石坝的裂缝常由多种因素造成,并以混合的形式出现。下面按干缩、冻融裂缝,纵、横向裂缝及内部裂缝等,分别阐述其成因特征。

二、裂缝的成因及特征

(一)干缩和冻融裂缝

干缩和冻融裂缝是由于坝体受气候的影响或植物的影响,土料中水分大量蒸发或冻胀,在土体干缩或膨胀过程中产生的。

1. 干缩裂缝

在黏性土中,土粒周围的薄膜水因蒸发而减薄,土粒与土粒在薄膜水分子吸引作用下互相移近,引起土体干缩,当收缩引起的拉应力超过一定限度时,土体即会出现裂缝。对于粗粒土,薄膜水的总量很少,厚度很薄,对粗粒土的性质没有显著影响。由上述可知,当筑坝土料黏性越大、含水率越高时,产生干缩裂缝的可能性越大。在壤土中,干缩裂缝则比较少见,而在砂土中则不可能出现干缩裂缝。显然,干缩裂缝的成因是土中水分蒸发引起土体干缩。

干缩裂缝的特征:发生在坝体表面,分布较广,呈龟裂状,密集交错,缝的间距比较均匀,无上下错动。一般与坝体表面垂直,上宽下窄,呈楔形尖灭,缝宽通常小于 1 cm,个别情况下也可能较宽较深。例如,山东峡山水库土坝,由于 1965～1968 年连续几年干旱,库水位低,加上在坝坡上种植棉槐,大量吸收土体水分,结果于 1968 年 6 月发现干缩裂缝多条,其中最宽的达 4 cm,最深的达 4.6 m。

干缩裂缝一般不致影响坝体安全,但若不及时维修处理,雨水沿缝渗入,将增大土体含水率,降低土体抗剪强度,促使病害发展。尤其是斜墙和铺盖的干缩裂缝可能引起严重的渗透破坏。施工期间,当停工一段时间后,填土表面未加保护,发生细微发丝裂缝,不易发觉,以后坝体继续上升直至竣工,在不利的应力条件下,该层裂缝会发展,甚至导致蓄水后漏水。因此,对干缩裂缝也必须予以重视。

2. 冻融裂缝

冻融裂缝主要由冰冻而产生。即当气温下降时土体因冰冻而冻胀,气温升高时冰融,但经过冻融的土体不会恢复到原来的密实度,反复冻融,土体表面就形成裂缝。其特征为:发生在冻土层以内,表层破碎,有脱空现象,缝深及缝宽随气温而异。

(二)纵向裂缝

平行于坝轴线的裂缝称纵向裂缝。

1. 成因与特征

纵向裂缝主要是因坝体在横向断面上不同土料的固结速度不同,或由坝体、坝基在横断面上产生较大的不均匀沉陷所造成的。一般规模较大,基本上是垂直地向坝体内部延伸,多发生在坝的顶部或内外坝肩附近。其长度一般可延伸数十米至数百米,缝深几米至十几米,缝宽几毫米至几十厘米,两侧错距不大于 30 cm。

2. 常见部位

(1)坝壳与心墙或斜墙的接合面处。由于坝壳与心墙、斜墙的土料不同,压缩性有较大差异,填筑压实的质量亦不相同,固结速度不同,致使在接合面处出现不均匀沉陷的纵向裂缝。

(2)坝基沿横断面开挖处理不当处。具体如下:

①在未经处理的湿陷性黄土地基上筑坝,由于坝的中部荷载大,施工中坝基沉陷也大,蓄水后的湿陷较小,而上下游侧由于荷载小,坝基沉陷小,蓄水后的湿陷反而大,可能产生纵向裂缝。

②沿坝基横断面方向上,因软土地基厚度不同或部分为黏软土地基,部分为岩基,在坝体荷重作用下,地基发生不均匀沉陷,引起坝体纵向裂缝。

③坝体横向分区填筑接合面处,施工时分别从上下游取土填筑,土料性质不同,或上下游坝身碾压质量不同,或上下游进度不平衡,填筑层高差过大,接合面坡度太陡,不便碾压,甚至有漏压现象,因此蓄水后,在横向分区接合处产生纵向裂缝。

④骑在山脊的土坝两侧,在固结沉陷时,同时向两侧移动,坝顶容易出现纵向裂缝。

(三)横向裂缝

走向与坝轴线大致垂直的裂缝称为横向裂缝。

1. 成因与特征

横向裂缝产生的根本原因是沿坝轴线纵剖面方向相邻坝段的坝高不同或坝基的覆盖厚度不同,产生不均匀沉陷,当不均匀沉陷超过一定限度时,即出现裂缝,常见于坝端。一般接近铅直或稍有倾斜地伸入坝体内。缝深几米到十几米,上宽下窄,缝口宽几毫米到十几厘米,偶尔可见更深、更宽的裂缝。缝两侧可能错开几厘米甚至几十厘米。

横向裂缝对坝体危害极大,特别是贯穿心墙或斜墙、造成集中渗流通道的横向裂缝。

2. 常见部位

(1)坝体沿坝轴线方向的不均匀沉陷。坝身与岸坡接头坝段,河床与台地的交接处,涵洞的上部等,均由于不均匀沉陷,极易产生横向裂缝。

(2)坝基地质构造不同,施工开挖处理不当而产生横向裂缝。有压缩性大(如湿陷性黄土)的坝段,或坝基岩盘起伏不平,局部隆起,而施工中又未加处理,则相邻两部位容易产生不均匀沉陷,而引起横向裂缝。

(3)坝体与刚性建筑物接合处。坝体与刚性建筑物接合处往往会因为不均匀沉陷引起横向裂缝。坝体与溢洪道导墙连接的坝段就属于这种情况。

(4)在埋设涵管的坝段,由于涵管上部与涵管两侧的坝体填土高度不同而有不均匀沉陷,因此在相应部位的坝顶处也有可能出现横向裂缝。

(5)坝体分段施工的接合部位处理不当。在土石坝合龙的龙口坝段、施工时土料上坝线路、集中卸料点及分段施工的接头等处,往往由于接合面坡度较陡,各段坝体碾压密实度不同甚至漏压而引起不均匀沉陷,产生横向裂缝。

(四)内部裂缝

内部裂缝很难从坝面上发现,往往发展成集中渗流通道,造成了险情才被发觉,使维修工作被动,甚至无法补救,所以坝体内部裂缝危害性很大。根据实践经验,内部裂缝常在以下部位发生:

(1)薄心墙土坝。由于心墙土料运用后期可压缩性比两侧坝壳大,若心墙与坝壳之间过渡层又不理想,则心墙沉陷受坝壳的约束产生了拱效应,拱效应使心墙中的垂直应力减小,甚至使垂直应力由压变拉而在心墙中产生水平裂缝。

(2)修建在局部高压缩性地基上的土坝,坝基局部沉陷量大,使坝底部发生拉应变过大而产生横向或纵向的内部裂缝。

（3）修建于狭窄山谷中的坝，在地基沉陷的过程中，上部坝体通过拱作用传递到两端，拱下部坝沉陷量较大，因而产生拉应力，坝体内产生裂缝。

（4）坝体和刚性建筑物相邻部位。因刚性建筑物比周围的河床冲积层或坝体填土的压缩性小得多，从而使坝体和刚性建筑物相邻部位因不均匀沉陷而产生内部裂缝。

对于内部裂缝，可根据坝体表面和内部的沉陷资料，结合地形、地质、坝型和施工质量等条件进行分析，做出正确判断。必要时，还可以钻孔，挖探槽或探井进行检查，进一步证实。对于没有观测设备的中小型水库土坝，主要依靠加强管理，通过蓄水后对渗流量与渗水浑浊度的观测来发现坝体的异常现象。

三、裂缝的判断

前所述及的土坝裂缝，主要是干缩、冻融裂缝，纵、横向裂缝及内部裂缝，在实际工程中，对于前四者可根据各自的特点加以判断，但需注意纵向裂缝和滑坡裂缝的区别，另外需注意判断分析内部裂缝，只有判断准确，才能正确拟订方案，采取有效的处理措施。

1. 滑坡裂缝与纵向裂缝的区别

（1）纵向裂缝一般接近于直线，垂直向下延伸；而滑坡裂缝一般呈弧形，向坝脚延伸。

（2）纵向裂缝发展过程缓慢，随土体固结到一定程度而停止；而滑坡裂缝初期较慢，当滑坡体失稳后突然加快。

（3）纵向裂缝，缝宽为几毫米至几十毫米，错距不超过 30 cm；而滑坡裂缝的宽度可达 1 m 以上，错距可达数米。

（4）滑坡裂缝发展到后期，在相应部位的坝面或坝基上有带状或椭圆形隆起；而纵向裂缝不明显。

2. 内部裂缝判断

内部裂缝，具体可结合坝体坝基情况从以下各方面进行分析判断，如有其中之一者，可能产生内部裂缝：

（1）当水库水位升高到某一高程时，在无外界影响的情况下，渗漏量突然加大。

（2）当实测沉陷远小于设计沉陷，而又没有其他影响因素时，应结合地形、地质、坝型和施工质量等进行分析判断。

（3）某坝段沉陷量、位移量比较大。

（4）单位坝高的沉陷量和相邻坝段悬殊。

（5）个别测压管水位比同断面的其他测压管水位低很多，浸润线呈现反常情况；或做注水试验，其渗透系数远超过坝体其他部位；或当水库水位升到某一数值时，测压管水位突然升高。

（6）钻探时孔口无回水，或者有掉钻现象。

四、裂缝的处理

裂缝处理前，首先应根据观测资料、裂缝特征和部位，结合现场探测结果，分析裂缝类型、产生原因，然后按照不同情况，采取针对性措施，适时进行加固和处理。

各种裂缝对土石坝都有不同的影响,危害最大的是贯穿坝体的横向裂缝、内部裂缝及滑坡裂缝,一旦发现,应认真监视,及时处理。对缝深小于 0.5 m、缝宽小于 0.5 mm 的表面干缩裂缝,或缝深不大于 1 m 的纵向裂缝,也可不予处理,但要封闭缝口;有些正在发展中的、暂时不致发生险情的裂缝,可观测一段时间,待裂缝趋于稳定后再进行处理,但要采取临时防护措施,防止雨水及冰冻影响。

非滑坡性裂缝处理方法主要有开挖回填、灌浆和两者相结合三种方法。

(一)开挖回填法

开挖回填法是处理裂缝比较彻底的方法,适用于处理深度不超过 3 m 的裂缝,或允许放空水库进行修补加固防渗部位的裂缝。

1.裂缝开挖

开挖中应注意的事项如下:

(1)开挖前应向裂缝内灌入较稀的石灰水,使开挖沿石灰痕迹进行,以利掌握开挖边界。

(2)对于较深坑槽应挖成阶梯形,以便出土和安全施工。挖出的土料不要大量堆积坑边,以利安全;不同土料应分开存放,以便使用。

(3)开挖长度应超过裂缝两端 1 m 以外,开挖深度应超过裂缝 0.5 m,开挖边坡以不致坍塌并满足土壤稳定性及新旧填土接合的要求为原则,槽底宽至少为 0.5 m。

(4)坑槽挖好后,应保护坑口,避免雨淋、干裂、冰冻、进水,造成塌垮。

开挖的横断面形状应根据裂缝所在部位及特点的不同而不同。具体有以下几种:

(1)梯形楔入法。适用于不太深的非防渗部位裂缝。开挖时采用梯形断面,或开挖成台阶形的坑槽。回填时削去台阶,保持梯形断面,便于新老土料紧密结合。

(2)梯形加盖法。适用于裂缝不太深的防渗部位及均质坝迎水坡的裂缝。其开挖情形基本与梯形楔入法相同,只是上部因防渗的需要,适当扩大开挖范围。

(3)梯形十字法。适用于处理坝体和坝端的横向裂缝,开挖时除沿缝开挖直槽外,在垂直裂缝方向每隔 2~4 m,加挖结合槽组成"十"字,为了施工安全,可在上游做挡水围堰。

2.土料回填

(1)回填前应检查坑槽周围的含水率,如偏干则应将表面洒水湿润;如土体过湿或冰冻,应清除后,再回填。

(2)回填时,应将坑槽的阶梯逐层削成斜坡,并将接合面刨毛、洒水,要特别注意边脚处的夯实质量。

(3)回填土料应根据坝体土料和裂缝性质选用,并做物理力学性质试验。对沉陷裂缝应选用塑性较大的土料,控制含水率大于最优含水率 1%~2%;对于滑坡、干缩和冰冻裂缝的回填土料的含水率,应等于或低于最优含水率 1%~2%。回填土料的干容重,应稍大于原坝体的干容重。对坝体挖出的土料,亦须经试验鉴定合格后才能使用。对于较小裂缝,可用和原坝体相同的土料回填。

(4)回填的土料应分层夯实,层厚以 10~15 cm 为宜,压实厚度为填土厚度的 2/3,夯实工具按工作面大小选用,可采用人工夯实或机械碾压。

(二) 灌浆法

当裂缝很深或裂缝很多,开挖困难或开挖危及坝坡稳定或工程量过大时,可采用灌浆法处理,特别是内部裂缝,则只宜用灌浆法处理。

灌浆主要有以下两个方面的作用。

1. 充填作用

合适的浆液对坝体中的裂缝、孔隙或洞穴均有良好的充填能力。浆液不仅能严密充填较宽的和形状简单的裂缝,也能充填缝宽 1 mm 左右、形状复杂的细小裂缝。试验和坝体灌浆后的开挖检查结果证明,不论裂缝大小,浆液与缝壁土粒均能紧密结合。凝固以后的浆液,无论浆液本身还是浆液与缝壁的接合面,均没有新裂缝产生。

2. 压密作用

浆液在灌浆压力作用下,一方面可以挤开坝内土体,形成浆路,灌入浆液,同时在较高的灌浆压力作用下,可使裂缝两侧的坝内土体和不相连通的缝隙也因土壤的挤压作用而被压密或闭合。这种影响的范围,视灌浆压力的大小和土体性质而定,一般可达 30~100 cm。

(三) 开挖回填与灌浆结合法

此法适用于自表层延伸到坝体深处的裂缝,或当库水位较高、不易全部开挖回填的部位,或全部开挖回填有困难的裂缝。

施工时对上部采用开挖回填,下部采用灌浆处理,即先沿裂缝开挖至一定深度(一般 2~4 m)即进行回填,在回填时预埋灌浆管,回填完毕,采用黏土灌浆,进行坝体下部裂缝灌浆处理。例如,某水库土坝裂缝采用此法处理,沿裂缝开挖深 4 m、底宽 1 m 的大槽;再沿缝口挖一小槽,深、宽各 15~20 cm,在小槽内预埋周围开孔的铁管,两端接钢(铁)管伸至原土面以上;然后在槽内回填黏性土,并分层压密夯实。

第四节　土石坝的渗漏处理

由于土石坝属于散粒体结构,在坝身土料颗粒之间,仍然存在着较大的孔隙,再加之土石坝对地基地质条件的要求相对较低,在土基或较差的岩基上均可筑坝。因此,水库蓄水后,在水压力的作用下,渗漏现象是不可避免的。渗漏通常分正常渗漏和异常渗漏。如渗漏从原有导渗排水设施排出,其出逸坡降在允许值内,不引起土体发生渗透破坏的则称为正常渗漏;相反,引起土体渗透破坏的称为异常渗漏。异常渗漏往往渗流量较大,水质浑浊,而正常渗漏的渗流量较小,水质清澈,不含土壤颗粒。渗漏问题是病险土石坝主要病害之一。

一、渗漏的类型及危害

(一) 土石坝渗漏类型

1. 下游坝坡渗漏

浸润面从下游坝坡出逸,致使坝坡湿润或沼泽化。这种现象一般发生在均质坝或混合土料坝型中。过高的浸润面将增加滑坡的可能性。另外,在渗流的长期作用下,以及自然条件(温度、降雨等)的影响,坝坡土的抗剪强度将减小,从而引起局部渗透破坏,导致坝坡滑塌。

2. 坝后地面出现砂沸、砂环、泉涌、管涌或沼泽化

对表层为透水性较小的粉细砂、淤泥或壤土,其下为强透水的砂砾石或砂层的成层地基,若坝后没有采取排水减压(减压井、沟)措施,或虽有排水设施但滤层级配不良或施工质量差,造成排水设施被堵塞,则此种地层的渗流出流坡降往往是较大的。当出流的坡降大于表层土的临界坡降时,坝后地面即出现砂沸、砂环、泉涌等破坏现象。对单一地层,若防渗设施质量不高或渗流出口无排水滤层保护,在坝后地面也易产生砂沸或管涌。

3. 各种接触部位渗漏

在坝体与坝基或岸坡,坝体与刺墙、防渗墙或涵管(刚性体),两种不同粒径土的界面,防渗设施与破碎基岩等之间的各种接触部位,由于设计和施工等多方面的原因,往往易成为渗漏的捷径,并引起接触冲刷而导致坝失事。如岳城水库就是由于砾石与中细砂之间层间系数过大,不满足滤层要求,使得中细砂涌入排水管,并在暗管上部坝坡出现塌坑一处。

4. 混凝土防渗墙渗漏

在一些采用混凝土防渗墙的工程中,一是由于施工技术和质量问题,在墙的搭接处存在张开的缝隙,缝内充填泥浆,从而降低防渗效果;二是由于刚性防渗墙与塑料防渗体的联结部位设计不当,易产生渗漏。如北京的西斋堂水库,混凝土防渗墙的渗漏就是由墙体段搭接不良引起的。

5. 坝体裂缝渗漏

一旦坝基或坝体中产生了裂缝,大坝抗渗透破坏能力将显著降低,从而引起渗漏事故。

6. 岩溶渗漏

基岩内存在未经处理的,且与裂隙和断层连通的岩溶,易导致在基岩内产生集中渗漏,冲刷与其接触的防渗体,并使下游覆盖层承受较大的水头,致使发生渗漏破坏。

7. 绕坝渗漏

坝的两岸山体裂隙、节理发育,或有断层和岩溶,或为透水的第四纪堆积层,则绕坝渗透水流除影响周围挡水体的安全外(例如浸润面过高引起滑坡),对坝体和坝基还产生如下不利影响:抬高岸坡部分坝体的浸润面和坝基的扬压力;在坝体和岸坡的接触面上可能产生接触冲刷。

(二)渗漏产生的危害

1. 损失蓄水量

一般正常的渗漏所损失水量与水库蓄水量相比,其值很小。若对坝基的工程地质和水文地质条件重视不够,未做必要的调查研究,更未做防渗处理,则蓄水后会造成大量渗漏,甚至无法蓄水。

2. 抬高浸润线

严重的坝身、坝基或绕坝渗漏,常会导致土石坝坝身浸润线抬高,使下游坝坡出现散浸现象,降低坝体的抗剪强度,甚至造成坝体滑坡。

3.渗透破坏

渗流通过坝身或坝基时,若渗流的渗透坡降大于临界坡降,将使土体发生管涌或流土等渗透变形,甚至产生集中渗漏,导致土坝失事。显然,对于土石坝的异常渗漏,一经发现,必须立即查清原因,及时采取妥善的处理措施,有效防止事故扩大。

二、坝身渗漏的原因及处理方法

(一)坝身渗漏的形式及原因

坝身渗漏的常见形式有散浸、集中渗漏、管涌及管涌塌坑、心墙(斜墙)击穿等。坝体浸润线抬高,渗漏的逸出点超过排水体的顶部,下游坝坡呈大片湿润状态的现象,称为散浸。而当下游坝坡、地基或两岸山包出现成股水流涌出的现象,则称集中渗漏。坝体中的集中渗漏,逐渐带走坝体中的土粒,形成管涌。若没有反滤保护(或反滤设计不当),渗流将把土粒带走,淘成孔穴,逐渐形成塌坑。当集中渗流发生在防渗体内,亦会使土料随渗流带出,即所谓的心墙(斜墙)击穿。

造成坝身渗漏的主要原因有以下几个方面:

(1)坝身尺寸单薄,特别是塑性斜墙或心墙厚度不够,使渗流水力坡降过大,造成斜墙或心墙被渗流击穿而引起坝体渗漏。

(2)排水体在施工时未按设计要求选用反滤料或铺设的反滤料层间混乱,甚至被削坡的弃土或者下游洪水倒灌带来的泥沙堵塞等原因,造成坝后排水体失效,而引起浸润线抬高。也有的因排水体设计断面太小,排水体顶部不够高,导致渗水从排水体上部逸出坝坡。

(3)坝体施工质量差,如土料含砂砾太多,透水性过大,或者在分层填筑时已压实的土层表面未经刨毛处理,致使上下土层接合不良;或铺土层过厚,碾压不实;或分区填筑的结合部少压或漏压等,施工过程中在坝体内形成薄弱夹层和漏水通道,从而造成渗水从下游坡逸出,形成散浸或集中渗漏。

(4)坝体不均匀沉陷引起横向裂缝;或坝体与两岸接头不好而形成渗漏途径;或坝下压力涵管断裂,在渗流的作用下,发展成管涌或集中渗漏的通道。

(5)管理工作中,对白蚁、獾、鼠等动物在坝体内的孔穴未能及时发现并进行处理,以致发展成为集中渗漏通道。

(6)冬季施工中,填土碾压前冻土层没有彻底处理,或把大量冻土填入坝内,形成软弱夹层,发展成坝体渗漏的通道。

土石坝渗漏处理措施可分为水平防渗和垂直防渗两大类,其原则为上堵下排。上堵即在上游坝身或地基采取措施,堵截渗漏途径,防止入渗,或延长渗径,降低渗透坡降,减少渗透流量;下排即在下游做好反滤和导渗设施,将坝内渗水尽可能安全地排出坝外,以达到渗透稳定,保证工程安全运用的目的。目前,我国水库土石坝常用的防渗加固处理措施主要有混凝土防渗墙、高压喷射灌浆、劈裂灌浆、土工膜及其他防渗加固方式。

(二)坝身渗漏的处理方法

坝身渗漏的处理,应按照"上堵下排"的原则,针对渗漏产生的原因,结合具体情况,采取以下不同的处理措施。

1. 斜墙法

斜墙法即在上游坝坡补做或加固原有防渗斜墙,堵截渗流,防止坝身渗漏。此法适用于大坝施工质量差,造成了严重管涌、管涌塌坑、斜墙被击穿、浸润线及其逸出点抬高、坝身普遍漏水等情况。具体按照所用材料的不同,分为黏土防渗斜墙、沥青混凝土斜墙及土工膜防渗斜墙。

1) 黏土防渗斜墙

修筑黏土防渗斜墙时,一般应放空水库,揭开护坡,铲去表土,再挖松 10~15 cm,并清除坝身含水率过大的土体,然后填筑与原斜墙相同的黏土,分层夯实,使新旧土层接合良好。斜墙底部应修筑截水槽,深入坝基至相对不透水层。如果坝身渗漏不太严重,且主要是施工质量较差引起的,则不必另做新斜墙,只需降低水位,使渗漏部分全部露出水面,将原坝上游土料翻筑夯实即可。

当水库不能放空,无法补做新斜墙时,可采用水中抛土法处理,即用船载运黏土至漏水处,从水面均匀抛下,使黏土自由沉积在上游坝坡,从而堵塞渗漏孔道,不过效果没有填筑斜墙好。

2) 沥青混凝土斜墙

在缺乏合适的黏土土料,而有一定数量的合适沥青材料时,可在上游坝坡加筑沥青混凝土斜墙。沥青混凝土几乎不透水,同时能适应坝体变形,不致开裂,抗震性能好,工程量小(因其厚度为黏土斜墙厚度的 1/40~1/20),投资省,工期短。我国在修筑沥青混凝土斜墙方面已积累了相当丰富的经验,故近年来,用沥青混凝土做斜墙处理坝身渗漏已受到广泛的重视。

3) 土工膜防渗斜墙

土工膜的基本原料是橡胶、沥青和塑料。当对土工膜有强度要求时,可将抗拉强度较高的绵纶布、尼龙布等作为加筋材料,与土工膜热压形成复合土工膜,成品土工膜的厚度一般为 0.5~3.0 mm。土工膜加固的优点是质量轻,运输量小,铺设方便;柔性好,适应坝体变形;耐腐蚀,不怕鼠、獾、白蚁破坏;施工简便,速度快,易于操作,节省造价;施工质量容易保证。缺点是施工时需要放空水库;抗老化性能不如混凝土材料;用于挡水水头超过 50 m 的大坝时需要进行专门论证。

土工膜与坝基、岸坡、涵洞的连接以及土工膜本身的接缝处理是整体防渗效果的关键,沿迎水坡坝面与坝基、岸坡接触线边开挖梯形沟槽,然后埋入土工膜,用黏土回填;土工膜与坝内输水涵管连接,可在涵管与土坝迎水坡相接段,增加一个混凝土截水环,由于迎水坡面倾斜,可将土工膜用沥青黏在斜面上,然后回填保护层土料;土工膜本身的连接方式常有搭接、焊接、黏结等,其中焊接和黏结的防渗效果较好。

近年来,土工膜材料品种不断更新,应用领域逐渐扩大,施工工艺亦越来越先进,已从低坝向高坝发展。

2. 充填式灌浆法

充填式灌浆法的主要优点是水库不需要放空,可在正常运用条件下施工,工程量小,设备简单,技术要求不复杂,造价低,易于就地取材。适用于均质土坝,或者是心墙坝中较深的裂缝处理。具体方法与裂缝灌浆法相同。

如某均质坝,坝高 37 m,因坝体压实质量差而造成渗漏,经研究分析,采用坝体灌浆处理。灌纯黏土浆,灌浆孔一排,孔距 2 m,采用分段灌注,每段 5 m。第一段灌浆压力为 70~100 kPa,以后深度每增加 1 m,压力提高 10 kPa,但控制最高压力不超过 300 kPa,灌浆期间水库最大水头为 27.5 m。经过处理后渗流量减少 73%~86%,坝体浸润线也明显下降,如图 5-8 所示。

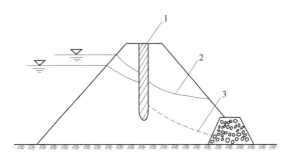

1—灌浆帷幕;2—灌浆前实测浸润线;3—灌浆后实测浸润线

图 5-8　某土坝灌浆前后浸润线

3. 防渗墙法

防渗墙法即用一定的机具,按照相应的方式造孔,然后在孔内填筑具体的防渗材料,最后在地基或坝体内形成一道防渗体,以达到防渗的目的。具体包括混凝土防渗墙、黏土防渗墙两种。

1) 混凝土防渗墙

混凝土防渗墙加固法,就是沿土石坝的坝轴线方向建造一道混凝土防渗墙。防渗墙可建在坝体部分,也可深入到基岩以下一定深度,以截断坝体和坝基的渗漏通道。混凝土防渗墙加固的优点是适应各种复杂地质条件;可在水库不放空的条件下进行施工;防渗体采用置换方法,施工质量相对其他隐蔽工程施工方法比较容易监控,耐久性好,防渗可靠性高。

我国最早使用混凝土防渗墙对大坝进行加固的是江西柘林水库黏土心墙坝,之后又在丹江口水库土坝加固中得到应用。早期防渗墙主要采用乌卡斯钻机钻凿法施工,成墙厚度 0.8~1.0 m,价格在 1 000 元/m² 以上。20 世纪 80 年代后,施工工法又出现了锯槽、液压开槽、射水及薄抓斗等多种成墙方法;墙体厚度也愈来愈薄,在土层、砂层或砂砾层,可减薄到 0.1 m,造价减到 100 元/m² 左右;墙体深度也愈来愈大,如黄河小浪底右岸坝基防渗墙深度已达到 81.9 m;应用范围由早期坝基防渗加固和围堰工程,又扩展到病险水库土石坝防渗加固,并获得了较好效果。

2) 黏土防渗墙

利用冲抓式打井机具,在土坝或堤防渗漏范围的防渗体中造孔,用黏性土料分层回填夯实,形成一个连续的黏土防渗墙。同时,在回填夯击时,对井壁土层挤压,使其井孔周围土体密实,提高坝体质量,从而达到防渗加固的目的。具体施工是在坝顶布置的防渗墙轴线上,用冲抓钻造孔,开孔直径一般要求在 110~120 cm,第一钻孔达到设计深度后,对钻孔进行检查并清除孔底浮土碎石,然后回填符合设计要求的黏土。回填层厚 25～35 cm 并夯实。而后,再打第二孔,相邻两孔之间应有一定的搭接宽度,以保证黏土防渗墙的有效厚度,具体厚度可由黏土允许水力坡降确定。

如浙江省温岭县太湖水库大坝为黏土心墙砂壳坝,最大坝高 24 m,坝顶长 633 m,坝体填筑质量很差,漏水比较严重,1977 年全坝采用冲抓套井黏土回填防渗。处理后,经过 1981 年 8 月最高洪水位 15.54 m 和 1982 年 11～12 月持续 25 d 水库水位超过 14 m 的考验,原漏水部位未发现渗水,处理效果较好。

4.劈裂灌浆法

所谓劈裂灌浆就是应用河槽段坝轴线附近的小主应力面一般平行于坝轴线的铅垂面的规律,沿坝轴线单排布置相距较远的灌浆孔,利用泥浆压力,沿坝轴线劈开坝体并充填泥浆,从而形成连续的浆体防渗帷幕。

劈裂灌浆具有效果好、投资省、设备简单、施工方便等优点。对于均质坝及宽心墙坝,当坝体比较松散,渗漏、裂缝众多或很深,开挖回填困难时,可选用劈裂灌浆法处理。下面仅介绍劈裂灌浆与充填灌浆不同的一些特点。

1)劈裂灌浆的机制

一是泥浆劈裂过程。当灌浆压力大于土体抗劈力(灌浆孔段坝体的主动土压力)时,坝体将沿小主应力方向产生平行于坝轴线的裂缝。泥浆在压力作用下进入坝体裂隙之中,并充填原有的裂缝和孔隙。二是浆压坝过程。即泥浆进入裂隙后,仍有较大压力,压迫土体,使土体之间产生相对位移而被压密。三是坝压浆过程。随着泥浆排水固结,压力减小,坝体回弹,反过来压迫浆体,加速浆液排水固结。经泥浆充填、浆坝互压和坝体湿陷等作用,不仅充填了裂缝,而且使坝体密实,改善了坝体的应力状态,有利于坝体的变形稳定。

2)灌浆孔的布置

劈裂灌浆沿坝轴线单排布孔,第一序孔间距约为坝高的 2/3,分 2～3 道孔序,一般 30～40 m 高的坝最终孔距以 10 m 为宜。另外,还应具体将坝体分段,区别对待。因大坝岸坡段和曲线段的小主应力面偏离坝轴线,故在岸坡段应缩小孔距,减小灌浆压力和每次灌注量,使防渗帷幕通过岸坡段。在曲线段应沿坝轴线不分序钻孔,间距 3～5 m,反复轮灌,形成连续的防渗帷幕。

3)灌浆施工

劈裂式灌浆多采用全孔灌注法。全孔灌注法分孔口注浆和孔底注浆两种。实践证明,孔底注浆法在施加较大压力和灌入较多浆料的情况下,外部变形缓慢,容易控制,能基本实现"内劈外不劈"。

5.导渗法

上面几种均为坝身渗漏的"上堵"措施,目的是截流减渗,而导渗则为"下排"措施。主要针对已经进入坝体的渗水,通过改善和加强坝体排渗能力,使渗水在不致引起渗透破坏的条件下,安全通畅地排出坝外。按不同情况,可采用以下几种形式。

1)导渗沟法

当坝体散浸不严重,不致引起坝坡失稳时,可在下游坝坡上采用导渗沟法处理。导渗沟在平面上可布置成垂直坝轴线的 I 形沟或 W 形沟(一般 45°角),也可布置成两者结合的 Y 形沟,如图 5-9 所示。三种形式相比,渗漏不十分严重的坝体,常用 I 形导渗沟;当坝坡、岸坡散浸面积分布较广,且逸出点较高时,可采有 Y 形导渗沟;而散浸相对较严重,且面积较大的坝坡及岸坡,则需用 W 形导渗沟。

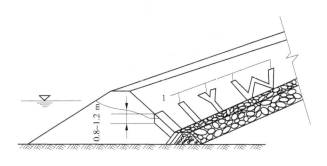

1—导渗沟

图 5-9 导渗平面形状示意图

几种导渗沟的具体做法和要求为:①导渗沟一般深 0.8~1.2 m、宽 0.5~1.0 m,沟内按反滤层要求填砂、卵石、碎石或片石。②导渗沟的间距可视渗漏的严重程度,以能保持坝坡干燥为准,一般为 3~10 m。③严格控制滤料质量,不得含有泥土或杂质,不同粒径的滤料要严格分层填筑,其细部构造和滤料分层填筑的步骤如图 5-10 所示。④为避免造成坝坡崩塌,不应采用平行坝轴线的纵向或类似纵向(如口形、T 形等)导渗沟。⑤为使坝坡保持整齐美观,免受冲刷,导渗沟可做成暗沟。

2)导渗砂槽法

对局部浸润线逸出点较高和坝坡渗漏较严重,而坝坡又较缓,且具有褥垫式滤水设施的坝段,可用导渗砂槽处理。它具有较好的导渗性能,降低坝体浸润线效果亦比较明显,其形状如图 5-11 所示。

3)导渗培厚法

当坝体散浸严重,出现大面积渗漏,渗水又在排水设施以上出逸,坝身单薄,坝坡较陡,且要求在处理坝面渗水的同时增加下游坝坡稳定性时,可采用导渗培厚法。

导渗培厚即在下游坝坡贴一层砂壳,再培厚坝身断面,如图 5-12 所示。这样,一可导渗排水,二可增加坝坡稳定。不过,需要注意新老排水设施的连接,确保排水设备有效和畅通,达到导渗培厚的目的。

三、坝基渗漏的原因及处理方法

(一)坝基渗漏的原因

坝基渗漏是通过坝基透水层从坝脚或坝脚以外覆盖层薄弱的部位逸出的现象。坝基渗漏的根本原因是坝址处的工程地质条件不良,而直接的原因还是存在于设计、施工和管理三个方面。

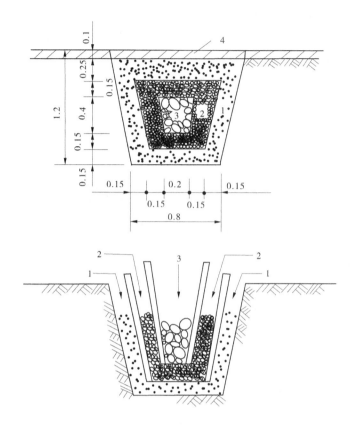

1—砂;2—卵石或碎石;3—片石;4—护坡
图 5-10　导渗沟构造图　（单位:m）

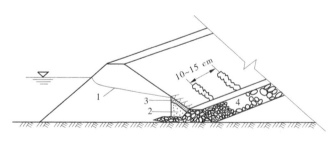

1—浸润线;2—砂;3—回填土;4—滤水体
图 5-11　导渗砂槽示意图

1.设计方面

对坝址的地质勘探工作做得不够,没有详细弄清坝基情况,未能针对性地采取有效的防渗措施,或防渗设施尺寸不够。薄弱部位未做补强处理,给坝基渗漏留下隐患。

2.施工方面

①对地基处理质量差,如岩基上部的冲积层或强风化层及破碎带未按设计要求彻底清理,垂直防渗设施未按要求做在新鲜基岩上。②施工管理不善,在库内任意挖坑取土,

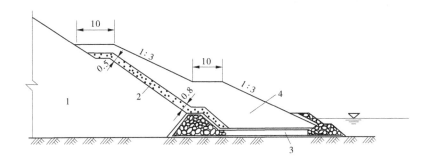

1—原坝体;2—砂壳;3—排水设施;4—培厚坝体

图 5-12　导渗培厚法示意图　（单位:m）

天然铺盖被破坏。③各种防渗设施未按设计要求严格施工,质量差。

3. 管理方面

①运用不当,库水位消落,坝前滩地部分黏土铺盖裸露暴晒开裂,或在铺盖上挖坑取土打桩等引起渗漏。②对导渗沟、减压井养护维修不善,出现问题未及时处理,而发生渗透破坏。③在坝后任意取土、修建鱼池等也可能引起坝基渗漏。

显然,合理的设计、严格的施工及正确的运用管理是防止坝基渗漏的重要因素。

(二) 坝基渗漏的处理措施

坝基渗漏处理的原则仍可归纳为上堵下排,即在上游采取水平防渗(如黏土铺盖)和垂直防渗(如截水槽、防渗墙等)两种措施,阻止或减少渗流通过坝基。在下游用导渗措施(如排水沟、减压井等)把已经进入坝基的渗流安全排走,不致引起渗透破坏。

下面分别介绍坝基渗漏常用的防渗、导渗措施。

1. 黏土截水槽

黏土截水槽,是在透水地基中沿坝轴线方向开挖一条槽形断面的沟槽,槽内填以黏土夯实而成,是坝基防渗的可靠措施之一,如图 5-13 所示。

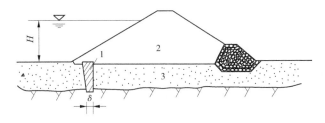

1—黏土截水槽;2—坝体;3—透水层

图 5-13　黏土截水槽

尤其对于均质坝或斜墙坝,当不透水层埋置较浅(10~15 m 以内)、坝身质量较好时,应优先考虑这一方案。不过当不透水层埋置较深,而施工时又不便放空水库时,切忌采用,因施工排水困难,投资增大,不经济。对于均质坝和黏土斜墙坝,应注意使坝身或斜墙与截水槽的连接可靠,如图 5-14 所示。

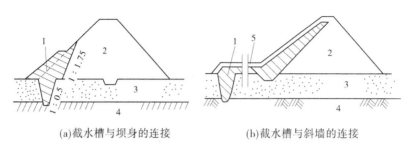

(a)截水槽与坝身的连接　　　　(b)截水槽与斜墙的连接

1—截水槽;2—原坝体;3—透水层 4—不透水层;5—保护层

图 5-14　新挖截水槽与坝身或斜墙的连接

2. 混凝土防渗墙

如果覆盖层较厚,地基透水层较深,修建黏土截水槽困难大,则可考虑采用混凝土防渗墙。其优点是不必放空水库,施工速度快,节省材料,防渗效果好。

混凝土防渗墙即在透水地基中用冲击钻造孔,钻孔连续套接,孔内浇筑混凝土,形成的封闭防渗的墙体。其上部应插入坝内防渗体,下部和两侧应嵌入基岩,如图 5-15 所示。

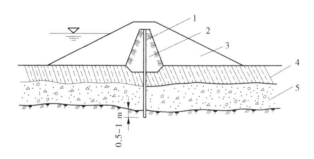

1—防渗墙;2—黏土心墙;3—坝壳;4—覆盖层;5—透水层

图 5-15　混凝土防渗墙的一般布置

3. 灌浆帷幕

所谓灌浆帷幕是在透水地基中每隔一定距离用钻机钻孔(达基岩下 2~5 m),然后在钻孔中用一定压力把浆液压入坝基透水层中,使浆液填充地基土中孔隙,使之胶结成不透水的防渗帷幕。当坝基透水层厚度较大,修筑截水槽不经济,或透水层中有较大的漂石、孤石,修建防渗墙较困难时,可优先采用灌浆帷幕。另外,当坝基中局部地方进行防渗处理时,利用灌浆帷幕亦较灵活方便。灌注的浆液一般有黏土浆、水泥浆、水泥黏土浆、化学灌浆材料等。在砂砾石地基中,多采用水泥黏土浆;对于中砂、细砂和粉砂层,可酌情采用化学灌浆,但其造价较高。

4. 高压喷射灌浆

高压喷射灌浆是采用高压射流冲击破坏被灌地层结构,使浆液与被灌地层的土颗粒掺混,形成桩柱或板墙状的凝结体。

高压定向喷射灌浆技术 20 世纪 70 年代由日本引进,最初在我国铁路、冶金等系统应用,主要用于提高地基承载力。80 年代初山东省水利科学研究所将旋喷改为定喷灌浆,用于病险水库坝基防渗处理,取得了较好效果,其造价仅相当于混凝土防渗墙的 1/6 ~ 1/3,之后迅速得到了推广。该技术适用于各种松散地层(如砂层、淤泥、黏性土、壤土层和砂砾层),具有适用范围广、设备简单、施工方便、工效高优点,有较好的耐久性,料源广,造价低,能在狭窄场地、不影响建筑物上部结构条件下施工等优点。另外,它能定向形成板墙,是静压帷幕灌浆所无法比拟的。目前,已在我国 20 多个省、直辖市、自治区的 100 余项工程中应用。如三峡三期围堰防渗面积达 20 000 m²,采用此法仅用 45 d 就完成施工,且效果很好。

5. 黏土铺盖

黏土铺盖是常用的一种水平防渗措施,是利用黏土在坝上游地基正面分层碾压而成的防渗层。其作用是覆盖渗漏部位,延长渗径,减小坝基渗透坡降,保证坝基稳定。特点是施工简单、造价低廉、易于群众性施工,但需在放空水库的情况下进行,同时,要求坝区附近有足够合乎要求的土料。另外,采用铺盖防渗虽可以防止坝基渗透变形并减少渗漏量,但却不能完全杜绝渗漏。故黏土铺盖一般在不严格要求控制渗流量、地基各向渗透性比较均匀、透水地基较深,且坝体质量尚好、采用其他防渗措施不经济的情况下采用。

6. 排渗沟

排渗沟是坝基下游排渗的措施之一,常设在坝下游靠近坝趾处,且平行于坝轴线。其目的是:一方面有计划地收集坝身和坝基的渗水,排向下游,以免下游坡脚积水;另一方面当下游有不厚的弱透水层时,尚可利用排水沟排水减压。

对一般均质透水层沟,只需深入坝基 1 ~ 1.5 m;对双层结构地基,且表层弱透水层不太厚时,应挖穿弱透水层,沟内按反滤材料设保护层;当弱透水层较厚时,不宜考虑其导渗减压作用。

为了方便检查,排渗沟一般布置成明沟;但有时为防止地表水流入沟内造成淤塞,亦可做成暗沟,但工程量较大。

7. 减压井

减压井是利用造孔机具,在坝址下游坝基内,沿纵向每隔一定距离造孔,并使钻孔穿过弱透水层,深入强透水层一定深度而形成。

减压井的结构是在钻孔内下入井管(包括导管、花管、沉淀管),管下端周围填以反滤料,上端接横向排水管与排水沟相连。这样可把地基深层的承压水导出地面,以降低浸润线,防止坝基渗透变形,避免下游地区沼泽化。当坝基弱透水层覆盖较厚,开挖排水沟不经济,而且施工也较困难时,可采用减压井。减压井是保证覆盖层较厚的砂砾石地基渗流稳定的重要措施。

减压井虽然有良好的排渗降压效果,但施工复杂,管理、养护要求高,并随时间的推移,容易出现淤堵失效的现象。所以,一般仅适用于下列情况:

(1)上游铺盖长度不够或天然铺盖遭破坏,渗透逸出坡降升高,同时坝基为复式透水地基,用一般导渗措施不易施工,或其他措施处理无效。

(2)不能放空水库,采用"上堵"措施有困难,且在运用上允许在安全控制地基渗流条件下,损失部分水量。

(3)原有减压井群中部分失效,或减压井间距过大,致使渗透压力亦过大,需要插补。

8.透水盖重

透水盖重是在坝体下游渗流出逸地段的适当范围内,先铺设反滤料垫层,然后填以石料或土料盖重。它既能使覆盖层土体中的渗水导出,又能给覆盖层土体一定的压重,抵抗渗压水头,故又称之压渗。

常见的压渗形式有两种:

1)石料压渗台

石料压渗台主要适用于石料较多、压渗面积不大的地区和局部的临时紧急救护。如果坝后有挟带泥沙的水流倒灌,则压渗台上面需用水泥砂浆勾缝。

2)土料压渗台

土料压渗台适用于缺乏石料、压渗面积较大、要求单位面积压渗重量较大的情况。需注意在滤料垫层中每隔3~5 m加设一道垂直于坝轴线的排水管,以保证原坝脚滤水体排出通畅。

第五节　土石坝的滑坡处理

土石坝坝坡的一部分土体,由于各种原因失去平衡,发生显著的相对位移,脱离原来位置向下滑移的现象,称为滑坡。

滑坡也是土石坝常见的病害之一。对于土坝滑坡,如能及时注意,并采取适当的处理预防,则损害将会大大减轻;如不及时采取适当措施,将会影响水库发挥其应有效益,严重的也可能造成垮坝事故。

一、滑坡的种类

土石坝滑坡按其性质不同可分为剪切性滑坡、塑流性滑坡和液化性滑坡;按滑动面形状不同可分为圆弧滑坡、折线滑坡和混合滑坡;按其部位不同分为上游滑坡和下游滑坡。下面主要讲述剪切破坏型、塑流破坏型及液化破坏型的特征。

(一)剪切破坏型

坝坡与坝基上部分滑动体的滑动力超过了滑动面上的抗滑力,失去平衡向下滑移的现象,即剪切性滑坡。当坝体与坝基土层是高塑性以外的黏性土,或粉砂以外的非黏性土时,多发生剪切性滑坡破坏。

这类滑坡的主要特征为:滑动前在坝面出现一条平行于坝轴线的纵向裂缝,然后随裂缝的不断延伸和加宽,两端逐渐向下弯曲延伸,形成曲线形。滑动时,主裂缝两侧便上下错开,错距逐渐加大。同时,滑坡体下部出现带状或椭圆形隆起,末端向坝脚方向推移,如图5-16所示。初期发展较慢,后期突然加快,移动距离可由数米至数十米不等,一般直到滑动力与抗滑力经过调整达到新的平衡,才告终止。

(二)塑流破坏型

塑流破坏型滑坡多发生于含水率较大的高塑性黏土填筑的坝体中。其主要原因是土

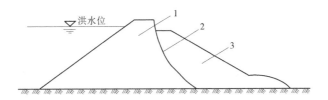

1—原坝体；2—滑弧线；3—滑动体

图 5-16　剪切性滑坡示意图

的蠕动作用（塑性流动），即高塑性黏土坝坡，由于塑性流动（蠕动）的作用，即使剪应力低于土的抗剪强度，土体也将不断产生剪切变形，以致产生显著的塑性流动而形成滑坡，土体的蠕动一般进行得十分缓慢，发展过程较长，较易察觉，并能及时防护和补救。但当高塑性土的含水率高于塑限而接近流限时，或土体接近饱和状态而又不能很快排水固结时，塑性流动便会出现较快的速度，危害性也较大。如水中填坝、水力冲填坝，在施工期由于自由水不能很快排泄，很容易发生塑流性滑坡。

塑流性滑坡发生前，不一定出现明显的纵向裂缝，而通常表现为坡面的水平位移和垂直位移连续增长，滑坡体的下部土被压出或隆起，如图 5-17 所示。只有当坝体中间有含水率较大的近乎水平的软弱夹层，而坝体沿该层发生塑流破坏时，滑坡体顶端在滑动前也会出现纵向裂缝。

（三）液化破坏型

对于级配均匀的中细砂或粉砂坝体或坝基，在水库蓄水砂体达饱和状态时，突然遭受强烈震动（如地震、爆炸或地基土层剪切破坏等），砂的体积急剧收缩，砂体中的水分无法流泄，这种现象即液化性滑坡，如图 5-18 所示。

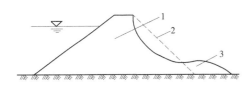

1—原坝体；2—原坡线；3—隆起体

图 5-17　塑流性滑坡示意图

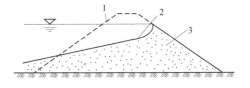

1—原坝坡线；2—滑动面；3—原坡体

图 5-18　液化性滑坡示意图

显然，液化性滑坡发生时间短促，事前没有预兆，大体积坝体顷刻之间便液化流散，很难观测、预报或抢护。例如，美国的福特帕克水力冲填坝，坝壳砂料的有效粒径为 0.13 mm，控制粒径为 0.38 mm，由于坝基中发生黏土层的剪切滑动，引起部分坝体液化，10 min 之内塌方达 380 万 m³。

上述三类滑坡以剪切破坏最为常见，需重点分析这种滑坡的产生原因及处理措施。而塑流型滑坡的处理基本与剪切破坏型滑坡相同。对于液化性滑坡破坏，则应在建坝前进行周密的研究，并在设计与施工中采取防范措施。

二、滑坡的原因

滑坡的根本原因在于滑动面上土体滑动力超过了抗滑力。滑动力主要与坝坡的陡缓有关,坝坡越陡,滑动力越大;抗滑力主要与填土的性质、压实的程度以及渗透水压力的大小有关。土粒越细、压实程度越差、渗透水压力越大,抗滑力就越小。另外,较大的不均匀沉陷及某些外加荷载也可能导致抗滑力的减小或滑动力的增大。总之,造成滑动力大于抗滑力而引起土坝滑坡的因素是多方面的,只是在不同情况下占主导地位的决定因素有所不同。一般可归纳为以下几个方面。

(一) 勘测设计方面

(1)坝基中有含水率较高的成层淤泥或其他高压缩性软土层,在勘测时没有查明,设计时未能采取适当措施,致使筑坝后软土层承载力不够,产生剪切破坏而引起滑坡。

(2)土石坝坝坡过陡,即设计中坝坡稳定分析时,选择的土料抗剪强度指标偏高,导致设计坝坡陡于土体的稳定边坡,造成滑坡。

(3)选择坝址时,没有避开坝脚附近的渊潭或水塘,筑坝后因坝脚局部沉陷而引起滑坡。

(4)坝端岩石破碎、节理裂隙发育,设计时未采取适当的防渗措施,产生绕坝渗漏而引起滑坡。

(5)下游排水设备设计不当,使下游大面积散浸而导致滑坡。

(二) 施工方面

(1)筑坝土料不符合要求,筑坝土黏粒含量较多,含水率大。雨后、雪后坝面处理不好,在含水率过高的情况下继续施工。或将草皮、耕作土、干土块、冻土块等不符合质量要求的土上坝,使坝内存在薄弱部位,抗剪强度过低而引起滑坡。

(2)坝体填土碾压不密实。对碾压式土坝,施工时铺土过厚,碾压遍数不够或漏压,致使碾压不密实,未达到设计干容重,抗剪强度过低,从而引起滑坡。

(3)冬季施工时没有采取适当的保温措施,没有及时清理冰雪,以致填方中产生冻土层,在解冻后或蓄水后,形成软弱夹层引起滑坡。

(4)土坝施工期的接缝质量差;土坝加高培厚,新旧坝体之间没有妥善处理,均会通过结合面渗漏,从而导致滑坡。

(三) 运用管理方面

(1)放水时库水位降落速度过快,或因闸门开关失灵,无法控制库水位的降落,上游坝体含水不能及时排出,形成较大的渗透压力,从而引起上游坡的滑坡。

库水位降落可分为骤降、缓降和同步下降三种情况。当库水位降落过程中坝体内的自由水面基本保持不变时称为骤降;当库水位降落过程中坝内的自由水面几乎同速下降时称为同步下降;介于这两者之间的降落称为缓降。

当库水位发生缓降或骤降时,在浸润线至库水位之间的土体容重由浮容重变为饱和容重,增大了滑动力矩;与此同时上游坝体中的孔隙水向上游排出,造成很大的反渗压力;另外,当迎水坡面存在弱透水可压缩性黏土层时,还会造成附加孔隙水压力,这时上游坡面极易滑坡。

（2）由于坝面排水不畅，加之坝体填筑质量差，在长期持续降雨条件下，雨水沿裂缝渗入坝体，使下游坝坡土料饱和，抗剪强度降低，极易引起滑坡。

（3）坝后减压设施堵塞（如减压井运用多年后淤堵失效），造成坝基渗透压力和浮托力增加。

(四) 其他方面

（1）坝体土料中的水溶盐、氧化物等化学物质以及渗水中可能挟带的细颗粒堵塞了排水滤体，使浸润线抬高，降低了土体的抗剪强度。

（2）强烈地震时，由于坝坡受地震惯性力和渗透压力的作用，部分坝体失去平衡造成滑坡。在某些情况下，地震还会造成软弱地基的剪切破坏或砂土液化等，同样影响坝坡的稳定。

（3）持续的特大暴雨，使坝坡土体饱和，或因风浪淘刷，使护坡破坏，坝坡形成陡坎，均能引起滑坡。

（4）在土坝附近爆破或者在坝坡上堆放重物等也可能造成局部滑坡。

三、滑坡的征兆

土石坝滑坡前都有一定的征兆出现，经分析归纳为以下几个方面。

(一) 产生裂缝

当坝顶或坝坡出现平行于坝轴线的裂缝，且裂缝两端有向下弯曲延伸的趋势，裂缝两侧有相对错动，进一步挖坑检查发现裂缝两侧有明显擦痕，且在较深处向坝趾方向弯曲，则为剪切性滑坡的预兆。应注意对滑坡性裂缝挖坑检查会加速滑坡的发展，故需慎重。

(二) 变形异常

在正常情况下，坝体的变形速度是随时间而递减的。而在滑坡前，坝体的变形速度却会出现不断加快的异常现象。具体出现上部垂直位移向下、下部垂直位移向上的情况，则可能发生剪切破坏型滑坡。例如山西漳泽大坝，滑坡前即有坝顶明显下陷和坡脚隆起现象。若坝顶没有裂缝，但垂直和水平位移却不断增加，可能会发生塑流破坏型滑坡。

(三) 孔隙水压力异常

土坝滑坡前，孔隙水压力往往会出现明显升高的现象。例如山西文峪河水库土坝，滑坡前孔隙水压力高，其值超过设计值的 23.5% ~ 36.3%。故实测孔隙水压力高于设计值时，可能会发生滑坡。

(四) 浸润线、渗流量与库水位的关系异常

一般情况下，随库水位的升高，浸润线升高，渗流量加大。可是，当库水位升高、浸润线亦升高，但渗漏量显著减少时，可能是反滤排水设备堵塞，而当库水位不变、浸润线急剧升高，渗漏量亦加大时，则可能是防渗设备遭受破坏。上述两种情况若不采取相应措施，亦会造成下游坝坡滑坡。

四、滑坡的处理

(一) 滑坡的抢护

当发现滑坡征兆后，应根据情况进行判断，若还有一定的抢护时间，则应竭尽全力进

行抢护。

抢护就是采取临时性的局部紧急措施,排除滑坡的形成条件,从而使滑坡不继续发展,并使得坝坡逐步稳定。其主要措施如下:

(1)改善运用条件。例如,在水库水位下降时发现上游坡有弧形裂缝或纵向裂缝时,应立即停止放水或减小放水量以减小降落速度,防止上游坡滑坡。当坝身浸润线太高,可能危及下游坝坡稳定时,应降低水库运行水位和下游水位,以保证安全。当施工期孔隙水压力过高可能危及坝坡稳定时,应暂时停止填筑或降低填筑速度。

(2)防止雨水入渗。导走坝外地面径流,将坝面径流排至可能滑坡范围之外。做好裂缝防护,避免雨水灌入,并防止冰冻、干缩等。

(3)坡脚压透水盖重,以增加抗滑力并排出渗水。

(4)在保证土石坝有足够挡水断面的前提下,亦可采取上部削土减载的措施。

(二)滑坡的处理

当滑坡已经形成且坍塌终止,或经抢护已经进入稳定阶段后,应根据具体情况研究分析,进行永久性处理。其基本原则是"上部减载,下部压重"并结合"上截下排"。具体措施如下。

1. 堆石(抛石)固脚

在滑坡坡脚增设堆石体,是防止滑动的有效方法。如图 5-19 所示,堆石的部位应在滑弧中的垂线 OM 左边,靠滑弧下端部分(增加抗滑力),而不应将堆石放在滑弧的腰部,即垂线 OM 与 ND 之间(虽然增加了抗滑力,但也加大了滑动力),更不能放在垂线 ND 以右的坝顶部分(因主要增加滑动力)。

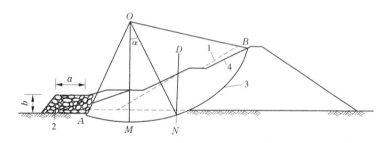

1—原坝坡;2—堆石固脚;3—滑动圆弧;4—放缓后坝坡

图 5-19 堆石固脚示意图

如果用于处理上游坝坡的滑坡,在水库有条件放空时,可用块石浆砌而成,具体尺寸应根据稳定计算确定。当水库不能放空时,可在库岸上用经纬仪定位,用船向水中抛石固脚。同时注意,上游坝坡滑坡时,原护坡的块石常大量散堆于滑坡体上,可结合清理工作,把这部分石料作为堆石固脚的一部分。如果用于处理下游的滑坡,则可用块石堆筑或干砌,以利排水。

堆石固脚的石料应具有足够的强度,一般不低于 40 MPa,并具有耐水、耐风化的特性。

2. 放缓坝坡

当滑坡是由边坡过陡所造成时,放缓坝坡才是彻底的处理措施,即先将滑动土体挖除,并将坡面切成阶梯状,然后按放缓的加大断面,用原坝体土料分层填筑,夯压密实,必须注意,在放缓坝坡时,应做好坝脚排水设施。

3. 开沟导渗滤水还坡

坝体原有的排水设施质量差或排水失效后浸润线抬高,使坝体饱和,从而增加了坝坡的滑动力,降低了阻滑能力,引起滑坡者,可采用开沟导渗滤水还坡法进行处理。具体做法为:从开始脱坡的顶点到坝脚为止,开挖导渗沟,沟中填导渗材料,然后将陡坎以上的土体削成斜坡,换填砂性土料,使其与未脱坡前的坡度相同,夯填密实,如图5-20所示。

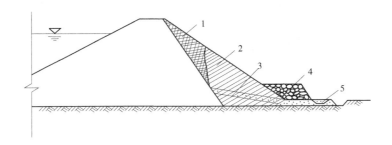

1—削坡换填砂性土;2—还坡部分;3—导渗沟;4—堆石固脚;5—排水暗沟

图5-20　滤水还坡示意图

4. 清淤排水

对于地基存在淤泥层、湿陷性黄土层或液化的均匀细砂层,施工时没有清除或清除不彻底而引起的滑坡,处理时应彻底清除这些淤泥、黄土和砂层。同时,也可采用开导渗沟等排水措施,也可在坝脚外一定距离修筑固脚齿槽,并用砂石料压重固脚,增加阻滑力。

5. 裂缝处理

对土坝伴随滑坡而产生的裂缝必须进行认真处理。因为土体产生滑动以后,对土体的结构和抗剪强度都发生了变化,加上裂缝后雨水或渗透水流的侵入,使土体进一步软化,将使与滑动体接触面处的抗剪强度迅速减小,稳定性降低。

处理滑坡裂缝时应将裂缝挖开,把其中稀软土体挖除,再用与原坝体相同土料回填夯实,达到原设计干容重要求。

第六章　浆砌石坝的养护与修理

第一节　浆砌石坝的工作条件、构造

浆砌石重力坝与混凝土重力坝相比,具有就地取材、节省水泥、节省模板、不需要另设温控措施、施工技术简单易于掌握等优点,因而在中小型水利工程中得到广泛应用。但由于人工砌筑,砌体质量不易均匀,防渗性能差,且修整、砌筑机械化程度较低,施工期较长,耗费劳动力,故在大型工程中较少采用。

一、浆砌石重力坝的材料

(一)石料

石料是浆砌石坝的主要材料。砌筑坝体的石料要求质地均匀、无裂缝、不易风化和有足够的抗压强度。石料按其外形分为片石(毛石)、块石和条石等。片石无一定的规则形状尺寸,砌体强度差,胶结材料用量大,一般仅用于坝体的次要部分。块石是具有两个较大平行面且基本方正的石料,砌体强度较高,宜用于砌筑浆砌石坝体。条石是经过加工修整而外形大致平整的长方形石料,砌体强度高,省胶结材料,砌筑速度快,但费工较多,一般用于上、下游坝面及溢流面等部位。

砌筑坝体的石块尺寸越大越省胶结材料,砌体强度也愈高,但应以能运输上坝为原则。一般片石厚度不应小于15 cm,块石、条石的厚度不小于25~30 cm。

(二)胶结材料

胶结材料的作用是把石块胶结成整体,以承受坝体的各种荷载作用,并填实石料间的孔隙,减少坝体渗漏。常用的胶结材料有水泥砂浆、细石混凝土及混合砂浆等。

水泥砂浆由水泥、砂和水按一定比例拌合而成。水泥砂浆所用的砂应级配良好,砂质坚硬,最大粒径不超过5 mm,杂质含量不超过5%。一般用的砂浆较稠,水灰比可控制在0.55~0.65,灌缝砂浆较稀,水灰比在0.8~1.0。

细石混凝土是目前广泛应用的一种胶结材料,适用于块石砌筑的坝,与水泥砂浆相比,可节省水泥,改善砂料的级配,从而提高砌体的密实度和强度,但不能用于浆砌条石。

对于一些小型工程,坝体内部常采用混合砂浆砌筑,混合砂浆是在水泥砂浆中掺入一定比例的石灰或黏土等掺合料组成。这种胶结材料只用于坝体的次要部位。

二、砌体的强度

砌体的强度不仅取决于石料和胶结材料的强度等级,还与石料的形状、大小及砌筑质量有关。

砌体强度随石料强度的增大而增大,但当达到一定强度后,其影响不甚明显,胶结材料的强度愈高,砌体强度也愈高,但影响程度随石料的种类不同而有所差异。一般情况下,细石混凝土砂浆砌筑比水泥砂浆砌筑的砌体强度高。如胶结材料的和易性好,则砌体强度较高。此外,石料的形状愈不规则,大小愈不均匀,则砌体强度就愈低。

三、浆砌石重力坝的构造特点

浆砌石重力坝在构造上与混凝土重力坝大致相同,但在坝体防渗、分缝、溢流坝面的衬护等方面,有它的特点和要求。

(一) 坝体的防渗

工程中常采用以下两种防渗设施。

1. 混凝土防渗面板

在坝体迎水面设置混凝土防渗面板,是大、中型浆砌石重力坝广泛使用的一种防渗措施。

面板在底部应嵌入完整基岩内 1~1.5 m,并与坝基防渗设施连成整体。防渗面板的厚度,一般为上游水深的 1/20~1/15 或更薄,但不得小于 0.3 m。防渗面板一般采用 C15 或 C20 混凝土,并适当布置纵、横温度钢筋,并使温度钢筋与砌体内的预埋钢筋连接,面板在沿坝轴线方向设伸缩缝,一般间距为 10~20 m,缝宽约 1.0 cm,缝内应设止水。

有的工程混凝土防渗面板做在距上游坝面 1~2 m 的坝体内,迎水面用浆砌石或预制混凝土砌筑,以省去浇混凝土面板的模板支撑及脚手架。

2. 浆砌条石防渗层

在坝体迎水面用水泥砂浆砌筑一层质地良好的条石作为防渗层。厚度不超过坝上水头 1/20,砌缝的宽度应控制在 1~2 cm。用 M7.5~M10 水泥砂浆作为胶结材料,表面用水泥砂浆仔细勾缝,也有工程采用凿槽填缝防渗,即将已砌好的防渗层在迎水面沿砌缝凿成宽 4~5 cm、深 3 cm 的梯形槽,然后用 M10~M15 水泥砂浆填塞满,勾成平缝或突缝。此种防渗措施适用于小型工程。除此之外,也可在迎水面采用钢丝网水泥喷浆护面及预制混凝土板护面等防渗措施。

(二) 溢流坝面的衬护

溢流坝面需用混凝土衬护。混凝土层厚 0.6~1.5 m,不得小于 0.3 m,混凝土强度等级为 C19,衬护内布设温度钢筋,且用锚筋与砌体锚固。对于单宽流量较小的工程,除坝顶混凝土外,其余部位可用条石或方正块石丁砌衬护。

(三) 坝体分缝

由于浆砌石坝水泥用量少,水化热低,加之施工时又是分层砌筑,所以一般不需设纵向施工缝。横缝间距也可增大,一般为 20~30 m,但不宜超过 50 m。为了适应不均匀的沉降,在基岩岩性变化或地形有陡坎处均设横缝。

为使砌体与基岩紧密结合,在砌石前需先浅筑一层 0.5~1.0 m 的混凝土垫层。当工程规模较小、基岩完整坚硬、地形较规整时,可先在坝底铺 5 cm 厚的砂浆,然后砌石。

(四) 坝与地基的连接

为了使坝体与岩基接合紧密,常在砌石坝底部先浇筑一层厚 0.5~1.0 m 的混凝土垫层。当工程规模不大、基岩完整坚硬、地形较规整时,也可在坝底先铺 5 cm 厚的砂浆,紧接着砌石。

第二节　浆砌石坝巡视检查与日常养护

以水泥砂浆或混合砂浆、细骨料混凝土作为胶结材料,砌筑条石或块石而成的坝,称为浆砌石坝。与土坝相比,浆砌石坝具有以下优点:坝顶可以溢流,施工期允许坝上过水,工程量小,雨季也可施工,施工质量较易保证等;与混凝土坝相比,浆砌石坝可以就地取材,节约水泥用量,节省模板,减少脚手架,受温度影响小,发热量低,无须散热或冷却设备,施工简单,便于群众施工等。所以,浆砌石坝在水库工程建设中,得到了广泛的应用。据不完全统计,全国高于 15 m 的浆砌石坝有 500 多座,最大坝高超过 100 m。

根据各地经验,浆砌石坝最易出现以下问题:坝体产生裂缝,坝体漏水,坝基漏水,坝体抗滑不稳定。

一、浆砌石坝巡视检查的项目与内容

混凝土坝和浆砌石坝巡视检查的内容应根据各大坝的具体情况经充分分析后确定。根据《混凝土坝安全监测技术规范》(SL 601—2013),混凝土坝巡视检查一般应包括以下内容。

(一)坝体主要检查内容

1. 坝顶

坝面及防浪墙有无裂缝、错动、沉陷;相邻坝段之间的错动;伸缩缝开合情况和止水的工作状况;排水设施工作状况。

2. 上游面

上游面有无裂缝、错动、沉陷、剥蚀、冻融破坏;伸缩缝开合情况和止水的工作状况。

3. 下游面

下游面有无裂缝、错动、沉陷、剥蚀、冻融破坏、钙质离析、渗水;伸缩缝开合状况。

4. 廊道

廊道有无裂缝、位移、漏水、溶蚀、剥落;伸缩缝的开合状况、止水工作状况;照明通风状况。

5. 排水系统

排水孔工作状况;排水量、水体颜色及浑浊度。

(二)坝基和坝肩主要检查内容

(1)基础岩体有无挤压、错动、松动和鼓出。

(2)坝体与基岩(或岸坡)接合处有无错动、开裂、脱离及渗水等情况;两岸坝肩区有无裂缝、滑坡、溶蚀及绕渗等情况。

(3)坝趾。下游坝趾有无冲刷、淘刷、管涌、塌陷;渗漏水量、颜色、浑浊度及其变化状况。

(三)输水、泄水设施主要检查内容

(1)进水口和引水渠道有无堵淤、裂缝及损伤;进水口边坡有无裂缝及滑移。

(2)进水塔(竖井)有无裂缝、渗水、空蚀或其他损坏现象;塔体有无倾斜或不均匀

沉陷。

（3）洞（管）身有无裂缝、坍塌、鼓起、渗水、气蚀等现象；放水时洞内声音是否正常。

（4）放水期出口水流形态、流量是否正常，有无冲刷、磨损、淘刷；停水期是否有水渗漏；出口有无淤堵、裂缝及损坏；出水口边坡有无裂缝及滑移。

（5）下游渠道及岸坡有无异常冲刷、淤积和波浪冲击破坏等情况。

（6）工作桥有无不均匀沉降、裂缝、断裂等现象。

（四）溢洪道主要检查内容

（1）进水段有无堵塞，上游拦污设施是否正常，两侧有无滑坡或坍塌迹象；护坡有无裂缝、沉陷、渗水；流态是否正常。

（2）堰顶或闸室、闸墩、边墙、胸墙、溢流面（洞身）、底板等处有无裂缝、渗水、剥落、冲刷、磨损和损伤；排水孔及伸缩缝是否完好。

（3）泄水槽有无气蚀、冲蚀、裂缝和损伤。

（4）消能设施有无磨损、冲蚀、裂缝、变形和淤积情况。

（5）下游河床及岸坡有无冲刷和淤积情况。

（6）工作桥有无不均匀沉陷、裂缝、断裂等现象。

（五）闸门及金属结构主要检查内容

（1）闸门有无变形、裂纹、螺（铆）钉松动、焊缝开裂；门槽有无卡堵、气蚀等；钢丝绳有无锈蚀、磨损、断裂；止水设施有无损坏、老化、漏水；闸门是否发生振动、气蚀现象。

（2）启闭机是否正常工作；制动、限位设备是否准确有效；电源、传动、润滑等系统是否正常；启闭是否灵活；备用电源及手动启闭是否可靠。

（3）金属结构防腐及锈蚀情况。

（4）电气控制设备、正常动力和备用电源工作情况。

（5）闸门顶是否溢流。

（六）近坝区岸坡主要检查内容

（1）库区水面有无漩涡、冒泡、严冬不封冻现象。

（2）岸坡有无冲刷、塌陷、裂缝及滑移迹象；是否存在高边坡和滑坡体；岸坡地下水出露及渗漏情况；表面排水设施或排水孔是否正常。

二、浆砌石坝的日常养护

浆砌石坝的维护是指对混凝土坝主要建筑物及其设施进行的日常保养和防护。主要包括工程表面、伸缩缝止水设施、排水设施、监测设施等的养护和维修，以及冻害、碳化与氯离子侵蚀、化学侵蚀等的防护和处理。

（一）表面养护和防护

（1）坝面和坝顶路面应经常整理，保持清洁整齐，无积水、散落物、杂草、垃圾和乱堆的杂物、工具。

（2）溢流过水面应保持光滑、平整，无引起冲磨损坏的石块和其他重物，以防止溢流过水面出现气蚀或磨损现象。

（3）在寒冷地区，应加强冰压、冻拔、冻胀、冻融等冻害的防护。

(4)对重要的钢筋混凝土结构,应采取表面涂料涂层封闭的方法,防护混凝土碳化与氯离子侵蚀对钢筋的腐蚀作用。

(5)对沿海地区或化学污染严重的地区,应采取涂料涂层防护或浇筑保护层的方法,防止溶出性侵蚀或酸类和盐类侵蚀。

(二)伸缩缝止水设施维护

(1)各类止水设施应完整无损,无渗水或渗漏量不超过允许范围。

(2)沥青井出流管、盖板等设施应经常保养,溢出的沥青应及时清除。

(3)沥青井5~10年应加热一次,沥青不足时应补灌,沥青老化时应及时更换。

(4)伸缩缝充填物老化脱落时,应及时充填封堵。

(三)排水设施维护

(1)排水设施应保持完整、通畅。

(2)坝面、廊道及其他表面的排水沟、孔应经常进行人工或机械清理。

(3)坝体、基础、溢洪道边墙及底板的排水孔应经常进行人工掏挖或机械疏通,疏通时应不损坏孔底反滤层。无法疏通的,应在附近补孔。

(4)集水井、集水廊道的淤积物应及时清除。

对于浆砌石溢流坝,日常养护工作还应注意以下几个方面:

(1)溢流坝表面应经常保持光滑完整,对溢流坝表面被泥沙磨损部分,应及时用混凝土填补。

(2)平时在消力池内,不得堆积料石、树根等。

(3)应经常保持闸门启闭灵活,汛前应进行启闭试验。

(4)泄洪时要正确使用闸门,应对称开启,保持水流对称,防止局部产生冲刷。

(5)泄洪时应注意水流形态是否正常,洪水后应检查溢流表面和消能设施有无冲坏。

(6)通过较大洪水后,应观测下游河床的冲淤变化。

第三节　浆砌石坝监测项目与内容

一、浆砌石坝变形监测

浆砌石坝的变形监测包括外部(表面)变形监测和内部变形监测。外部变形监测项目主要包括水平位移监测和垂直位移监测;内部变形监测项目主要有分层水平位移监测、挠度监测、倾斜监测等。浆砌石坝受水压力等水平方向的推力和坝底受向上的扬压力作用,有向下游滑动和倾覆的趋势,因此要进行水平位移观测。砌石均属弹性体,在水平向荷载下,坝体将发生挠度,需要进行挠度观测。坝体受温度影响和自重等荷载作用,将发生体积变化,地基亦将发生沉陷,需要进行垂直位移观测。大坝与地基、高边坡、地下洞室等变形发展到一定限度后就会出现裂缝,裂缝的深度、分布范围、稳定性等对结构与地基安全影响重大。同时,为了适应温度及不均匀变形等要求,坝身设计有各种接缝,接缝处的变形过大将造成止水的撕裂而出现集中渗漏等问题,因此裂缝监测亦不容忽视。

(一) 水平位移监测

对于浆砌石坝,水平位移的监测方法有:垂线法、视准线法、引张线法、激光准直法、边角网法(前方交会法)、GPS法、导线法等。其中引张线法具有操作和计算简单、精度高、便于实现自动化观测等优点,尤其在廊道中设置引张线,因不受气候影响,具有明显的有利条件。下面介绍引张线法。

1. 观测原理及设备

引张线法观测原理是在设于坝体两端的基点间拉紧一根钢丝作为基准线,然后测量坝体上各测点相对基准线的偏离值,以计算水平位移量。这根钢丝称为引张线,它相当于视准线法中的视准线,是一条可见的基准线。

由于水库大坝长度一般在数十米以上,如果仅靠坝两端的基点来支承钢丝,因其跨度较长,钢丝在本身重力作用下将下垂成悬链状,不便观测。为了解决垂径过大问题,需在引张线两端加上重锤,使钢丝张紧,并在中间加设若干浮托装置,将钢丝托起近似成一条水平线。因此,引张线观测设备由钢丝、端点装置和测点装置三部分组成。

2. 观测方法

引张线的钢丝张紧后固定在两端的端点装置上,水平投影为一条直线,这条直线是观测的基准线。测点埋设在坝体上,随坝体变形而位移。观测时只要测出钢丝在测点标尺上的读数,与上次测值比较,即可得出该测点在垂直引张线方向的水平位移,其位移计算原理与视准线法相似。

(二) 垂直位移监测

砌石建筑物的垂直位移多采用精密水准法观测,也可以采用静力水准仪法(连通管法)、三角高程法和垂直传高法观测垂直位移。使用仪器、测量原理、观测方法和位移值计算、误差分析等均与土石坝垂直位移观测相似。一般情况下,按一等水准进行观测,中小型工程视情况可以再降低一个等级。

(三) 伸缩缝和裂缝监测

1. 伸缩缝观测

重力坝为适应温度变化和地基不均匀沉陷,一般都设有永久性伸缩缝。随着外界影响因素的改变,伸缩缝的开合和错动会相应变化,甚至会影响到缝的渗漏。因此,为了综合分析坝的运行状态,应进行伸缩缝观测。

伸缩缝观测分伸缩缝的单向开合和三向位移。观测伸缩缝的单向开合时,用外径游标卡尺测读单向测缝标两标点头间的距离,各测次距离的变化量即为伸缩缝开合的变化。观测伸缩缝的三向位移时,用游标卡尺测读每对三棱柱间距离,从而推求坝体三个方向的相对位移。

2. 裂缝观测

当拦河坝、溢洪道等砌石建筑物发生裂缝,并需了解其发展情况,分析产生原因和对建筑物安全的影响时,应对裂缝进行定期观测。在发生裂缝的初期,至少每日观测一次;当裂缝发展减缓后,可适当减少测次。在出现最高、最低气温,上下游最高水位或裂缝有显著发展时,应增加测次。经相当时期的观测,裂缝确无发展时,可以停测,但仍应经常进行巡视检查。裂缝的位置、分布、走向和长度等观测,同土坝裂缝观测一样,在建筑物表面用油漆绘出方格进行丈量。在裂缝两端划出标志,注明观测日期。裂缝宽度需选择缝宽最大或有代表性的位置,设置测点进行测量,常用方法有金属标点法和固定千分表法。此外,也可以用差动电阻式测缝计测量伸缩缝和裂缝宽度。对于裂缝深度的观测,可采用细金属丝探测,也可用超声探测仪测定。

上述观测成果需每次进行详细记录,并绘制相应的成果图,以便于比较分析,并采取相应的处理措施。

(四)倾斜观测

浆砌石等刚性坝坝体、坝基的倾斜监测是内部变形监测项目之一。

为使测值真实反映大坝的倾斜状态,不受或少受局部收缩、膨胀或温度变化的影响,倾斜监测点不宜设在坝体的外表面或浅表面易受外界气温、水温等环境因素影响的部位。须紧密结合坝体的结构形式、数值计算和模型试验成果以及地形、地质条件,同时应尽量与挠度、位移监测等配合。

二、浆砌石坝渗流监测

浆砌石坝渗流监测的项目主要有扬压力、渗压、绕坝渗流、渗流量和渗流水质监测等。

(一)扬压力监测

对于浆砌石坝,向上的扬压力,相应减少了坝体的有效重量,降低了坝体的抗滑能力。可见,扬压力的大小直接关系到建筑物的稳定性。砌石建筑物设计中,必须根据建筑物的断面尺寸和上、下游水位,以及防渗排水措施等确定扬压力大小,作为建筑物的主要作用力之一,来进行稳定计算。建筑物投入运用后,实际扬压力大小是否与设计相符,对于建筑物的安全稳定关系十分重要。为此,对于浆砌石坝,应重点监测坝基扬压力,以掌握扬压力的分布和变化,据以判断建筑物是否稳定。发现扬压力超过设计,即可及时采取补救措施。

砌石建筑物的扬压力监测通常是在建筑物内埋设测压管来进行的。在监测扬压力的同时,应监测相应的上、下游水位和渗流量。

1. 监测设备

监测扬压力的测压管与土坝浸润线测压管类似,也由进水管和导管组成。一般在砌石建筑物施工时埋设。

2. 测压管观测

当测压管中的扬压水位低于管口时,其水位观测方法和设备与土坝浸润线观测一样,先测出管口高程,再测出管口至管内水面的高度,然后计算得出管内水位高程。对于管中水位高于管口的,一般用压力表或水银压差计进行观测。压力表适用于测压管水位高于管口 3 m 以上,压差计适用于测压管水位高于管口 5 m 以下。不论采用哪种方法观测,观测的次数和精度要求均同土坝浸润线观测。

3. 渗压计测定扬压力

用于渗水压力观测的渗压计有振弦式、差动电阻式等,下面介绍振弦式渗压计。

振弦式渗压计用于监测岩土工程和其他混凝土建筑物的渗透水压力,适用于长期埋设在水工建筑物或其他建筑物内部及其基础,测量结构物内部及基础的渗透水压力,也可用于库水位或地下水位的测量。

振弦式渗压计主要由三部分构成:压力感应部件、感应板及引出电缆密封部件。压力感应部件由透水石、感应板组成。感应板上接振弦传感部件,振弦传感部件由振动钢弦和电磁线圈构成。止水密封部分由接座套筒、橡皮圈及压紧圈等组成,内部填充环氧树脂防水胶,电缆由其中引出。

(二)渗流量、绕坝渗流监测

1.渗流量监测

1)监测设计

根据《混凝土坝安全监测技术规范》(SL 601—2013)的规定,浆砌石坝的渗流量监测设计应结合枢纽布置对渗漏水的流向、集流和排水设施的统筹规划。河床和两岸的渗漏水宜分段量测,必要时可对每个排水孔的渗漏水单独量测。

廊道或平洞排水沟内的渗漏水,一般用量水堰量测,也可用流量计量测。排水孔的渗漏水可用容积法量测。坝体渗漏水和坝基渗漏水应分别量测。坝体靠上游面排水管渗漏水,流入排水沟后,可分段集中量测;坝体缺陷、冷缝和裂缝的漏水,一般用目视观察。漏水量较大时,应设法集中后用容积法量测。

2)监测仪器和方法

浆砌石坝渗流量的监测方法与土石坝基本一样,常用的是容积法、量水堰法和测流速法等。

当渗流量小于 1 L/s 时,可采用容积法。采用容积法观测渗流量时,需将渗漏水引入容器内,测定渗漏水的容积和充水时间(一般为 1 min 且不得小于 10 s),即可求得渗流量,两次测值之差不得大于平均值的 5%。量水堰一般选用三角堰或矩形堰,直角三角堰适用于流量为 1~70 L/s 的量测范围,堰上水头 50~70 mm;矩形堰适用于流量大于 50 L/s 的情况,堰口宽度 b 为 2~5 倍堰上水头 H,为 0.25~2 m。采用流量计监测流量时,须将坝基、坝体渗漏水引入流量计,直接测读渗流量。

除量水堰和流量计外,还可以采用堰槽流量仪和量水堰槽流量仪监测渗流量。前者用于堰或槽内水流量测量,可以遥测,也可以人工目测。堰壁的堰口采用三角形、矩形或梯形,利用浮子自动监测三角堰水位,通过三角堰的流量公式,求得渗流量的大小。后者用于测量设置在坝体、坝基和基岩等各部位量水堰中的水头变化,来自动遥测大坝渗漏状况。

2.绕坝渗流监测

浆砌石坝绕坝渗流的测点布置、观测设施、原理、方法和测次都和土石坝类似,此处不再赘述。

第四节　浆砌石坝裂缝的处理

一、裂缝的分类及特征

混凝土坝及浆砌石坝裂缝是常见的现象,其类型及特征见表6-1。

表 6-1　裂缝的类型及特征

类型	特征
沉陷缝	1. 裂缝往往属于贯通性的,走向一般与沉陷走向一致; 2. 较小的沉陷引起的裂缝,一般看不出错距;较大的不均匀沉陷引起的裂缝,则常有错距; 3. 温度变化对裂缝影响较小
干缩缝	1. 裂缝属于表面性的,没有一定规律性,走向纵横交错; 2. 宽及长度一般都很小,如同发丝
温度缝	1. 裂缝可以是表层的,也可以是深层或贯穿性的; 2. 表层裂缝的走向没有一定规律性; 3. 钢筋混凝土深层或贯穿性裂缝,方向一般与主钢筋方向平行或近似于平行; 4. 裂缝宽度沿裂缝方向无多大变化; 5. 缝宽受温度变化的影响,有明显的热胀冷缩现象
应力缝	1. 裂缝属深层或贯穿性的,走向一般与主应力方向垂直; 2. 宽度一般较大,沿长度和深度方向有明显变化; 3. 缝宽一般不受温度变化的影响

二、裂缝形成的主要原因

混凝土坝与浆砌石坝裂缝的产生,主要与设计、施工、运用管理等有关。

(一)设计方面

大坝在设计过程中,由于各种因素考虑不全,坝体断面过于单薄,致使结构强度不足,造成建筑物抗裂性能降低,容易产生裂缝。设计时,分缝分块不当,块长或分缝间距过大也容易产生裂缝。设计不合理,水流不稳定,引起坝体振动,同样能引起坝体开裂。

(二)施工方面

在施工过程中,由于基础处理、分缝分块、温度控制等未按设计要求施工,致使基础产生不均匀沉陷;施工缝处理不善,或者温差过大,造成坝体裂缝。在浇筑混凝土时,施工质量控制不好,致使混凝土的均匀性、密实性差,或者混凝土养护不当,在外界温度骤降时又没有做好保温措施,导致混凝土坝容易产生裂缝。

(三)运用管理方面

大坝在运用过程中,超设计荷载使用,使建筑物承受的应力大于设计应力产生裂缝。大坝维护不善,或者在北方地区受冰冻影响而又未做好防护措施,也容易引起裂缝。

(四)其他方面

由于地震、爆破、台风和特大洪水等引起的坝体震动或超设计荷载作用,常导致裂缝发生。含有大量碳酸氢离子的水,对混凝土产生侵蚀,造成混凝土收缩,也容易引起裂缝。

三、裂缝处理的方法

混凝土及浆砌石坝裂缝的处理,目的是恢复其整体性,保持其强度、耐久性和抗渗性,以延长建筑物的使用寿命。裂缝处理的措施与裂缝产生的原因、裂缝的类型、裂缝的部位及开裂程度有关。沉陷裂缝、应力裂缝,一般应在裂缝已经稳定的情况下再进行处理;温度裂缝应在低温季节进行处理;影响结构强度的裂缝,应与结构加固补强措施结合考虑;处理沉陷裂缝,应先加固地基。

(一) 裂缝表面处理

当裂缝不稳定,随着气温或结构变形而变化,而又不影响建筑物整体受力时,可对裂缝进行表面处理。常用的裂缝表面处理的方法有表面涂抹、表面贴补、凿槽嵌补和喷浆修补等。裂缝表面处理的方法也可用来处理混凝土表层的其他损坏,如蜂窝、麻面、骨料架空外露以及表层混凝土松软、脱壳和剥落等。

1. 表面涂抹

表面涂抹是用水泥砂浆、防水快凝砂浆、环氧砂浆等涂抹在裂缝部位的表面。这是建筑物水上部分或背水面裂缝的一种处理方法。

1) 水泥砂浆涂抹

涂抹前先将裂缝附近的表面凿毛,并清洗干净,保持湿润,然后用 1:1~1:2 的水泥砂浆在其上涂抹。涂抹的总厚度一般以控制在 1~2 cm 为宜,最后压实抹光。温度高时,涂抹 3~4 h 后即需洒水养护,冬季要注意保温,切不可受冻,否则强度容易降低。应注意,水泥砂浆所用砂子一般为中细砂,水泥可用不低于 32.5(R)号的普通硅酸盐水泥。

2) 环氧砂浆涂抹

环氧砂浆是由环氧树脂与固化剂、增韧剂、稀释剂配制而成的液体材料再加入适量的细填料拌合而成的,具有强度高、抗冲耐磨的性能。

涂抹前沿裂缝凿槽,槽深 0.5~1.0 cm,用钢丝刷洗刷干净,保证槽内无油污、灰尘;经预热后再涂抹一层环氧基液,厚 0.5~1.0 mm;再在环氧基液上涂抹环氧砂浆,使其与原建筑物表面齐平;然后覆盖塑料布并压实。

3) 防水快凝砂浆(或灰浆)涂抹

防水快凝砂浆(或灰浆)是在水泥砂浆内加入防水剂(同时又是速凝剂),以达到速凝却又能提高防水性能的效果,这对涂抹有渗漏的裂缝是非常有效的。

涂抹时,先将裂缝凿成深约 2 cm、宽约 20 cm 的 V 形槽或矩形槽并清洗干净,然后按每层 0.5~1 cm 分层涂抹砂浆(或灰浆),抹平为止。

2. 表面贴补

表面贴补是用黏结剂把橡皮或其他材料粘贴在裂缝的表面,以防止沿裂缝渗漏,达到封闭裂缝并适应裂缝的伸缩变化的目的。一般用来处理建筑物水上部分或背水面裂缝。

1) 橡皮贴补

橡皮贴补所用材料主要有环氧基液、环氧砂浆、水泥砂浆、橡皮、木板条或石棉线等。环氧基液、环氧砂浆的配制同涂抹的环氧砂浆。水泥砂浆的配比一般为水泥:砂 = 1:0.8~1:1,水灰比不超过 0.55,橡皮厚度一般以采用 3~5 mm 为宜,板条厚度以 5 mm 为宜。

2) 玻璃布贴补

玻璃布的种类很多,一般采用无碱玻璃纤维织成,它具有耐水性能好、强度高的特点。

玻璃布在使用前,必须除去油脂和蜡,以便在粘贴时能有效地与环氧树脂结合。玻璃布除油蜡的方法有两种,一种是加热蒸煮,即将玻璃布放置在碱水中煮 0.5~1 h,然后用清水洗净;另一种是先加热烘烤再蒸煮,即将玻璃布放在烘烤炉上加温到 190~250 ℃,使油蜡燃烧,再将玻璃布放在浓度为 2%~3% 的碱水中煮沸约 30 min,取出洗净晾干。

3. 凿槽嵌补

凿槽嵌补是沿裂缝凿一条深槽,槽内嵌填各种防水材料,以堵塞裂缝和防止渗水。这种方法主要用于对结构强度没有影响的裂缝处理。沿裂缝凿槽,槽的形状可根据裂缝位置和填补材料而定,V 形槽多用于竖直裂缝;U 形槽多用于水平裂缝和顶面裂缝及有渗水的裂缝;凵 形槽则以上 4 种情况均能适用。槽的两边必须修理平整,槽内要清洗干净。

嵌补材料的种类很多,有聚氯乙烯胶泥、沥青材料、环氧砂浆、预缩砂浆和普通砂浆等。嵌补材料的选用与裂缝性质、受力情况及供货条件等因素有关。因此,材料的选用需经全面分析后再确定。对于已稳定的裂缝,可采用预缩砂浆、普通砂浆等脆性材料嵌补;对缝宽随温度变化的裂缝,应采用弹性材料嵌补,如聚乙烯胶泥或沥青材料等;对受高速水流冲刷或需结构补强的裂缝,则可采用环氧砂浆嵌补。

4. 喷浆修补

喷浆修补是将水泥砂浆通过喷头高压喷射至修补部位,达到封闭裂缝和提高建筑物表面耐磨抗冲能力的目的。根据裂缝的部位、性质和修理要求,可以分别采用挂网喷浆或挂网喷浆与凿槽嵌补相结合的方法。

1)挂网喷浆

挂网喷浆所采用的材料主要有水泥、砂、钢筋、钢丝网、锚筋等。通常采用 32.5(R)~42.5(R) 的普通硅酸盐水泥,砂料以粒径 0.35~0.5 mm 为宜,钢筋网由直径 4~6 mm 钢筋做成,网格尺寸为 100 mm×100 mm~150 mm×150 mm,结点焊接或者采用直径 1~3 mm 钢丝做钢丝网,尺寸为 50 mm×50 mm~60 mm×60 mm 及 10 mm×10 mm~20 mm×20 mm,结点可编结或扎结,锚筋通常采用 10~16 mm 钢筋。灰砂比根据不同部位喷射方向和使用材料,通过试验决定。水灰比一般采用 0.3~0.5。

2)挂网喷浆与凿槽嵌补相结合

挂网喷浆与凿槽嵌补相结合施工流程为:凿槽→打锚筋孔→凿毛冲洗→固定锚筋→填预缩砂浆→涂抹冷沥青胶泥,焊接架立钢筋→挂网→被喷面冲洗湿润→喷浆→养护。

施工工艺:先沿缝凿槽,然后填入预缩砂浆使之与混凝土面齐平并养护,待预缩砂浆达到设计强度时,涂一层薄沥青漆。涂沥青漆半小时后,再涂冷沥青胶泥。冷沥青胶泥是由 40∶10∶50 的 60 号沥青、生石灰、水,再掺入 15% 的砂(粒径小于 1 mm)配制而成。冷沥青胶泥总厚度为 1.5~2.0 cm,分 3~4 层涂抹。待冷沥青胶泥凝固后,挂网喷浆。

(二)裂缝的内部处理

贯穿性裂缝或内部裂缝常用灌浆方法进行内部处理。其施工方法通常为钻孔灌浆,灌浆材料一般采用水泥和化学材料,可根据裂缝的性质、开度以及施工条件等具体情况选定。对于开度大于 0.3 mm 的裂缝,一般可采用水泥灌浆;对开度小于 0.3 mm 的裂缝,宜采用化学灌浆;对于渗透流速大于 600 m/d 或受温度变化影响的裂缝,则不论其开度如何,均宜采用化学灌浆处理。

1. 水泥灌浆

水泥灌浆具体施工程序为:钻孔→冲洗→止浆或堵漏处理→安装管路→压水试验→灌浆→封孔→质量检查。

水泥灌浆施工具体技术要求可参见《水工建筑物水泥灌浆施工技术规范》(SL/T 62—2020)。这里需注意的是,对钻孔孔向的要求,除骑缝浅孔外,不得顺裂隙钻孔,钻孔轴线与裂缝面的交角一般应不大于30°,孔深应穿过裂缝面0.5 m以上,如果钻孔为两排或两排以上,应尽量交错或呈梅花形布置。钻进过程中,若发现有集中漏水或其他异常现象,应立即停钻,查明漏水高程,并进行灌浆处理后,再行钻进。钻进过程中,对孔内各种情况,如岩层及混凝土的厚度、涌水、漏水、洞穴等均应详细记录。钻孔结束后,孔口应用木塞塞紧,以防污物进入。

2. 化学灌浆

化学灌浆材料一般具有良好的可灌性,可以灌入0.3 mm或更小的裂缝,同时化学灌浆材料可调节凝结时间,适应各种情况下的堵漏防渗处理。此外化学灌浆材料具有较高的黏结强度,或者具有一定的弹性,对于恢复建筑物的整体性及对伸缩缝的处理,效果较好。因此,凡是不能用水泥灌浆进行内部处理的裂缝,均可考虑采用化学灌浆。

化学灌浆的施工程序为:钻孔→压气(或压水)试验→止浆→试漏→灌浆→封孔→检查。化学灌浆施工具体技术要求可参见《水电水利工程化学灌浆技术规范》(DL/T 5406—2019)。

化学灌浆的材料可根据裂缝的性质、开度和干燥情况选用。常用的有以下几种。

1) 甲凝

甲凝是以甲基丙烯酸甲酯为主要成分,加入引发剂等组成的一种低黏度的灌浆材料。甲基丙烯酸甲酯是无色透明液体,黏度很低,渗透力很强,可灌入0.05~0.1 mm的细微裂缝,在一定的压力下,还可渗入无缝混凝土中一定距离,并可以在低温下进行灌浆。聚合后的强度和黏结力很高,并具有较好的稳定性。但甲凝浆液黏度的增长和聚合速度较快。此材料适用于干燥裂缝或经处理后无渗水裂缝的补强。

2) 环氧树脂

环氧树脂浆液是以环氧树脂为主体,加入一定比例的固化剂、稀释剂、增韧剂等混合而成,一般能灌入宽0.2 mm的裂隙。硬化后,黏结力强、收缩性小、强度高、稳定性好。环氧树脂浆液多用于较干燥裂缝或经处理后已无渗水裂缝的补强。

3) 聚氨酯

聚氨酯浆液是由多异氰酸酯和含羟基的化合物合成后,加入催化剂、溶剂、增塑剂、乳化剂以及表面活性剂配制而成。这种浆液遇水反应后,便生成不溶于水的固结强度高的凝胶体。此种浆液防渗堵漏能力强,黏结强度高。此浆液适用于渗水缝隙的堵水补强。

4) 水玻璃

水玻璃是由水泥浆和硅钠溶液配制而成的。二者体积比通常为1:0.8~1:0.6,水玻璃具有较高的防渗能力和黏结强度。此材料适用于渗水裂缝的堵水补强。

5) 丙凝

丙凝是以丙烯酰胺为主剂,配以其他材料,发生聚合反应,形成具有弹性的、不溶于水的聚合体。可填充堵塞岩层裂隙或砂层中空隙,并可把砂粒胶结起来,起到堵水防渗和加固地基的作用。但因其强度较低,不宜用作补强灌浆,仅用于地基帷幕和混凝土裂缝的快速止水。

第五节　浆砌石坝渗漏的处理

一、渗漏的类型

混凝土及浆砌石坝渗漏,按其发生的部位,可分为坝体渗漏、坝基渗漏、坝与岩石基础接触面渗漏、绕坝渗漏。

二、渗漏产生的原因

造成混凝土和浆砌石坝渗漏的原因很多,归纳起来有以下几个方面:

(1)因勘探工作做得不够,地基中存在的隐患未能发现和处理,水库蓄水后引起渗漏。

(2)在设计过程中,由于对某些问题考虑不全,在某种应力作用下,使坝体产生裂缝。

(3)施工质量差。如对坝体温度控制不严,使坝体内外温差过大产生裂缝;地基处理不当,使坝体产生沉陷裂缝;混凝土振捣不实,坝体内部存在蜂窝空洞;浆砌石坝勾缝不严,帷幕灌浆质量不好,坝体与基础接触不良,坝体所用建筑材料质量差等,均会导致渗漏。

(4)设计、施工过程中采取的防渗措施不合理,或运用期间物理、化学因素的作用,使原来的防渗措施失效或遭到破坏,均容易引起渗漏。

(5)运用期间,遭受强烈地震及其他破坏作用,使坝体或基础产生裂缝,引起渗漏。

三、渗漏的处理措施

渗漏处理的基本原则是:"上截下排",以截为主,以排为辅。应根据渗漏的部位、危害程度以及修补条件等实际情况确定处理的措施。

(一)坝体裂缝渗漏的处理

坝体裂缝渗漏的处理可根据裂缝发生的原因及对结构影响的程度、渗漏量的大小和集中分散等情况,分别采取不同的处理措施。

1.表面处理

坝体裂缝渗漏按裂缝所在部位可采取表面涂抹、表面贴补、凿槽嵌补等表面处理方法,具体操作可见本章第四节内容。对渗漏量较大,但渗透压力不直接影响建筑物正常运行的渗水裂缝,如在漏水出口处进行处理,先应采取以下导渗措施。

1)埋管导渗

沿漏水裂缝在混凝土表面凿△形槽,并在裂缝渗漏集中部位埋设引水铁管,然后用旧棉絮沿裂缝填塞,使漏水集中从引水管排出,再用快凝灰浆或防水快凝砂浆迅速回填封闭槽口,最后封堵引水管。

2)钻孔导渗

用风钻在漏水裂缝一侧钻斜孔(水平缝则在缝的下方),穿过裂缝面,使漏水从钻孔中导出,然后封闭裂缝,从导渗孔灌浆填塞。

2. 内部处理

内部处理是通过灌浆充填漏水通道,达到堵漏的目的。根据裂缝的特征,可分别采用骑缝钻孔灌浆或斜缝钻孔灌浆的方式。根据裂缝的开度和可灌性,可分别采用水泥灌浆或化学灌浆。根据渗漏的情况,又可分别采取全缝灌浆或局部灌浆的方法。有时为了灌浆的顺利进行,还需先在裂缝上游面进行表面处理,或在裂缝下游面采取导渗并封闭裂缝的措施。

3. 结构处理接合表面处理

对于影响建筑物整体性或破坏结构强度的渗水裂缝,除灌浆处理外,有的还要采取结构处理接合表面处理的措施,以达到防渗、结构补强或恢复整体性的要求。在上游面沿缝隙凿一宽 20~25 cm、深 8~10 cm 的槽,向槽的两侧各扩大约 40 cm 的凿毛面,共宽 100 cm,并在槽的两侧钻孔埋设两排锚筋。槽底涂沥青漆后,在槽内填塞沥青水泥和沥青麻布 2~3 层,槽内填满后,再在上面铺设宽 50 cm 的沥青麻布两层,并浇筑宽 100 cm、厚 25 cm 的钢筋混凝土盖板作为止水塞。从坝顶钻孔两排插筋锚固坝体。最后进行接缝灌浆。

(二)混凝土坝体散渗或集中渗漏的处理

混凝土坝由于蜂窝、空洞、不密实及抗渗强度等级不够等缺陷,引起坝体散渗或集中渗漏时,可根据渗漏的部位、程度和施工条件等情况,采取下列一种或几种方法结合进行处理。

1. 灌浆处理

灌浆处理主要用于建筑物内部密实性差、裂缝孔隙比较集中的部位,可用水泥灌浆,也可用化学灌浆,具体施工技术要求见上节内容。

2. 表面处理

对大面积的细微散渗及水头较小的部位,可采取表面涂抹处理,对面积较小的散渗可采取表面贴补处理,具体处理方法详见本章第四内容。

3. 筑防渗层

防渗层适用于大面积的散渗情况。防渗层一般做在坝体迎水面,结构一般有水泥喷浆、水泥浆及砂浆防渗层等形式。

水泥浆及砂浆防渗层,一般在坝的迎水面采用 5 层,总厚度为 12~14 mm。水泥浆及砂浆防渗层施工前需用钢丝刷或竹刷将渗水面松散的表层泥沙、苔藓、污垢等刷洗干净,如渗水面凹凸不平,则需把凸起的部分剔除,凹陷的用 1:2.5 水泥砂浆填平,并经常洒水,保持表面湿润。防渗层的施工,第一层为水灰比 0.35~0.4 的素灰浆,厚度 2 mm,分二次涂抹。第一次涂抹用拌合的素灰浆抹 1 mm 厚,把混凝土表面的孔隙填平压实,然后抹第二次素灰浆,若施工时仍有少量渗水,可在灰浆中加入适量促凝剂,以加速素灰浆的凝固。第二层为灰砂比 1:2.5、水灰比 0.55~0.60 的水泥砂浆,厚度 4~5 mm,应在初凝的素灰浆层上轻轻压抹,使砂粒能压入素灰浆层,以不压穿为度。这层表面应保持粗糙,待终凝后表面洒水湿润,再进行下一层施工。第三层、第四层分别为厚度为 2 mm 的素灰浆和厚度为 4~5 mm 的水泥砂浆,操作工艺分别同第一层和第二层。第五层素灰浆层厚度 2 mm,应在第四层初凝时进行,且表面需压实抹光。防渗层终凝后,应每隔 4 h 洒水一次,保持湿润,养护时间按混凝土施工规范规定进行。

4. 增设防渗面板

当坝体本身质量差、抗渗等级低、大面积渗漏严重时,可在上游坝面增设防渗面板。

防渗面板一般用混凝土材料,施工时需先放空水库,然后在原坝体布置锚筋并将原坝体凿毛、刷洗干净,最后浇筑混凝土。锚筋一般采用直径 12 mm 的钢筋,每平方米一根,混凝土强度一般不低于 C30。混凝土防渗面板的两端和底部都应深入基岩 1~1.5 m,根据经验,一般混凝土防渗面板底部厚度为上游水深的 1/15~1/60,顶部厚度不少于 30 cm。为防止面板因温度产生裂缝,应设伸缩缝,分块进行浇筑,伸缩缝间距不宜过大,一般 15~20 m,缝间设止水。

5. 堵塞孔洞

当坝体存在集中渗流孔洞时,若渗流流速不大,可先将孔洞内稍微扩大并凿毛,然后将快凝胶泥塞入孔洞中堵漏,若一次不能堵截,可分几次进行,直到堵截。当渗流流速较大时,可先在洞中楔入棉絮或麻丝,以降低流速和漏水量,然后进行堵塞。

6. 回填混凝土

对于局部混凝土疏松,或有蜂窝、空洞而造成的渗漏,可先将质量差的混凝土全部凿除,再用现浇混凝土回填。

(三) 混凝土坝止水、结构缝渗漏的处理

混凝土坝段间伸缩缝止水结构因损坏而漏水,其修补措施有以下几种。

1. 补灌沥青

对沥青止水结构,应先采用加热补灌沥青法堵漏,恢复止水,若补灌有困难或无效,再用其他止水方法。

2. 化学灌浆

伸缩缝漏水也可用聚氨酯、丙凝等具有一定弹性的化学材料进行灌浆处理,根据渗漏的情况,可进行全缝灌浆或局部灌浆。

3. 补做止水

坝上游面补做止水,应在降低水位情况下进行,补做止水可在坝面加镶铜片或镀锌片,具体操作方法如下:

(1)沿伸缩缝中心线两边各凿一条槽,槽宽 3 cm、深 4 cm,两条槽中心距 20 cm,槽口尽量做到齐整顺直。

(2)沿伸缩缝凿一条宽 3 cm、深 3.5 cm 的槽,凿后清扫干净。

(3)将石棉绳放在盛有 60 号沥青的锅内,加热至 170~190 ℃,并浸煮 1 h 左右,使石棉绳内全部浸透沥青。

(4)用毛刷向缝内小槽刷上一层薄薄的沥青漆,沥青漆中沥青、汽油比为 6∶4,然后把沥青石棉绳嵌入槽缝内,表面基本平整。沥青石棉绳面距槽口面保持 2.0~2.5 cm。

(5)把铜片或镀锌铁片加工成 U 形。紫铜片厚度不宜小于 0.5 mm,紫铜片长度不够时,可用铆钉铆固搭接。

(6)用毛刷将配好的环氧基液在两边槽内刷一层,然后在槽内填入环氧砂浆,并将紫铜片嵌入填满环氧砂浆的槽内。将紫铜片压紧,使环氧砂浆与紫铜片紧密结合,然后加支

撑将紫铜片顶紧,待固化后才拆除。

(7)在紫铜片面上和两边槽口环氧砂浆上刷一层环氧基液,待固化后再涂上一层沥青漆,经15~30 min后再涂一层冷沥青胶泥,作为保护层。

(四)浆砌石坝体渗漏的处理

浆砌石坝的上游防渗部分由于施工质量不好,砌筑时砌缝中砂浆存在较多孔隙,或者砌坝石料本身抗渗强度等级较低等均容易造成坝体渗漏。浆砌石坝体渗漏可根据渗漏产生的原因,用以下方法进行处理。

1.重新勾缝

当坝体石料质量较好,仅局部地方由于施工质量差,砌缝中砂浆不够饱满,有孔隙,或者砂浆干缩产生裂缝而造成渗漏时,均可采用水泥砂浆重新勾缝处理。一般浆砌石坝,当石料质量较好时,渗漏多沿灰缝发生,因此认真进行勾缝处理后,渗漏途径可全部堵塞。

2.灌浆处理

当坝体砌筑质量普遍较差,大范围内出现严重渗漏、勾缝无效时,可采用从坝顶钻孔灌浆,在坝体上游形成防渗帷幕的方法处理。灌浆的具体工艺见本章第四节内容。

3.加厚坝体

当坝体砌筑质量普遍较差、渗漏严重、勾缝无效,但又无灌浆处理条件时,可在上游面加厚坝体,加厚坝体需放空水库进行。若原坝体较单薄,则结合加固工作,采取加厚坝体防渗处理措施将更合理。

4.上游面增设防渗层或防渗面板

当坝体石料本身质量差、抗渗强度等级较低,加上砌筑质量不符合要求、渗漏严重时,可在坝上游面增设防渗层或混凝土防渗面板,具体做法同混凝土坝。

(五)绕坝渗漏的处理

绕过混凝土或浆砌石坝的渗漏,应根据两岸的地质情况,摸清渗漏的原因及渗漏的来源与部位,采取相应措施进行处理。处理的方法可在上游面封堵,也可进行灌浆处理,对土质岸端的绕坝渗漏,还可采取开挖回填或加深刺墙的方法处理。

(六)基础渗漏的处理

对岩石基础,如出现扬压力升高,或排水孔涌水量增大等情况,可能是原有帷幕失效、岩基断层裂隙扩大、混凝土与基岩接触不密实或排水系统堵塞等原因所致。对此,应首先要查清有关部位的排水孔和测压孔的工作情况,然后根据原设计要求、施工情况进行综合分析,确定处理方法。一般有以下几种方法:

(1)若原帷幕深度不够或下部孔距不满足要求,可对原帷幕进行加深加密补灌。

(2)若混凝土与基岩接触面产生渗漏,可进行接触灌浆处理。

(3)若垂直或斜交于坝轴线且贯穿坝基的断层破碎带造成渗漏,可进行帷幕加深加厚和固结灌浆综合处理。

(4)若排水设备不畅或堵塞,可设法疏通,必要时增设排水孔以改善排水条件。

第七章　溢洪道的养护与修理

第一节　溢洪道的组成及工作条件

为了防止洪水漫过坝顶,危及大坝和枢纽的安全,必须布置泄水建筑物,以宣泄水库按运行要求不能容纳的多余来水量。常用的泄水建筑物有溢流坝段、河岸溢洪道、深式泄水建筑物等。常在坝体以外的岸边或天然垭口布置溢洪道,称河岸溢洪道,一般适用于土石坝、堆石坝以及某些轻型坝等水利枢纽。

开敞式正槽溢洪道由进水渠、控制段、泄槽(陡槽)、消能防冲设施和出水渠五部分组成。其中,控制段、泄槽和消能防冲设施三个部分是溢洪道的主体,是每个溢洪道工程不可缺少的。进水渠和出水渠则是主体部分同上游水库及下游河道的连接段,这两个组成部分是否需要设置,由地形条件而定。

正槽溢洪道的泄槽轴线与溢流堰轴线垂直(与过堰水流方向一致)。泄洪时,水流通过进水渠引向控制段。控制段通过不同的堰型、闸门等控制溢洪道的过水能力。泄槽将过堰水流安全地泄到下游。泄槽首末端高差一般占溢洪道整个落差的大部分或全部,其底坡较陡,槽中水流多为高速水流,冲刷能力大,这是泄槽设计时必须注意的问题。泄槽末端水流能量大,必须有消能防冲设施以消除水流动能,使水流以较缓流速进入下游河道。

一、进水渠

进水渠的作用是平顺水流,对称地引向控制段。进水渠布置时,应尽量短而直。如需设置弯道,其轴线转弯半径不得小于4倍渠底宽度,流速越大,转弯半径也应越大。弯道与控制段间一般应有2~3倍水头的直线长度,以便将水流调整均匀,平顺入渠。进水渠一般采用梯形断面,末端用渐变段与控制段的矩形断面连接。

进水渠的水流要平稳、水面波动小、横向水面比降小。渠内流速一般不大于4 m/s,以减小水头损失。当进水渠较长时,水力计算中应考虑进口及沿程水头损失,如渠内流速较大,计算过堰流量时,尚应计入行近流速的影响。

进水渠的过水断面应大于控制段的过水断面。渠底应做成反坡。堰前进水渠的渠底高程应低于堰顶,当采用实用堰时,一般应低于1/3堰上水头,以降低堰前行近流速,且有较大的流量系数,并可减小堰顶长度,但进水渠挖深将相应增大。因此,堰高与进水渠的水深和宽度的选择,需经过方案比较后选定。

当进水渠两岸岩性较好时,一般可不衬砌。当岩性较差时,为防止严重风化剥落,应进行衬砌。可采用浆砌块石、喷浆或混凝土护面。工程中多用0.3~0.5 m厚混凝土衬砌,一般不设止水及排水。

进水渠进口一般布置成对称的喇叭口形式,使水流平稳入渠。如进口布置有一侧靠坝肩,靠坝一侧应设置导水墙,为防止水流冲刷坝脚。墙顶应高于泄洪时的最高库水位,其顺水流长度宜大于渠道最大水深的 2 倍,以保证良好的入流条件。

二、控制段

控制段是控制溢洪道泄量的关键部位。从水力特征来分,控制段分堰式和渠式两种。

渠式控制段是指开挖的明槽长度大于 10 倍溢流水深的情况,其过水能力按明渠非均匀流计算。这种形式的缺点是泄流能力小,应尽量避免采用这种形式。

堰式控制段是指控制段的底部为溢流堰。溢流堰多采用宽顶堰及实用堰两种。

(一) 宽顶堰

宽顶堰的特点是结构简单、总体开挖工程量小、易施工,但流量系数比实用堰小,泄量小。多用于中、小型工程。

(二) 实用堰

实用堰流量系数大,在相同泄量下,其前缘长度比宽顶堰的短,实用堰的结构及施工比宽顶堰复杂。当垭口狭窄、沿水流方向的山体或垭口比较单薄、地面高程较低、两旁山脊较高时,多采用这种形式,以减小工程量。有时地面高程虽较高,但开挖容易且方量不大时也采用。

低堰除采用 WES 堰外,国内还常采用梯形折线形(浆砌石结构),特点是易施工。此处也较多采用驼峰堰,驼峰堰由三段圆弧组成,堰身较宽,地基应力较均匀,整体稳定性较好,且设计与施工较简单,适用于软弱地基。其流量系数比宽顶堰要大。

(三) 控制段布置

控制段布置包括确定控制段两侧边墙顶部高程、堰顶高程及垂直水流方向的宽度等。边墙顶部高程,在泄洪时应不低于校核洪水位加安全超高值;关门时应不低于兴利水位加波浪的爬高和安全超高值。安全超高值在泄洪时一般采用 $0.5 \sim 1.5$ m,关门时一般采用 $0.3 \sim 0.7$ m。溢洪道紧靠坝肩时,顶部高程应与大坝坝顶高程一致。控制段垂直水流方向的宽度应在综合考虑地形条件、水库其他建筑物的工程量,以及允许的单宽流量后拟定。通过调洪演算,得出水库各种水位、溢洪道的下泄流量与单宽流量等数值,并相应定出枢纽中各主要建筑物的布置尺寸,估算工程量及造价。最后,从安全、经济以及管理运用等方面进行比较、论证,选出最优的设计方案。

三、泄槽

(一) 泄槽的布置

泄槽落差大、纵坡陡,陡槽内水流为急流状态,布置泄槽时必须注意转弯、宽度变化以及纵坡变化等问题,使之适应急流的特点,避免急流给工程带来的冲击波、掺气、气蚀等不利影响。

泄槽的纵坡要根据地形、地质、施工条件和工程量大小等因素综合考虑决定。通常应大于水流的临界坡并以尽量适应地形条件为原则。陡坡应尽量采用均一坡度。如泄槽较长、地形及地质条件较复杂,可以分段设置不同坡度,但分段不宜过多,而且宜采用先缓后陡的坡度,在变坡处用抛物线连接。当底坡由陡变缓时,变坡处用反弧连接,反弧半径通常取为 $R = (6 \sim 12)h$, h 为水深,流速大时选用较大值。

溢洪道上设置弯道时,应尽量将弯道设在进水渠段或出水渠上,而使控制段与泄槽保持直线。泄槽上必须设置弯道时,应布置在纵坡比较平缓的地带,并尽量使横断面内单宽流量分布均匀。转弯处用圆弧曲线与前后直段连接,弯段半径不宜小于槽宽的 10 倍。工程上常用措施有以下几种:将弯道的槽底做成外高内低的横向坡,外侧边墙加高,在泄槽内设置导水墙等。这些方法的缺点是,只能在某种流量下有较好的流态,其他情况仍会发生扰动。为了尽量满足在不同流量下均有较好流态的要求,通常根据设计流量来确定槽底最大抬高值。

(二)泄槽的底部衬砌

为防止槽内水流冲刷地基、降低槽内糙率、保护岩石不受风化,泄槽常需进行衬砌。衬砌的作用有衬砌自重、水重、扬压力、由高速水流产生的脉动压力等。其中,扬压力和脉动压力是影响衬砌安全的两项主要荷载。脉动压力的大小与边界条件的关系十分密切,主要是受衬砌构造情况的影响。这里所说的脉动压力是指由高速水流的作用而在建筑物底面或岩石缝隙等处造成的压力,目前还没有定量的计算公式。

衬砌底板破坏的主要原因是:衬砌表面不平整,特别是横向接缝处下游块有升坎,接缝止水不良,施工质量差;地基处理不好,衬砌与地基接触不良;衬砌底板下排水不畅等。这些因素都将导致底板下产生很大的扬压力和脉动压力,甚至可使底板被掀起。因此,为了保证衬砌的安全,必须对衬砌的分缝、止水、排水等给予极大重视,做到衬砌光滑平整、止水可靠、排水通畅。

(三)泄槽的边墙

边墙的作用是保护墙后山坡不受槽内水流的冲刷,同时也起挡土作用,并保证两侧山坡的稳定。边墙的高度应根据计算水深,考虑波动及掺气影响,并加一定的安全超高加以确定。

泄水槽断面一般采用矩形,以使水流分布均匀。当结合岩石开挖采用梯形断面时,边坡不宜过缓。岩基断面的护面可以薄些。如果岩石坚硬完整,则只需用薄层混凝土按设计断面将岩石加以平整衬护即可。

由于泄槽的位置较低,两侧山坡的雨水、地下水及来自库内的渗水均向这里集中,产生的水压力对山坡及边墙的稳定不利,应设置岸坡排水以保证岸坡及边墙的稳定性。岸坡排水设施宜沿高度分层设置,应保证排水通畅。对于地表水,可沿岸坡走向和顺坡设明沟排除。为了降低挡土墙后的水压力,通常在墙背后设排水暗沟或在墙身布置适量的排水孔,以降低墙后的地下水位,减小墙后水压力。

四、消能防冲设施

从溢洪道下泄的水流,在泄槽末端集中了很大的能量,应采取有效的消能防冲措施。河岸溢洪道泄槽出口的消能方式主要有两种:一种是底流式水跃消能,适用于土质地基及出口距坝脚较近的情况;另一种是鼻坎挑流式消能。

五、出水渠

出水渠的作用是将消能后的水流引入下游河道。出水渠底坡为缓坡,最好同天然河道的自然坡度,宽度逐渐放宽,与原河道衔接。

第二节　溢洪道的养护与观测

溢洪道是水库的主要泄洪建筑物,通过溢洪道下泄的水流多为高速水流。所以,为确保水库安全,溢洪道除应具备足够的泄洪能力外,还要保证其在工作期间的自身安全和下泄水流与原河道水流的平顺衔接。根据上述特点和工程实际情况,溢洪道可进行变形观测和水力学方面的观测。

一、溢洪道的日常养护

溢洪道的安全泄洪是确保水库安全的关键。对大多数水库的溢洪道,泄水机会并不多,宣泄大流量的机会则更少,有的几年或十几年才遇上一次。但由于大洪水出现的随机性,溢洪道得做好每年过大洪水的准备,这就要求把工作的重点放在日常养护上,保证溢洪道能正常工作。

(1)检查水库的集水面积、库容、地形地质条件和水、沙量等规划设计基本资料,按设计要求的防洪标准,验算溢洪道的过流尺寸。当过流尺寸不满足要求时,应采取各种措施予以解决。

(2)检查开挖断面尺寸,检查溢洪道的宽度和深度是否已经达到设计标准;观测汛期过水时是否达到设计的过水能力,每年汛后检查观测各组成部分有无淤积或坍塌堵塞现象;还应注意检查拦鱼栅和交通桥等建筑物对溢洪道过水能力的影响等。通过检查,发现问题应及时采取措施。

(3)应经常检查溢洪道建筑物结构完好情况。应经常检查溢洪道建筑物各部结构是否存在影响泄洪的不利因素。如溢洪道陡坡段底板被冲刷或淘空,要及时用原来的材料或用混凝土进行填补;如发现底板下防渗或排水系统失效,发展下去底板就会浮起破坏,则应当立即予以翻修;如边墙内填土不良(包括未按设计规定选用填土材料、填土未加夯实、未做墙身排水设备或虽做了但已失效等),会使坝头或岸坡发生管涌,或因墙内填土侧压力过大使边墙开裂甚至倾倒,此时就应采取改善措施;如溢洪道两岸边坡开挖过陡或未做截流导渗设施,可能引起边坡塌方,则应削坡放缓并补做截流导渗设施等。以上工作都需在汛前完成,确保汛期安全泄洪。

(4)应注意检查溢洪道消能效果。溢洪道消能效果好坏,关系到工程的安全。中小型水库采用鼻坎挑流时,要注意观察水流是否冲刷坝脚,冲坑深度是否在继续发展。有些溢洪道出口过分靠近土坝,又无可靠消能设备时,管理人员应及时提出改建方案。例如安徽省龙河口水库,原溢洪道布置在右岸弯道上,未做消能设施,过堰后水流冲刷右岸,严重威胁右岸副坝安全,且使底板(风化岩)冲成深达 6 m 的两个大坑,直接危及溢洪道闸室安全。1976 年提出改造方案,除将两个大坑用浆砌块石填平补齐外,在溢洪堰轴线下游

330 m 处增建一座高出地底面 6 m 的混凝土二道坝,使泄洪时能在堰后形成水深 3 m 的消力池,改善了消能效果。

(5)检查闸门及启闭机情况。对有闸门控制的溢洪道应经常检查闸门及启闭机的运行情况,保证在使用时正常灵活。特别应注意检查闸门有无扭曲,门槽有无阻碍,铆钉或螺栓是否脱落松动,止水是否完好,启闭是否灵活,闸前闸后有无淤积或残留物等。对金属结构部分要经常进行擦洗、除锈和涂油漆保护;电气设备要有备用电源,做到绝缘和防潮;启闭设备要保证润滑,启闭灵活和制动可靠。

(6)严禁在溢洪道周围爆破、取土、修建无关建筑。注意清除溢洪道周围的漂浮物,禁止在溢洪道上堆放重物。

二、溢洪道的观测

溢洪道的变形观测包括水平位移和沉陷观测,观测方法与浆砌石坝相同。水力学方面的观测主要有水流形态和高速水流观测,观测内容和方法简述如下。

(一)水流形态观测

水流形态观测包括水流平面形态(漩涡、回流、折冲水流等)、水跃、水面曲线和挑射水流等项目,观测时应同时记录上下游水位、流量、闸门开启高度、风向等,以便验证在各种水位及荷载组合情况下泄流量和水流情况是否符合设计要求。

平面流态的观测范围,应以闸室分别向上、下游延伸至水流正常处为止。观测方法有目测法、摄影法,有时还可设置浮标,用经纬仪或平板仪交会测定浮标位置。观测结果用符号描绘在建筑物平面图上,并加以文字说明。

(二)高速水流观测

高速水流的观测项目有振动、水流脉动压力、负压、进气量、气蚀和过水面压力分布等。

高速水流将引起建筑物和闸阀门产生振动,为了研究减免振动的措施(尤其要避免产生共振),需进行振动观测。振动观测的内容有振幅和频率,测点常设在闸阀门、工作桥大梁等受动能冲击最大且有代表性的部位,采用的观测仪器有电测振动仪、接触式振动仪和振动表等。

水流脉动压力可引起闸坝、输水管道等结构的振动,也可引起护坦、海漫、输水管道、溢流坝面等的破坏。脉动压力的观测内容是脉动的振幅和频率,测点常布设在闸门底缘、门槽、门后、闸墩后、挑流鼻坎后、泄水孔洞出口处、溢流坝面、护坦和水流受扰动最大的区域,采用电阻式脉动压强观测仪器进行观测,同时应观测平均压力,以对比校验。

第三节　溢洪道的病害处理

一、溢洪道尺寸不足的处理

(一)复核溢洪道过水断面的泄流能力

溢洪道的泄洪能力主要取决于控制段。因溢洪道控制段的大多水流是堰流,因此可

用堰流公式分析溢洪道的泄洪能力,计算公式为

$$Q = \varepsilon m B \sqrt{2g} H^{3/2} \tag{7-1}$$

式中:H 为堰顶水头,m;B 为堰顶宽度,m;m 为流量系数;ε 为侧收缩系数;g 为重力加速度,$g = 9.8$ m/s^2;Q 为泄洪流量,m^3/s。

由式(7-1)可知,溢洪道过水能力与堰上水深、堰型和过水净宽等有关,要经常检查控制段的断面、高程是否符合设计要求。

为了全面掌握准确的水库集水面积、库容、地形、地质条件和来水来沙量等基本资料,在复核泄流能力前必须复核以下资料。

1. 水库上下游情况

水库上下游情况包括上游的淹没情况,下游河道的泄流能力,下游有无重要城镇、厂矿、铁路等,它们是否有防洪要求,万一发生超标准特大洪水,可能造成的淹没损失等。

2. 集水面积

集水面积是指坝址以上分水岭界限内所包括的面积。集水面积和降雨量是计算上游来水的主要依据。

3. 库容

一般说水库库容是指校核洪水位以下的库容,在水库管理过程中可从水位与库容、水位与水库面积的关系曲线中查得。故对水位—库容曲线也要经常进行复核。

4. 降雨量

降雨量是确定水库洪水的主要资料,是确定防洪标准的主要依据。确定本地区可能最大降水时,应根据我国长期积累的文献资料,做好历史暴雨和历史洪水的调查考证工作,配合一定的分析计算,使最大降水值合理可靠。

5. 地形地质

从降雨量推算洪峰流量时,还要考虑集水面积内的地形、地质、土壤和植被等因素,因它们直接影响产流条件和汇流时间,是决定洪峰、洪量和洪水过程线及其类型的重要因素。另外,要增建或扩建溢洪道时,也要考虑地形地质条件。

(二)增大溢洪道泄流能力的措施

1. 扩建、改建和增设溢洪道

溢洪道的泄流能力与堰顶水头、堰型和溢流宽度等有关。扩建、改建工作也主要从这几方面入手进行。

1) 加宽方法

若溢洪道岸坡不高,挖方量不大,则应首先考虑加宽溢洪道控制段断面的方法。若溢洪道是与土坝紧相连接,则加宽断面只能在靠岸坡的一侧进行。

2) 加深方法

若溢洪道岸坡较陡,挖方量大,则可考虑加深溢洪道过水断面的方法。加深过水断面即需降低堰顶高程,在这种情况下,需增加闸门的高度,在无闸门控制的溢洪道上,降低堰顶高程将使兴利水位降低,水库的兴利库容相应减小,降低水库效益。因此,有些水库就考虑在加深后的溢洪道上建闸,以抬高兴利水位,解决泄洪和增加水库效益之间的矛盾。在溢洪道上建闸,必须有专人管理,保证在汛期闸门能启闭灵活方便。

3)改变堰型

不同堰型的流量系数不同,同种堰型的形状不同,流量系数也不一样。实用堰的流量系数一般为 0.42~0.44,宽顶堰的流量系数一般为 0.32~0.385。因此,当所需增加的泄流能力的幅度不大、扩宽或增建溢洪道有困难时,可将宽顶堰改为流量系数较大的曲线形实用堰。

4)改善闸墩和边墩形状

通过改善闸墩和边墩的头部平面形状,可提高侧收缩系数,从而提高泄洪能力。

5)综合方法

在实际工程中,也可采用上述两种或几种方法相结合的方法,如采用加宽和加深相结合的方法扩大溢洪道的过水断面,增大泄流能力等。

在有条件的地方,也可增设新的溢洪道。

2. 加强溢洪道的日常管理

要经常检查控制段的断面、高程是否符合设计要求。对人为封堵缩小溢洪道宽度,在进口处随意堆放弃渣,甚至做成永久性挡水埝的情况,应及时处理,防止汛期出现险情。此外,还应注意拦鱼栅和交通桥等建筑物对溢洪道过水能力的影响,减小闸前泥沙淤积等,增加溢洪道的泄洪能力。

3. 加大坝高

通过加大坝高,抬高上游库水位,增大堰顶水头。这种措施应以满足大坝本身安全和经济合理为前提。

二、动水压力引起的底板掀起及修理

溢洪道的泄槽段的高速水流,不仅冲击泄槽段的边墙,造成边墙冲毁,威胁溢洪道本身的安全,而且泄槽段内流速大,流态混乱,再加上底板表面不平整,有缝隙,缝中进入动水,使底板下浮托力过大而掀起破坏。

在高速水流下保证底板结构安全的措施归结为四个方面,即"封、排、压(拉)、光"。"封"就是要求截断渗流,上游库水用位于堰前的齿墙或防渗帷幕隔离;下游尾水用位于底板末端的齿墙隔离;底板间的分缝也最好用止水材料或其他措施与底板下的动水隔离,目的是尽量减少浮托水和动水压力对底板的破坏。"排"就是做好排水系统,布置要合理,将未被截住而已经渗进来的水迅速妥善地予以排出。"压(拉)"就是利用底板自重压住浮托力和脉动压力,使其不致漂起掀动,在地基条件许可时,可用锚筋或锚桩拉住底板以减少底板的厚度。"光"就是要求底板表面光滑平整,彻底清除施工时残留的钢筋头和脚手用的混凝土柱头等,局部的错台必须磨成斜坡,因为底板不平往往是底板在高速水流作用下被掀翻或产生气蚀的重要原因。

三、弯道水流的影响及处理

有些溢洪道因地形条件的限制,泄槽段陡坡建在弯道上,高速水流进入弯道,水流因受到惯性力和离心力的作用,互相折冲撞击,形成冲击波,使弯道外侧水位明显高于内侧,形成横向高差,弯道半径 R 愈小、流速愈大,则横向水面坡降也愈大。有的工程由此产生水流漫过外侧翼墙顶,使墙背填料冲刷、翼墙向外倾倒,甚至出现更为严重的事故。安徽省屯仓水库,溢洪道净宽 20 m,设计流量 302 m³/s,陡坡建于弯道上。1975 年 8 月遇到特大暴雨,溢洪道泄量达 670 m³/s,结果由于弯道水流的影响,在闸后 90~120 m 陡坡处冲成一个深约 15 m 的大坑,内弯翼墙被冲走约 30 m,外弯翼墙被冲走约 140 m。

四、地基土掏空破坏及处理

当泄槽底板下为软基时,底板接缝处地基土被高速水流引起的负压吸空,或者板下排水管周围的反滤层失效,土壤颗粒随水流经排水管排出,均容易造成地基被掏空、底板开裂等破坏。前者处理是做好接缝处反滤,并增设止水;后者处理是对排水管周围的反滤层重新翻修。

为适应伸缩变形需要设置伸缩缝,通常缝的间距为 10 m 左右。土基上薄的钢筋混凝土底板对温度变形敏感,缝间距应略小些;岩基上的底板因受地基约束,不能自由变形,往往自发地产生发丝缝来调整内部的应力状态,所以只需预留施工缝即可。

缝内可不加任何填料,只要在相邻的先浇混凝土接触面上刷一层肥皂水或废机油即可。也有一些工程采用沥青油纸、沥青麻布作为填料的。底板接缝间还需埋设橡胶、塑料止水或铝片止水。承受高速水流的底板,要注意表面平整度,切忌上块低于下块,因为这样会产生极大的动水压力,使水流潜入底板下边,掀起底板。有些资料建议上块高于下块 0~1 cm。

在底板与地基之间,除直接做在基岩上的外,一般需设置砂垫层以减少地下水渗透压力。但要注意闸室底板下不可设置垫层,以免缩短对防渗有利的渗径长度。砂垫层厚度一般取 10~20 cm。

五、排水系统失效的处理

泄槽段底板下设置排水系统是消除浮托力、渗透压力的有效措施。排水系统能否正常工作,在很大程度上决定底板是否安全可靠。排水系统失效一般需翻修重做。

排水系统一般有板面排水和板下排水两种形式。板下排水由纵向排水支管、横向排水支管和排水干管组成;板面排水则由横向排水支管直接经纵向排水支管排至板面,适用于岩基上的底板或有较好反滤措施的土基上的底板。

黄河刘家峡水库溢洪道,全长 870 m,进口堰宽 42 m,最大泄量 3 900 m³/s,泄槽段宽 30 m,流速 25~35 m/s。溢洪道位于基岩上,底板混凝土厚 0.4~1.5 m。溢洪道建成后,当渠内流量只有设计泄量的 50% 时,厚 1 m 多的混凝土底板即被冲坏,有的整个冲翻,有的底板被掀起后翻滚到下游数十米处。分析损坏原因,认为是施工时混凝土块体间不平整,横向接缝中未设止水,高速水流的巨大动水压力通过接缝窜入底板以下,加上排水系统不良,引起极大的浮托力,使底板掀起。采取的处理措施是重新浇筑底板,设止水,底板下设排水,底板与基岩间加设锚筋,并严格控制底板的平整度。

六、泄槽底板下滑的处理

泄槽底板可能因摩擦系数小、底板下扬压力大、底板自重轻等,在高速水流作用下向下滑动。为防止土基上的底板下滑、截断沿底板底面的渗水和被掀起,可在每块底板端部做一段横向齿墙,齿墙深度0.4~0.5 m。

岩基上的薄底板,因自重较轻,有时需用锚筋加固以增加抗浮性。锚筋可用直径20 mm 以上的粗钢筋,埋入深度1~2 m,间距1~3 m,上端应很好地嵌固在底板内。土基上底板如嫌自重不够,可采用锚拉桩的办法,桩头采用爆扩桩效果更好。

七、溢洪道的裂缝及其处理

溢洪道的闸墩、边墙、堰体、底板、消能工等,一般均由混凝土或浆砌块石建成,裂缝也是这些结构物上经常出现的现象。裂缝产生的原因,主要还是温差过大、地基沉陷不均以及材料强度不够等。位于岩基上的结构物,裂缝多由温度应力引起;位于土基上的结构物,裂缝多因沉陷不均所致。

裂缝从方向上可分为垂直于溢洪道堰轴线的横缝、平行于堰轴线的水平缝或纵缝、与堰轴线斜交的斜缝和无一定方向的纵横交错的龟裂缝等。

裂缝产生后,可能造成两种后果:一种是建筑物的整体性和密实性受到一定程度的破坏,但还不渗水;另一种是整体性破坏,而且渗水。前者修理时主要在于恢复其整体性,而后者则除要求恢复其整体性外,还应同时解决渗漏问题。因此,修理裂缝的方法基本上可分为恢复整体性、结构补强和防渗、堵漏几个方面。

八、气蚀的处理

泄槽段气蚀的产生主要是边界条件不良所致,如底板、翼墙表面不平整,弯道不符合流线形状,底板纵坡由缓变陡处处理不合理等均容易产生气蚀。一方面可通过改善边界条件,尽量防止气蚀产生;另一方面需对产生气蚀的部位进行修补。

九、消力池冲毁的处理

溢洪道多采用底流和挑流两种消能形式,在工程运用中,消能设施破坏的主要原因有:

(1)底流消能时,消力池尺寸过小,不满足水跃消能的要求;护坦的厚度过于单薄,底部反滤层不符合要求;平面形状布置不合理,扩散角偏大造成两侧回流,压迫主流而形成水流折冲现象;消力池上游泄水槽采用弯道,进入消力池单宽流量沿进口宽分布不均,水流紊乱、气蚀等;施工质量差、强度不足,结构不合理,维护不及时等均能引起消力池的破坏。

(2)挑流消能时,挑距达不到设计要求,冲坑危及挑坎和防冲墙;反弧及挑坎磨损、气蚀,使其表面高低不平而不能正常运用;采用差动式挑流鼻坎时,在高坎的侧壁易产生气蚀破坏;挑坎上过流量较小,易产生贴壁流,直接淘刷防冲墙的基础,并且挑出的水流向两侧扩散,冲刷两岸岸坡;设计不合理、地质条件差、施工质量低、强度不足及维护不及时等都会造成挑流设施的破坏。

第八章　输水建筑物的养护与修理

第一节　坝下涵管类型及构造

在土石坝水库枢纽中,主要泄水建筑物应是河岸溢洪道,底孔的设计流量一般不大。当两岸地质条件或其他原因,不宜开挖隧洞时,可以采用坝下设涵管的方法来满足泄水、放水的要求。

坝下涵管结构简单、施工方便、造价较低,故在小型水库工程中应用较多。但其最大的缺点是,如设计、施工不良或运用管理不当,极易影响土石坝的安全。由于管壁和填土是两种不同性质的材料,如两者接合不紧密,库水就会沿管外壁与填土之间的接触面产生集中渗流。特别是当管道由于坝基不均匀沉陷或连接结构等方面的原因,发生断裂、漏水等情况时,后果更加严重。实践证明,管道渗漏是引起土石坝失事的重要原因之一。所以坝下涵管不如隧洞运用安全,但涵管如能置于比较好的基岩上,加上精心设计、施工,就可以保证涵管及土石坝的安全。在软基上,除经过技术论证外,不得采用涵管式底孔。对于高坝和多地震区的坝,在岩基上也应尽量避免采用坝下涵管。

一、涵管的类型和位置选择

(一)坝下涵管的类型

涵管按其过流形态可分为:具有自由水面的无压涵管、满水的有压涵管、闸门前段满水但门后具有自由水面的半有压涵管。其管身断面形式有圆形、圆拱直墙形(城门洞形)、箱形等。涵管材料一般为预制混凝土或现浇混凝土和钢筋混凝土或浆砌石。

(二)涵管的位置选择

在进行涵管的位置选择及布置时,应综合考虑涵管的作用、地基情况、地形条件、水力条件、与其他建筑物(特别是土坝)之间的关系等因素,选择若干方案进行分析比较,加以确定。在进行线路选择及布置时,应注意以下几个问题。

1. 地质条件

应尽可能将涵管设在岩基上。坝高在 10 m 以下时,涵管也可设于压缩性小、均匀而稳定的土基上。但应避免部分是岩基,部分是土基的情况。

2. 地形条件

涵管应选在与进口高程相适宜的位置,以免过多的挖方。涵管进口高程的确定,应考虑运用要求、河流泥沙情况及施工导流等因素。

3. 运用要求

引水灌溉的涵管,应布置在灌区同岸,以节省费用;两岸均有灌区,可在两岸分设涵管。涵管最好与溢洪道分设两岸,以免水流干扰。

4. 管线宜直

涵管的轴线应为直线并与坝轴线垂直,以缩短管长,使水流顺畅。若受地形或地质条件的限制,涵管必须转弯,其弯曲半径应大于 5 倍的管径。

二、涵管的布置与构造

(一)涵管的进口形式

小型水库的坝下涵管大多数是为灌溉引水而设,常用的形式如下。

1. 分级斜卧管式

这种形式是沿山坡修筑台阶式斜卧管,在每个台阶上设进水口,孔径 10~50 cm,用木塞或平板门控制放水。卧管的最高处设通气孔,下部与消力池或消能井相连。该形式的进水口结构简单,能引取温度较高的表层水灌溉,有利于作物生长。缺点是容易漏水,木塞闸门运用管理不便。

2. 斜拉闸门式

该形式与隧洞的斜坡式进水口相似,其优缺点与隧洞斜坡式进水口相同。

3. 塔式和井式进水口

该形式适于水头较高、流量较大、水量控制要求较严的涵管,其构造和特点与隧洞的塔式进水口基本相同。井式进水口是将竖井设在坝体内部,如竖井和涵管的接合处漏水,将使坝体浸润线升高,而且竖井上游段涵管检修不便。竖井应设于防渗心墙上游,以保证心墙的整体性。

(二)管身布置与构造

1. 管座

设置管座可以增加管身的纵向刚度,改善管身的受力条件,并使地基受力均匀,所以管座是防止管身断裂的主要结构措施之一。管座可以用浆砌石或低强度等级混凝土做成,厚度一般为 30~50 cm。管座和管身的接触面成 90°~180° 包角,接触面上涂以沥青或设油毛毡垫层,以减小管身受管座的约束,避免因纵向收缩而裂缝。

2. 伸缩缝

土基上的涵管,应设置沉陷缝,以适应地基变形。良好的岩基,不均匀沉陷很小,可设温度伸缩缝。一般将温度缩缝伸与沉陷缝统一考虑。对于现浇钢筋混凝土涵管,伸缩缝的间距一般为 3~4 倍的管径,且不大于 15 m。当管壁较薄设置止水有困难时,可将接头处的管壁加厚。对于预制涵管,其接头即为伸缩缝,多用套管接头。

3. 截渗环

为防止沿涵管外壁产生集中渗流、增长渗径、降低渗透坡降和减小流速,避免填土产生渗透变形,通常在涵管外侧每隔 10~20 m 设置一道截渗环。土基上的截渗环不宜设在两节管的接缝处,而应尽量靠近每节管的中间位置,以避免不均匀沉降引起破坏。岩基上的截渗环可设在管节间的接缝处。截渗环常用混凝土建造。

4. 涵衣

为了更有效地防止沿涵管外壁的集中渗流,通常沿管线在涵管周围铺一层 1~2 m 厚的黏土作为防渗层,该防渗层称为涵衣。对于浆砌石涵管,设置涵衣不仅能够防止集中渗流,还能增强管壁的横向防渗能力。

第二节　坝下涵管的检查观测与养护修理

坝下涵管输水仅靠管壁隔水,因此在外部土压力和内外水压力作用下,管壁容易发生断裂或者管壁与坝体土料接合不好,水流穿透管壁或沿管壁外产生渗流通道,引起渗流破坏。据资料统计,因坝下涵管的缺陷造成渗流破坏而导致大坝失事的约占土坝失事总数的15%。

涵管按水流流态不同,分为有压和无压两种。无压涵管输水时,水流不完全充满整个断面,具有自由水面;有压涵管输水时,水流完全充满断面,无自由水面。管内水流流态不同,管壁所受荷载也不同,涵管所产生的变形及破坏形式也有所不同。涵管一般分为进口段、管身和出口段三部分。进口段通常布置有拦污栅、闸门等,其形式有竖井式、塔式、斜拉闸门式及分级卧管式等。管身的形式是根据水流条件、地质条件及施工条件而定的。管身断面形状有圆形、矩形、马蹄形和城门洞形等。材料有钢管、铸铁管、混凝土、钢筋混凝土、砌石等。有压涵管管壁承受内水压力,要求管材必须具有足够的强度,因此用钢筋混凝土管、钢管、铸铁管较多。无压涵管可采用素混凝土或浆砌石管材。为防止不均匀沉陷和温度变化而造成管身断裂,一般沿管长每15~20 m设一伸缩缝。涵管的出口段需设消能设备。

一、坝下涵管的巡视检查

坝下涵管的巡视检查一般在土石坝巡视检查时同时进行,巡视检查也分为经常(日常)检查、定期检查、特别检查、安全鉴定等4项。但主要应注意以下几个方面的问题:

(1)涵管在输水期间,要经常注意观察和倾听洞、管内有无异样响声。如听到管内有咕咕咚咚阵发性的响声或轰隆隆爆炸声,说明管内有明满流交替现象,或者有的部位产生气蚀现象。涵管要尽量避免在明满流交替情况下工作,每次充水或放空过程应缓慢进行,切忌流量猛增或突减,以免管内产生超压、负压、水锤等现象而引起管壁破坏或涵管的变形。

(2)坝下涵管运用期间,要经常检查涵管附近土坝上下游坝坡有无塌坑、裂缝、潮湿或漏水,尤其要注意观察涵管出流有无浑水。发现以上情况,要查明原因,及时处理。

(3)涵管进口如有冲刷或气蚀损坏,应及时处理。

(4)涵管运用期间,要经常观察出口流态是否正常、水跃的位置有无变化、主流流向有无偏移、两侧有无漩涡等,以判断消能设备有无损坏。

(5)放水结束后,要对涵管进行全面检查,一旦发现有裂缝、漏水、气蚀等现象,要及时处理。

(6)涵管顶部填土厚度小于3倍洞径的涵管,禁止堆放重物或修建其他建筑物。

(7)涵管上下游漂浮物应经常清理,以防阻水、卡堵门槽及冲坏消能工。

(8)多泥沙输水的涵管,输水结束后,应及时清理淤积在管内的泥沙。

(9)北方地区,冬季要注意库面冰冻现象,防止对涵管进水部分造成破坏。

二、坝下涵管的观测

坝下涵管的观测包括变形观测和渗流观测。变形观测包括水平位移观测、垂直位移观测。垂直位移观测主要是进行不均匀沉陷的观测。许多涵管在修建过程中,需穿越条件不同的地基,如处理不当,在上部荷载的作用下,极易产生不均匀沉陷。管身在不均匀沉陷过程中产生拉应力,当拉应力超过管身材料的极限抗拉强度时,管身开裂。由于地基产生不均匀沉陷,可造成多处管壁断裂,引起涵管的多处严重漏水。所以坝下涵管不均匀沉陷的观测能够初步判断涵管的使用状态是否正常。

坝下涵管的渗流观测要结合土石坝的渗流观测进行。坝下涵管漏水现象比较普遍,严重者管身断裂,无法正常工作。修建在土地基上的土石坝,其中管段部分为回填土,涵管建成后,管身很容易出现破坏,回填土部分的管身整段下沉,导致管身断裂,水库水位达到涵管处时,就会在下游出口管壁与坝体之间有洇湿现象,管内接头有漏水,内壁普遍洇湿。当涵管过水时,渗漏水沿着管壁外流动,遇到管段接头会沿横向漏出,结果形成集中漏水通道,使坝体填土颗粒流失,局部形成空洞,造成坝体塌坑。坝下涵管的渗流观测对土石坝的安全运用尤为重要。

坝下涵管观测还包括对出口及下游消能设施的水流状态进行观测,防止在运用时下游水位偏低,池内不能形成完全水跃,造成消力池渠底冲刷及海漫基础淘刷,防止冲刷坑上延导致消力池结构的破坏,从而防止坝体被冲刷引起破坏。具体方法同溢洪道水流形态观测。

三、坝下涵管常见病害及处理

(一)管身断裂及漏水

1. 管身断裂及漏水的原因

坝下涵管漏水现象是比较普遍的,严重者管身断裂,无法正常工作。产生管身断裂和漏水的常见原因如下:

(1)地基不均匀沉陷。许多涵管在修建过程中,需穿越条件不同的地基,如处理不当,在上部荷载的作用下,极易产生不均匀沉陷。管身在不均匀沉陷过程中产生拉应力,当拉应力超过管身材料的极限抗拉强度时,洞身开裂。如山东卧虎山水库坝高40.5 m,坝下为直径2 m的钢筋混凝土涵管,由于地基产生不均匀沉陷,造成多处管壁断裂,最大裂缝宽度为7~8 mm。

(2)集中荷载处未做结构上的处理。坝下涵管局部范围有集中荷载,如闸门竖井处,管身和竖井之间不设伸缩缝,就会造成洞身断裂。

(3)结构强度不够。设计时,采用材料尺寸偏小、钢筋含量偏低、水泥强度等级不足等,均造成涵管结构强度不够,以致断裂。

(4)分缝距离过大或位置不当。涵管上部垂直土压力呈梯形分布,分缝应适应土压力的变化位置,同时考虑温度影响,在管身一定位置需设置伸缩缝。若伸缩缝设置不当同样能引起管身开裂。

(5)管内水流流态发生变化。坝下无压涵管设计时不考虑承受内水压力。若管内水流流态由无压流变成有压流,在内水压力作用下,也容易造成管身破坏。如山东省松山水库坝下涵管为浆砌块石无压矩形涵管,因闸门开启操作不当,管内产生有压流,造成条石盖板断裂。

(6)施工质量差。因施工质量差而导致坝下涵管断裂和漏水也是一个常见原因。

2.管身断裂及漏水的处理

1)地基加固

由于基础不均匀沉陷而断裂的涵管,除管身结构强度需加强外,更重要的是加固地基。

对坝身不很高,断裂发生在管口附近的,可直接开挖坝身进行处理。对于软基,应先拆除破坏部分涵管,然后消除基础部分的软土,开挖到坚实土层,并均匀夯实,再用浆砌石或混凝土回填密实。对岩石基础软弱带的加固,主要是在岩石裂隙中进行回填灌浆或固结灌浆。

当断裂发生在涵管中部时,开挖坝体处理有困难。当洞径较大时,可在洞内钻孔进行灌浆处理。灌浆处理常采用水泥浆,断裂部位可用环氧砂浆封堵。

2)表面贴补

表面贴补主要用在处理涵管过水表面出现的蜂窝麻面及细小漏洞。目前主要用环氧树脂贴补。一般工序是:凿毛→洗净→封堵→贴补等。

3)结构补强

因结构强度不够,涵管产生裂缝或断裂时,可采用结构补强措施。

(1)灌浆。是目前混凝土或砌石工程堵漏补强常用的方法。对坝下涵管存在的裂缝、漏水等均可采用灌浆处理。

(2)加套管或内衬。当坝下涵管管径不容许缩小很多时,套管可采用钢管或铸铁管,内衬可采用钢板。

当管径断面缩小不影响涵管运用时,套管可采用钢筋混凝土管;内衬可采用浆砌石料、混凝土预制件或现浇混凝土。

加套管或内衬时,需先对原管壁进行凿毛、清洗,并在套管或内衬与原管壁之间进行回填灌浆处理。加套管或内衬必须是人工能在管内操作的情况。

(3)支撑或拉锚。石砌方涵的上部盖板如有断裂,可采用洞内支撑的方式加固。对于侧墙加固,还可采用横向支撑法。有条件的也可采用洞外拉锚的办法。这样处理可以避免缩小过水断面。

4)顶管法建新管

当涵管直径较小、断裂严重、漏水点多、维修困难时,可弃旧管建新管。建新管可采用顶管法。顶管法是采用大吨位油压千斤顶将预制好的涵管逐节顶进土体中的施工方法。

顶管法施工的程序为:测量放线→工作坑布置→安装后座及铺导轨→布置及安装机械设备→下管顶进→管的接缝处理→截水环处理→管外灌水泥浆→试压。

顶管法施工技术要求高,施工中定向定位困难,但它与开挖坝体沟埋法比较,具有节约投资、施工安全、工期短、需用劳动力少、对工程运用干扰较小等优点。

(二)水流状态不稳而引起的管身破坏及气蚀

1. 水流状态不稳的原因

(1)操作管理不当。闸门开启不当,使涵管内明满流交替出现,产生气蚀破坏。

(2)设计不合理。设计采用的糙率和谢才系数与实际不完全吻合,洞内实际水深比计算值大,发生水面碰顶现象;在涵管闸门后未设通气孔或通气孔面积太小,使管内水流因流速高而掺气抬高水位,造成管内明满流交替出现;或因涵管进口曲率变化不平顺,产生气蚀;或因下游水位顶托而封闭管口,形成管内水流紊乱,产生气蚀。

(3)闸门门槽几何形状不符合水流状态、闸门后洞壁表面不平整,均可能造成气蚀破坏。

2. 气蚀破坏的处理

关于坝下涵管气蚀破坏的处理可见隧洞相关内容。

(三)出口消力池的冲刷破坏

1. 出口消力池冲刷破坏的原因

设计不合理,基础处理不好或运用条件的改变,使消力池在运用时下游水位偏低,池内不能形成完全水跃,造成渠底冲刷及海漫基础淘刷。当此情况逐步向上游扩展时,会导致消力池本身结构的破坏。

2. 出口消力池破坏的处理

(1)增建第二级消力池。原消力池深度与长度均不满足消能要求,同时下游水位很低,消力池出口尾坎后水面形成二次跌水,而加深消力池有困难时,可增建第二级消力池。

(2)增加海漫长度与抗冲能力。当修建消力池的消能效果差,水流在海漫末端仍形成冲坑,甚至造成海漫的断裂破坏时,可加长海漫。另外,可选用柔性材料作海漫,如柔性联结混凝土块和铅石笼块石等。柔性材料海漫一方面可以随河床地形的冲深而变化,待冲刷坑稳定后仍有保护河床的作用;另一方面还可以增加阻滞水流的阻力,降低流速,调整出口水流流速分布。

第三节　输水隧(涵)洞的养护修理

水库大坝的输水设施有隧洞和涵洞(管)两种类型,其在长期运行过程中容易出现衬砌裂缝漏水、气蚀、冲磨、混凝土溶蚀等破坏形式。

一、输水隧(涵)洞的日常养护

(一)隧洞的工作条件

隧洞也属于输水建筑物,其作用是输水灌溉、发电、城乡供水等。隧洞是在岩石中开凿出来的,在节理发育及比较破碎的岩石中开凿隧洞,一般要用混凝土或钢筋混凝土衬砌,以防冲刷和坍塌。

隧洞按其输水时水流性状不同,可分为无压隧洞和有压隧洞。无压隧洞输水时,水流不完全充满,具有自由表面;有压隧洞输水时,水流完全充满,无自由表面。输水隧洞一般分为进口段、洞身和出口段三部分。进口段通常布置有拦污栅、闸门等,其形式有竖井式、塔式、斜坡式等几种。洞身的形式根据水流条件、地质条件及施工条件而定。有压隧洞一般采用圆形断面或马蹄形断面,无压隧洞常用的有圆形、城门洞形、马蹄形等。出口段因水流速度大、能量集中,一般设消能设备。

(二) 隧洞的检查和养护

(1)隧洞在输水期间,要经常注意观察和倾听洞内有无异样响声。如听到洞内有咕咕咚咚阵发性的响声或轰隆隆爆炸声,说明洞内有明满流交替现象,或者有的部位产生气蚀现象。隧洞要尽量避免在明满流交替情况下工作,每次充水或放空过程应缓慢进行,切忌流量猛增或突减,以免洞内产生超压、负压、水锤等现象而引起破坏。

(2)隧洞进口如有冲刷或气蚀损坏,应及时处理。

(3)隧洞运用期间,要经常观察出口流态是否正常、水跃的位置有无变化、主流流向有无偏移、两侧有无漩涡等,以判断消能设备有无损坏。

(4)放水结束后,要对隧洞进行全面检查,一旦发现有裂缝、漏水、气蚀等现象,要及时处理。

(5)岩层厚度小于3倍洞径的隧洞顶部,禁止堆放重物或修建其他建筑物。

(6)隧洞上下游漂浮物应经常清理,以防阻水、卡堵门槽及冲坏消能工。

(7)多泥沙输水的隧洞,输水结束后,应及时清理淤积在洞内泥沙。

(8)北方地区,冬季要注意库面冰冻对隧洞进水部分造成破坏。

二、输水隧(涵)洞裂缝的处理

(一) 输水隧(涵)洞裂缝破坏的主要原因

裂缝漏水是隧(涵)洞最常见的病害,它是在洞壁衬砌体中发生的各种表面的、深层的、贯通的裂缝。

1. 输水隧洞洞身衬砌裂缝破坏的常见原因

隧洞与坝下涵管相比,工作安全可靠,其发生洞身衬砌裂缝破坏的常见原因为:

(1)围岩体变形作用。洞周岩石变形或不均匀沉陷。隧洞经过地区岩石质量较差、不利地质构造、过大的山岩压力、过高的水压力和地基不均匀沉陷均会引发围岩体变形,衬砌体将遭受过大的应力而断裂和漏水。

(2)衬砌施工质量差。建筑材料质量不佳;混凝土配料不当,振捣不实;衬砌后的加填灌浆或固结灌浆充填不密实;伸缩缝、施工缝和分缝处理不好,或止水失效等,均会造成衬砌体断裂和漏水。

(3)水锤作用。即使在设有调压井的压力隧洞内,水锤作用产生的高次谐振波也可以越过调压井而使隧洞内发生压力波,导致衬砌体断裂和漏水。

(4)温度变化作用。当隧洞停水后,冷风穿洞,温度降低太大时也会引发洞壁表面裂缝甚至断裂。

(5)运用管理不当。如用闸门控制进水的无压隧洞,操作疏忽致使工作闸门开度过大,造成洞门充满水流,形成有压水流,致使隧洞衬砌在内水压力作用下发生断裂。

(6)其他因素。混凝土溶蚀、钢筋锈蚀等。

2. 坝下涵洞(管)断裂破坏的常见原因

(1)地基处理不当。坝下输水涵洞修建在穿越岩石和风化岩、岩石和土基、土和砂卵石等交替地带,即使是比较均匀的软土地基,也往往由于洞上坝体填土高度不同而产生不均匀沉陷,若对不均质地基未采取有效处理措施,涵洞建成后会产生不均匀沉陷。

(2)结构处理有缺陷。在管身和竖井之间荷载突变处未设置沉降缝,引起管身断裂。

(3)结构强度不够。由于设计采用的结构尺寸偏小、钢筋配筋率不足、混凝土强度等级偏差或荷载超过原设计等原因,涵洞本身结构强度不够,以致断裂。

(4)洞内流态异变。坝下无压输水涵洞在结构设计上不考虑承受内水压力,但由于操作不当,洞内水流流态由无压变为明满流交替,或有压流,以致在内水压力作用下,造成洞身破坏。

(5)洞身接头不牢。坝下埋管接头不牢固、分缝间距或位置不当,均会导致断裂漏水。

(6)施工质量较差。洞身施工质量差、管节止水处理不当等施工质量不好,形成洞壁漏水。

(二)输水隧(涵)洞裂缝漏水的处理方法

1. 用水泥砂浆或环氧砂浆封堵或抹面

对于隧洞衬砌和涵洞洞壁的一般裂缝漏水,可采用水泥砂浆或环氧砂浆进行处理。通常是在裂缝部位凿深2~3 cm,并将周围混凝土面用钢钎凿毛。然后用钢丝刷和毛刷清除混凝土碎渣,用清水冲洗干净。最后用水泥砂浆或环氧砂浆封堵。

2. 灌浆处理

输水隧洞和涵洞洞身断裂可采用灌浆进行处理。对于因不均匀沉陷而产生的洞身断裂,一般要等沉陷趋于稳定,或加固地基,断裂不再发展时进行处理。但为了保证工程安全,可以提前灌浆处理,灌浆以后,如继续断裂,再次进行灌浆。灌浆处理通常可采用水泥浆。断裂部位可用环氧砂浆封堵。

3. 隧洞的喷锚支护

输水隧洞无衬砌段的加固或衬砌损坏的补强,可采用喷射混凝土和锚杆支护的方法,简称喷锚支护。喷锚支护与现场浇筑的混凝土衬砌相比,具有与洞室围岩黏结力高,能提高围岩整体稳定性和承载能力,节约投资,加快施工进度等优点。

喷锚支护可分为喷混凝土、喷混凝土+锚杆联合支护、喷混凝土+锚杆+钢筋网联合支护等类型。

4. 涵洞内衬砌补强

对于范围较大的纵向裂缝、损坏严重的横向裂缝、影响结构强度的局部冲蚀破坏,均应采取加固补强措施。①对于查明原因和位置,无法进入操作时,可挖开填土,在原洞外包一层混凝土。断裂严重的地带,应拆除重建,并设置沉降缝,洞外按一定距离设置黏土截水环,以免沿洞壁渗漏。②对于采用条石或钢筋混凝土作盖板的涵洞,如果发生部分断裂,可在洞内用盖板和支撑加固。③预制混凝土涵洞接头开裂时,若能进入操作,可用环氧树脂补强,也可以将混凝土接头处的砂浆剔除并清洗干净,用沥青麻丝或石棉水泥塞入嵌紧,内壁用水泥砂浆抹平。④涵洞整体强度不足且允许缩小过水断面时,可以采取以

PE 管或钢管为内膜、间隙灌浆的方法,但要注意新老管壁接合面密实可靠,新旧管接头不漏水。

5. 重建坝下涵洞

当涵洞断裂损坏严重,涵洞洞径较小,无法进入处理时,可封堵旧洞,重建新洞。重建新洞有开挖重建和顶管重建两种。开挖重建一般开挖填筑工程量较大,只适用于低坝;顶管重建不需要开挖坝体,开挖回填工程量小,工期短,但是一般只用于含砂量较少的坝体。

顶管施工目前有两种方法:①导头前人工挖土法,即在预制管前端设一断面略大的钢质导头,用人工在导头前端先挖进一小段,然后在管的外端用油压千斤顶将预制管逐步顶进,每挖进一段顶进一次,直至顶到预定位置。每段挖进长度视坝体土质而定,紧密的黏性土可达 6 m 以上,土质差的则在 0.5 m 左右。②挤压法,即在预制管端装设有刃口的钢导头,用油压千斤顶将预制管顶进,使钢导头切入坝体土壤,然后用割土绳或人工将挤入管内的土挖除运出,然后再次把管顶进,直至顶完。

三、输水隧(涵)气蚀破坏的防治

(一)气蚀的特征与成因

明流中平均流速达到 15 m/s 左右,就可能产生气蚀现象。当高速水流通过洞体体形不佳或表面不平整的边界时,水流会把不平整处的空气带走,水流会与边壁分离,造成局部压强降低或负压。当流场中局部压强下降,低于水的汽化压强值时,将会产生空化,形成空泡水流,空泡进入高压区会突然溃灭,对边壁产生巨大的冲击力。这种连续不断的冲击力和吸力造成边壁材料疲劳损伤,引起边壁材料的剥蚀破坏,称为气蚀。

气蚀现象一般发生在边界形状突变、水流流线与边界分离的部位。洞壁横断面进出口的变化、闸门槽处的凹陷、闸门的启闭、洞壁的不平整等,都会引起气蚀破坏。

对压力隧洞和涵洞,气蚀常发生在进口上唇处、门槽处、洞顶处、分岔处,出口挑流坎、反弧末端、消力墩周围,洞身施工不平整等部位。

(二)气蚀破坏的防止与修复

气蚀对输水洞的安全极其不利。防治气蚀的措施有改善边界条件、控制闸门开度、改善掺气条件、改善过流条件、采用高强度的抗气蚀材料等。

1. 改善边界条件

当进口形状不恰当时,极易产生气蚀现象。渐变的进口形状,最好做成椭圆曲线形。

2. 控制闸门开度

据观察分析发现:小开度时,闸门底部止水后易形成负压区,引起闸门沿竖直方向振动,闸门底部容易出现气蚀;大开度时,闸门后易产生明满流交替出现的现象,闸门后部形成负压区,引起闸门沿水流方向产生振动,造成闸门后部洞壁产生气蚀。所以,要控制闸门开度在合适的范围内,避免不利开度和不利流态的出现。

3. 改善掺气条件

掺气能够降低或消除负压区,增加空泡中气体空泡所占的比例,含大量空气使得空泡在溃灭时可大大减小传到边壁上的冲击力,含气水流也成了弹性可压缩体,从而减少气蚀。因此,将空气直接输入可能产生气蚀的部位,可有效地防止建筑物气蚀破坏。当水中掺气的气水比达到7%~8%时,可以消除气蚀。1960年美国大古力坝泄水孔应用通气减蚀取得成功后,世界上不少水利工程相继采用此法,取得良好效果。我国自20世纪70年代,先后在陕西冯家山水库溢洪隧洞、新安江水电站挑流鼻坎、石头河隧洞中使用,也取得较好的效果。

通气孔的大小,关系到掺气质量,闸门不同开度,对通气量的要求也不同。通气量的计算(或验算)可采用康培尔公式:

$$Q_a = 0.04Q(\frac{v}{gh} - 1)^{0.85} \tag{8-1}$$

式中:Q_a 为通气量,m^3/s;Q 为闸门开度为80%时的流量,m^3/s;v 为收缩断面的平均流速,m/s;h 为收缩断面的水深,m。

通气孔或通气管的截面面积 $A(m^2)$,可以采用下面公式估算:

$$A = 0.001Q(\frac{v}{\sqrt{gh}} - 1)^{0.85} \tag{8-2}$$

4. 改善过流条件

除进口顶部做成1/4的椭圆曲线外,中高压水头的矩形门槽可改为带错距和倒角的斜坡形门槽。出口断面可适当缩小,以提高洞内压力,避免气蚀。对衬砌材料的质量要严格控制,使其达到设计要求。应保证衬砌表面的平整度,对凸起部分要凿除或研磨成设计要求的斜面。

5. 采用高强度的抗气蚀材料

采用高强度的抗气蚀材料,有助于消除或减缓气蚀破坏。提高洞壁材料抗水流冲击作用,在一定程度上可以消除水流冲蚀造成表面粗糙而引起的气蚀破坏。资料表明,高强度的不透水混凝土,可以承受30 m/s的高速水流而不损坏。护面材料的抗磨能力增加,可以消除由泥沙磨损产生的粗糙表面而引起气蚀的可能性,环氧树脂砂浆的抗磨能力,比普通混凝土及岩石的抗磨能力高约30倍。采用高强度等级的混凝土可以缓冲气蚀破坏甚至消除气蚀。采用钢板或不锈钢作衬砌护面,也会产生很好的效果。

第九章　小型水库的防汛与应急抢险

第一节　小型水库防汛

防汛是在汛期掌握水情变化和建筑物状况,做好调度和加强建筑物及其下游的安全防范工作。防汛工作内容包括建立防汛领导机构,组织防汛队伍,储备防汛物资,检查加固工程,搞好洪水调度,做好工程检查和安排群众迁移等工作。以上各项工作根据其性质,可归纳为防汛准备和检查工作两部分。

一、防汛准备工作

防汛工作具有长期性、群众性、科学性、艰巨性和战斗性的特点,因此防汛准备工作应贯彻"安全第一、常备不懈,以防为主、全力抢险"的方针,立足于防大汛、抢大险的精神去准备。防汛准备工作是在防汛机构领导下,按照防御设计标准的洪水去做好各项准备工作。具体内容除要加强日常工程管理和维修、清除阻水障碍外,在汛前还要着重做好以下几个方面的工作。

(一)思想准备

防汛抢险工作是长期的任务。防汛的思想准备是各项准备工作的首位。利用多种形式向广大群众普遍、反复地进行防汛安全教育,提高对水库安全重要意义的认识。通过认真总结历年防汛抢险的经验教训,从而使广大干部和群众切实克服麻痹思想和侥幸心理,坚定抗灾保安全的信心,树立起团结协作顾大局的思想。加强组织纪律性,做到严守纪律、听从指挥。同时也要加强法制宣传,增强人们的法制观念,以水法为准绳,抵制一切有碍防汛工作的不良行为。

(二)组织准备

防汛是组织动员社会上人力和物力向洪水做斗争的大事,必须有健全而严密的组织系统。每年汛前要做好各项组织准备工作,主要是:

(1)健全防汛常设机构,各级政府有关部门和单位组建防汛指挥机构。

(2)各级负有防汛岗位职责的人员要做好汛期上岗到位的组织准备。同时水库管理单位要做好进入汛期运行的组织准备。

(3)各级防汛部门要做好防汛队伍的组织准备。

(4)做好水情测报和汛情通信准备。

(5)根据部门的行业分工,做好协作配合的组织准备,做到汛期互通信息,行动一致,共同做好防汛工作。

(6)进行防汛抢险技术训练和实战演习,熟悉工程环境、工程情况、防汛材料、设备操作和通信联络,避免防汛抢险时慌乱失措,造成不应有的损失。

(三) 工程准备

汛前应对水库工程进行一次全面检查,摸清工程现状。如发现问题,要及时处理;暂时不能处理的,也应研究安全度汛措施。对溢洪道和输水洞的闸门和启闭设备,要进行试车。闸门、启闭设备、照明、通信、交通道路等,如有问题,要及早检查维修。如水库存在病险,应制订计划进行除险加固,提高防洪标准,消除隐患,以利安全度汛。如因各种原因不能在汛前进行除险加固,应严格限制蓄水。根据工程情况,还应制订水库防洪调度计划或控制指标,并报上级批准后,在汛期据以执行。

(四) 物料准备

防汛使用的主要物料有:

(1) 防汛抢险土方用量很大,可采用机械备土,堤防两侧地势低洼取土困难堤段,汛前需做好备土工作。

(2) 砂石料物用量较大,可于险工、险段就近存储,以利使用。建材部门也需储备一定数量的防汛抢险砂石料物,以备急需。

(3) 水泥、钢材、木料、无纺布、土工织物、备用电源、照明设备、报警设备、强排设备等由地方各级防汛指挥部门适当仓储。

(4) 草袋、塑料编织袋、麻袋、铁线等是常备的物资,也是防汛抢险所需的主要物资。

储备的形式有:

(1) 国家储备。由国家拨款购置储存于国家建的仓库,或由地方管理单位为国家代储。这部分储存物资主要用于国家大江大河、重点水库的险工险段的防汛抢险或特需调用。

(2) 地方储备。地方各级防汛指挥部在各级中心仓库储存,或委托供销、物资部门代储。自储自用,也可调集使用。自己有防汛任务的电力、铁路、公路、邮电、石油、城建、林业、农牧等系统的单位自己储存的防汛物资,自己使用。

(3) 群众自筹。受洪水威胁地区的群众,可根据当地防汛任务,按户或按劳力、职工下达数量进行自备,并登记造册,集中存储于临近堤防险工之处,也可暂存于各家待用,或集中于村待用。

(五) 雨情、水情测报准备

特别要注意掌握水位和降雨量两项水情动态,检查维护好测报的通信设施,做好暴雨和来水的测验工作。根据本地区水文气象资料进行分析研究,制订洪水预报方案。汛期根据水文站网报汛资料,及时估算洪水将出现的时间和水位,合理调度,做好控制运用工作。

(六) 通信联络准备

汛前要检查维修好各种防汛通信设施,如有线电话的线路、手机、话机和报话机、通信电台等。对值班人员要组织培训,建立话务值班制度,规定相关防汛责任人、工程技术人员等 24 h 开手机制度,保证汛期通信畅通。

二、汛前工程检查

为确保水库汛期安全运用,必须在汛前组织检查各项工程设施,以便及时发现薄弱环节,采取除险措施。检查内容主要有以下几项。

(一)水库特性检查

(1)水库规划设计的水文资料有无补充和修正;计算数据有无变更;水利计算成果如设计暴雨、设计洪水、调洪方式等有无修正和变更;运行中防洪调度执行情况,工程效益的实际效果。

(2)水库上游雨情、水情测报点是否齐备,精度是否符合要求。

(3)校对水库库容和库容曲线有无变化;位于高含沙量河流上的水库,应定期施测库区地形,修正库容曲线。当发生大洪水后,要检查泥沙对有效库容的影响,泥沙的淤积部位,回水线有无向上游延伸,增加淹没和浸没农田面积。

(4)水库如遭遇超标准洪水,有无非常措施,其可行性如何。当充许非主体工程破坏时,有无防护主体工程的措施;有无减少对下游灾害损失的措施。

(5)水库库区有无浸没、塌方、滑坡以及库边冲刷等现象;坝趾附近的地形地貌有无变化;坝区和上坝公路附近汛期有无可能发生塌方、滑坡、山洪泥石流等破坏道路迹象。

(二)坝体检查

(1)坝顶有无裂缝、异常变形、积水或植物滋生等现象。防浪墙有无开裂、挤碎、架空、错位、倾斜等情况。

(2)迎水坡有无裂缝、崩塌、剥落、滑坡、隆起、塌坑、架空、冲刷、堆积或植物滋生等现象,有无蚁穴、兽洞等;近坝坡有无漩涡等异常现象。

(3)背水坡及坝趾有无裂缝、崩塌、滑动、隆起、塌坑、堆积、湿斑、冒水、渗水或管涌等现象;排水系统有无堵塞、破坏;草皮护坡是否完好,有无蚁穴、兽洞等;滤水坝趾、集水沟、导渗减压设施等有无异常或破坏现象。

(4)坝基和坝区:

①坝基。基础排水设施是否正常;渗漏水的水量、颜色、气味及浑浊度、温度等有无变化;坝下游有无沼泽化、渗水、管涌、流土等现象;上游铺盖有无裂缝、塌坑。

②坝端。坝体与岸坡接合处有无裂缝、渗水等现象;两岸坝端区有无裂缝、滑坡、隆起、塌坑、绕渗或蚁穴、兽洞等隐患。

③坝趾近区。有无阴湿、渗水、管涌、流土等现象;排水设施是否完好。

④坝端岸坡。护坡有无隆起、塌陷或其他损坏现象;有无地下水出露。

(三)输水、泄水洞(管)检查

(1)引水段:有无堵塞、淤积,两岸有无崩塌。

(2)进水塔(或竖井):有无裂缝、渗水、倾斜或其他损坏现象。

(3)洞(管)身:洞壁有无纵横向裂缝、气蚀、剥落、渗水等现象;放水时间洞内声音是否正常。

(4)出口:放水期水流形态、输水量及浑浊度是否正常;停水期是否有渗流水。

(5)消能设施:有无冲刷、磨损、淘刷或砂石、杂物堆积现象;下游河床及岸坡有无异常冲刷、淤积和波浪冲击破坏等情况。

(四)溢洪道检查

(1)进水段(引渠):有无坍塌、崩岸、堵淤或其他阻水现象;流态是否正常;糙率是否有异常变化。

（2）堰顶或闸室、闸墩、胸墙、溢流面：有无裂缝、渗水、剥落、错位、冲刷、磨损、气蚀等现象；伸缩缝、排水孔是否完好。

（3）消能设施：检查项目与输、泄水洞（管）相同。

（五）闸门及启闭机检查

（1）闸门：有无变形、裂缝、脱焊、锈蚀等损坏现象；门槽有无卡堵、气蚀等情况；启闭是否灵活；开度指示器是否清晰、准确；止水设施是否完好；部分启闭时有无振动情况；吊点结构是否牢固；钢丝绳或节链、栏杆、螺杆等有无锈蚀、裂纹、断丝、弯曲等现象；风浪、漂浮物等是否影响闸门正常工作和安全。

（2）启闭机：运转是否灵活；制动、限位设备是否准确有效；电源、传动、润滑等系统是否正常；启闭是否灵活可靠。

（六）其他设备检查

（1）观测设施是否完好。

（2）通信和照明设施是否正常。

（3）交通道路有无损坏和阻碍通行的地方。

三、汛期查险

水库防汛检查中，需要做到如下几点要求：

（1）巡坝查险队的队员，必须挑选责任心强、有抢险经验、熟悉坝情的人担任，队员力求固定，全汛期不变。

（2）查险工作要做到统一领导，分项负责。具体确定检查内容、路线及检查时间（或次数），把任务落实到人。

（3）巡查交接班应紧密衔接，以免脱节。接班的巡查队员提前上班，与交班人员共同巡查一遍，交代情况，并建立汇报、联络与报警制度。

（4）当发生暴雨、台风、库水位骤升骤降及持续高水位时，应增加检查次数，必要时应对可能出现重大险情的部位实行昼夜连续监视。

（5）巡查时所带工具，一般常用的如下：记录本——备记载险情用；小红旗——供作险情标志；卷尺——丈量险情对某一显著目标的部位的尺寸；锯木屑——当堤身浸漏时用来抛于坝外坡水面，以发现有小漩涡；手电筒、马灯——便于黑夜巡查照明。

第二节　小型水库防汛"三个责任人""三个重点环节"

一、建立防汛"三个责任人"制度

为加强小型水库防汛管理，规范防汛责任人履职行为，依据《中华人民共和国水法》《中华人民共和国防洪法》《中华人民共和国安全生产法》《中华人民共和国水库大坝安全管理条例》《中华人民共和国防汛条例》《中华人民共和国小型水库安全管理办法》等有关规定，结合小型水库实际，建立防汛"三个责任人"制度。防汛"三个责任人"指小型水库防汛行政责任人、防汛技术责任人和防汛巡查责任人。

(一)防汛"三个责任人"基本规定

1.责任任务

(1)地方人民政府对本行政区域内小型水库防汛安全负总责。

(2)水库主管部门负责所管辖小型水库防汛安全监督管理。

(3)水库管理单位(产权所有者)负责水库调度运用、日常巡查、维修养护、险情处置及报告等防汛日常管理工作。

(4)各级水行政主管部门对本行政区域内小型水库防汛安全实施监督指导。

2.设置要求

(1)县级人民政府履行小型水库防汛和管护主导责任,统筹落实防汛"三个责任人";乡镇人民政府履行属地管理职责。

(2)防汛"三个责任人"分别由地方人民政府、水库主管部门、水库管理单位(产权所有者)相关负责人或具有相应履职能力的人员担任。

(3)防汛"三个责任人"结合当地实际可单独设置,也可与大坝安全责任人等统筹设置,确保辖区内小型水库防汛与大坝安全责任全面覆盖、无缝衔接、不留死角、没有空白。防汛技术责任人应根据工作任务合理安排,履职的水库数量不宜过多,确保其工作职责能够有效履行。

(4)县级和乡镇人民政府、水库主管部门、水库管理单位(产权所有者)应当为防汛"三个责任人"履职创造条件,提供保障。

3.公示备案

(1)每年汛前水库所在地人民政府或其授权部门应当组织及时更新防汛"三个责任人"名单,在水库现场、地方报纸或网络等媒体上公示公告,并报上级水行政主管部门备案。

(2)水库主管部门或水库管理单位(产权所有者)应当在水库大坝醒目位置设立标牌,公布防汛"三个责任人"姓名、职务和联系方式等,接受社会监督,方便公众及时报告险情。

(二)防汛行政责任人履职要求

按照隶属关系,由有管辖权的水库所在地政府相关负责人担任。乡镇、农村集体经济组织管理的水库,小(1)型由县级政府相关负责人担任,小(2)型由乡镇及以上政府相关负责人担任。

1.主要职责

(1)负责水库防汛安全组织领导。

(2)组织协调相关部门解决水库防汛安全重大问题。

(3)落实巡查管护、防汛管理经费保障。

(4)组织开展防汛检查、隐患排查和应急演练。

(5)组织水库防汛安全重大突发事件应急处置。

(6)定期组织开展和参加防汛安全培训。

2. 履职要点

1) 掌握了解水库基本情况

掌握水库名称、位置、功能、库容、坝型、坝高等基本情况,了解安全鉴定情况;掌握水库主管部门和水库管理单位(产权所有者)有关负责人及防汛技术责任人、巡查责任人等的联系方式;了解水库下游集镇、村庄、人口、厂矿和重要基础设施情况,以及应急处置方案和人员避险转移路线。

2) 协调落实防汛安全保障措施

督促水库主管部门、水库管理单位(产权所有者)制定和落实水库防汛管理各项制度,落实水雨情测报、水库调度运用方案和水库大坝安全管理(防汛)应急预案编制与演练等防汛"三个重点环节",及时开展安全隐患治理和水毁工程修复;督促水库防汛技术责任人和巡查责任人履职尽责;协调落实工程巡查管护和防汛管理经费,落实防汛物资储备,解决水库防汛安全重大问题。

3) 组织开展防汛检查

组织开展汛前、汛中至少2次防汛检查,遇暴雨、洪水、地震及发生工程异常等,及时组织或督促防汛技术责任人组织检查。重点检查:防汛"三个重点环节"是否落实;大坝安全状况,溢洪道是否畅通,闸门及启闭机运行是否可靠,安全隐患治理和水毁工程修复是否完成;汛限水位控制是否严格;防汛物资储备、抢险队伍落实、交通通信保障等情况。

4) 组织应急处置和人员转移

水库发生重大汛情、险情、事故等突发事件时,应立即赶赴现场,指挥或配合上级部门开展应急处置,根据应急响应情况,及时做好人员转移避险。

5) 组织开展应急演练

按照水库大坝安全管理(防汛)应急预案,组织防汛技术责任人、巡查责任人、相关部门和下游影响范围内的公众,开展应急演练。演练可设定紧急集合、险情抢护、应急调度、人员转移等科目,可采用实战演练或桌面推演等方式。

6) 组织参加防汛安全培训

任职期间应做到培训上岗,新任职的应及时接受防汛安全培训,连续任职的至少每3年集中培训一次;培训可采取集中培训、视频培训或现场培训等方式。督促防汛技术责任人和巡查责任人参加水库大坝安全与防汛技术培训。

(三) 防汛技术责任人履职要求

1. 任职条件

按照隶属关系,由有管辖权的水库所在地水行政主管部门、水库主管部门、水库管理单位(产权所有者)技术负责人担任。

乡镇、农村集体经济组织管理的水库,小(1)型由县级水行政主管部门、水库主管部门负责人或有相应能力的人员担任,小(2)型由乡镇水利站、水库管理单位(产权所有者)技术负责人或有相应能力的人员担任。采取政府购买服务方式实行社会化管理的,可由承接主体的技术负责人担任。

2. 主要职责

(1) 为水库防汛管理提供技术指导。

（2）指导水库防汛巡查和日常管护。

（3）组织或参与防汛检查和隐患排查。

（4）掌握水库大坝安全鉴定结论。

（5）指导或协助开展安全隐患治理。

（6）指导水库调度运用和水雨情测报。

（7）指导应急预案编制，协助并参与应急演练。

（8）指导或协助开展水库突发事件应急处置。

（9）参加水库大坝安全与防汛技术培训。

3. 履职要点

1）掌握了解水库基本情况

掌握水库工程状况、管理情况和下游影响，包括挡水、泄水、放水建筑物，以及库容、坝型、坝高和正常蓄水位、汛限水位，了解下游影响范围内集镇、村庄、人口、厂矿、基础设施等情况；掌握水库主管部门和水库管理单位（产权所有者）有关负责人及防汛行政责任人、巡查责任人等的联系方式；了解应急处置方案和人员避险转移路线；了解水库管理法规制度相关要求和有关专业知识。

2）掌握了解水库安全状况

通过现场检查、防汛检查、日常巡查、安全鉴定等途径，掌握大坝安全状况和主要病险隐患；掌握大坝安全鉴定结论，了解安全鉴定意见及大坝安全隐患、严重程度及治理情况，以及隐患消除前的控制运用措施；及时向防汛行政责任人和水库主管部门报告大坝安全状况和防汛安全重大问题。

3）组织或参与防汛检查和隐患排查

协助防汛行政责任人开展汛前、汛中防汛检查，组织开展汛后检查，遇暴雨、洪水、地震及发生工程异常等参与或及时组织开展检查；组织开展隐患排查，针对大坝安全、防汛安全和巡查责任人报告的工程异常进行检查，必要时邀请有关部门和专家进行特别检查，协助开展隐患治理。

4）指导防汛巡查和安全管理

指导防汛巡查责任人，按照巡查部位、内容、路线、频次和记录要求做好巡查工作，开展水雨情测报和大坝安全监测；落实水库调度要求，保持溢洪道畅通，控制汛限水位；做好大坝、溢洪道、放水涵等建筑物以及闸门、启闭机等设备设施的日常管护，做好工程档案管理。指导、组织或参与编制水库调度运用方案和大坝安全管理（防汛）应急预案；协助防汛行政责任人组织应急演练。

5）协助做好应急处置

了解水库大坝安全管理（防汛）应急预案以及防汛物资、抢险队伍情况；水库大坝出现汛情、险情、事故等突发事件时，立即向防汛行政责任人报告；参与制订应急处置方案，协助做好应急调度、工程抢险、人员转移和险情跟踪等。

6）参加防汛安全培训

上岗前及任期内应当接受培训，连续任职的至少每3年参加一次大坝安全与防汛技术培训，培训方式可采取集中培训、视频培训或现场培训等方式。

(四)防汛巡查责任人履职要求

1. 任职条件

对于有管理单位的,防汛巡查责任人由水库管理单位负责人或管理人员担任;对于无管理单位的,由水库主管部门或有相应能力的人员担任,或督促产权所有者落实。采取政府购买服务方式实行社会化管理的,可由承接主体聘请有相应能力的人员担任。

2. 主要职责

(1)负责大坝巡视检查。

(2)做好大坝日常管护。

(3)记录并报送观测信息。

(4)坚持防汛值班值守。

(5)及时报告工程险情。

(6)参加防汛安全培训。

3. 履职要点

1)掌握了解水库基本情况

掌握水库库容、坝型、坝高情况;掌握防汛行政责任人、技术责任人和相关部门负责同志的联系方式;掌握大坝薄弱部位和检查重点,了解大坝日常管理维护的重点和要求;掌握放水设施、闸门启闭设施的操作要求,以及预警设施、设备使用方法;了解应急处置方案和人员避险转移路线以及下游保护集镇、村庄、人口、重要设施情况。

2)开展巡查并及时报告

掌握巡视检查路线、方法、工具、内容、频次,按照要求开展巡视检查,做好巡查记录;汛期每日应不少于1次巡查,出现大坝异常或险情、设施设备故障、库水位快速上涨等情况应加密巡查,并及时报告防汛技术责任人或防汛行政责任人;发现可能引发水库溃坝或漫坝风险、威胁下游人民群众生命财产安全的重大突发事件时,按照应急预案规定,在报告的同时及时向下游地区发出警报信息。

3)做好大坝日常管理维护

了解水库调度运用方案,做好日常调度运用操作,严格按照调度指令操作放水设施、闸门及启闭设备,做好设备运行和放水、泄水记录;对设施设备进行日常维护,及时清理溢洪道阻水障碍物;发现不能排除的故障和问题,及时向防汛技术责任人报告。

4)坚持防汛值班值守

认真执行水库管理制度,做好防汛值班值守;按照要求做好水雨情观测,按时报送水雨情信息;发现库水位超过汛限水位、限制运用水位或溢洪道过水时,及时报告防汛技术责任人;遭遇洪水、地震及发现工程出现异常等情况及时报告,紧急情况下按照规定发出警报。

5)接受岗位技术培训

防汛巡查责任人应当经过培训合格后上岗,接受防汛技术责任人的岗位业务指导;连续任职的至少每2年参加一次水库防汛安全集中培训、视频培训或现场培训。

二、小型水库防汛"三个重点环节"

为加强小型水库防汛管理,规范水雨情测报及调度运用方案、大坝安全管理(防汛)

应急预案编制,依据《中华人民共和国防汛条例》《中华人民共和国水库大坝安全管理条例》《中华人民共和国小型水库安全管理办法》等有关规定,结合小型水库实际,全力做好水雨情测报、水库调度运用方案编制、水库大坝安全管理(防汛)应急预案编制"三个重点环节"。

小型水库防汛"三个重点环节"工作由水库主管部门和管理单位(产权所有者)负责落实,水行政主管部门负责监督指导,必要时可协助落实。

(一)水雨情测报

1.基本要求

小型水库水位、降雨量测报工作,由水库管理单位(产权所有者)负责。具体可由巡查管护人员承担,也可由水文专业部门或委托相关技术单位承担。降雨量信息也可利用水库邻近站点观测成果。

2.测报条件

水库应至少有一套库水位观测设施,能够观测死水位至坝顶的库水位信息。

水库应掌握降雨量信息,可设置降雨量观测设施,能够观测水库实时降雨量信息。

水库应具备基本的通信条件,满足汛期日常和紧急情况下水雨情信息报送要求,固定电话、移动电话和网络通信等公网无法通达的,可采用超短波电台、卫星电话或人工送达等方式。

有条件的水库,可以进行库水位、降雨量远程自动监测,可以利用当地山洪灾害预警系统、水文气象观测站点提供的降雨量信息,也可以开展视频监视。

3.观测频次

库水位、降雨量汛期原则上每日观测 1 次,当库区降雨加大、库水位上涨时,根据情况增加观测频次;非汛期可每周观测 1~2 次。具体观测频次由有管辖权的县级以上水行政主管部门规定。

4.信息报送

库水位、降雨量观测信息应做好记录,按照规定及时向水行政主管部门、水库主管部门等有关单位报送。

5.维护管理

水库管理单位(产权所有者)或巡查管护人员负责水雨情测报设施的日常维护,保证可靠运用。

(二)调度运用方案编制

1.基本要求

调度运用方案应明确挡水、泄水、放水"三大件"建筑物及泄水、放水等设施的使用规则,是小型水库调度运用的依据性文件,每座水库都应编制。功能单一、调度简单的水库,可根据实际适当简化。

2.编制单位

调度运用方案由水库主管部门和水库管理单位(产权所有者)组织编制,也可委托专业技术单位编制。

3. 方案内容

调度运用方案应当明确防洪调度、兴利调度、应急调度方式,根据调度条件及依据,规定水行政主管部门、水库主管部门及水库管理单位(产权所有者)责任与权限,落实操作要求。

对于坝高 15 m 以上或总库容 100 万 m^3 以上且具备调度设施条件的水库,调度运用方案宜按照《水库调度规程编制导则》(SL 706—2015)编制。

4. 编制要点

(1)防洪调度。泄洪设施有闸控制的,应明确控制水位、调度方式、调度权限、执行程序;泄洪设施无闸控制的,防洪调度内容可适当简化,主要结合水雨情测报信息,明确防汛管理措施和汛限水位控制要求。

(2)兴利调度。应依据灌溉、供水需求和蓄水情况,结合调度经验明确相关要求。

(3)应急调度。应重点考虑超标准洪水、工程险情、水污染等情况,明确相应调度方式,并与水库大坝安全管理(防汛)应急预案相衔接。

5. 控制运用

小型水库应科学设定汛限水位,汛期严禁违规超汛限水位蓄水。工程存在严重安全隐患或安全鉴定为三类坝的水库,应根据保障水库大坝安全需要明确限制运用水位,实施控制运用。

限制运用水位或汛限水位低于溢洪道堰顶高程的,应落实相关泄水措施,满足水位限制要求。

6. 审批修订

调度运用方案由县级以上水行政主管部门审查批准。当调度运用条件或依据发生变化时,应及时修订,并履行审批程序。

(三)大坝安全管理(防汛)应急预案编制

1. 基本要求

大坝安全管理(防汛)应急预案是针对小型水库可能发生的突发事件,为避免和减少损失预先制订的方案,每座水库都应编制。

为便于宣传、演练和使用,可依据应急预案编制适宜张贴或携带的简明应急组织体系图、应急响应流程图、人员转移路线图和分级响应表(简称"三图一表")。

2. 编制单位

应急预案由水库主管部门和水库管理单位(产权所有者)组织编制,也可委托专业技术单位编制。

3. 预案内容

应急预案应针对水库情况和下游影响,分析可能发生的突发事件及其后果,制定应对对策,明确应急职责,预设处置方案,落实保障措施。

4. 编制要点

(1)突发事件。包括超标准洪水、破坏性地震等自然灾害,大坝结构破坏、渗流破坏等工程事故,以及水污染事件等。

（2）应急指挥。由地方人民政府负责,应急组织体系与地方总体应急组织体系衔接。

（3）险情报告。应明确突发事件报告流程、内容、方式和时间要求,明确紧急情况向下游发布警报信息的方式和途径。

（4）预警级别。应根据降雨量、库水位、预报（测）入库流量、出库流量、工程险情、下游威胁及严重程度等,明确预警级别。预警级别一般划分为Ⅰ级（特别严重）、Ⅱ级（严重）、Ⅲ级（较重）、Ⅳ级（一般）四级。

（5）应急处置。应根据突发事件情况建立专家会商机制,明确应急调度、工程抢险、人员转移等应急处置措施,明确工程险情和水雨情监测要求,并根据事件发展变化适时调整处置措施,重大情况随时报告上级有关部门。

（6）人员转移。应针对发生超标准洪水和可能发生溃坝等情况,根据洪水淹没范围内集镇、村庄、厂矿人口分布和地形、交通条件,明确人员转移路线和安置位置,绘制人员转移路线图,最大限度保障下游公众安全。

（7）宣传演练应明确应急预案宣传、培训和演练要求。

5. 应急演练

每年汛前,地方人民政府及其相关业务主管部门、水库主管部门、防汛行政责任人应组织开展应急演练。演练重点为应急调度、工程抢护、人员转移等科目,可采取桌面推演和实战演练等方式。

6. 审批修订

应急预案审批应按照管理权限,由所在地县级以上人民政府或其授权部门负责,并报上级有关部门备案。当水库工程情况、应急组织体系、下游影响等发生变化时,应及时组织修订,履行审批和备案程序。

第三节　土石坝漫顶、决口险情的抢护

抢险,是在建筑物出现险情时,为避免失事而进行的紧急抢护工作。水库大坝险情的抢护措施,应根据具体情况而定,本节主要介绍土石坝在度汛中的常见险情及抢护方法。

一、漫顶的抢护

土石坝为散体结构,绝不允许洪水漫坝。如果洪水漫坝,就会迅速冲毁坝坡,造成垮坝事故。洪水漫坝的主要原因是大坝标准低,溢洪道尺寸不足或有堵塞,使洪水猛涨,以至于超过坝顶。

防止洪水漫坝的主要措施有:增加水库的调蓄能力;增加水库的泄洪能力;减少入库洪水等。

（一）出现漫坝的原因

土石坝坝体是散粒体结构,洪水漫顶极易引起溃坝事故。出现洪水漫顶的主要原因如下:

（1）上游发生特大洪水或分洪未达到预期效果,来水超过堤坝设计标准,水位高于堤坝顶。

（2）在设计时,对波浪计算的成果与实际不符,致使在最高水位时漫顶。

（3）施工中坝顶未达到设计高程,或由于地基软弱,填土夯压不实,以致产生过大的沉陷量,使堤坝顶低于设计值。

（4）水库溢洪道、泄洪洞尺寸偏小或有堵塞。

（5）地震、潮汐或库岸滑坡,产生巨大涌浪而导致漫顶。

（二）抢护原则及方法

洪水漫顶的抢护原则是增大泄洪能力、控制水位、加高坝增加挡水高度及减小上游来水量削减洪峰。

1. 加大泄洪能力,控制水位

加大泄洪能力是防止洪水漫顶,保证堤坝安全的措施之一。对于水库,则应加大泄洪建筑物的泄洪能力,限制库水位的升高。对于有副坝和天然垭口的水库枢纽,当主坝危在旦夕,采用其他抢险措施已不能保住主坝时,也有破副坝和天然垭口来降低库水位的,但它将给下游人民生命财产带来一定损失。同时,库水的骤然下降可能使主坝上游坡产生滑坡,且修复的工程量可能较大,必须特别慎重。

2. 减小来水流量

上游采用分洪截流措施来减小来水流量。需在上游选择合适位置建库或设置分洪区进行拦洪和分洪,以减小下泄洪峰流量,保证下游堤坝的安全。

3. 抢筑子堤,增加挡水高度

如泄水设施全部开放而水位仍迅速上涨,根据上游水情和预报,有可能出现洪水漫顶危险时,应及时抢筑子堤,增加坝挡水高程。填筑子堤,要全段同时进行,分层夯实。为使子堤与原坝体接合良好,填筑前应预先清除坝顶的杂草、杂物,刨松表土,并在子堤中线处开一条深宽各为 0.3 m 的结合槽。子堤迎水坡脚一般距上游堤（坝）肩 0.5~1.0 m,或更小,子堤的取土地点一般应在坝脚 20 m 以外,以不影响工程安全和防汛交通。

子堤形式按物料条件、原堤（坝）顶的宽窄及风浪大小来选择,一般有以下几种。

1）土料子堤

土料子堤采用土料分层填筑夯实而成。子堤一般顶宽不小于 0.6 m,上下游坡度不小于 1:1,如图 9-1（a）所示。土料子堤具有就地取材、方法简便、成本低以及汛后可以加高培厚成为正式堤（坝）身而不需拆除的优点。但它有体积较大,抵御风浪冲刷能力弱,下雨天土壤含水率过大,难以修筑坚实等缺点。土料子堤适用于堤（坝）顶较宽、取土容易、洪峰持续时间不长和风浪较小的情况。

2）土袋子堤

由草袋、塑料袋、麻袋等装土填筑,并在土袋背面填土分层夯实而成,如图 9-1（b）所示。填筑时,袋口应向背水侧,最好用草绳、塑料绳或麻绳将袋口缝合,并互相紧靠错缝,袋口装土不宜过满,袋层间稍填土料,尤其是塑料编织袋,以便填筑紧密。土袋子堤体积较小而坚固,能抵御风浪冲刷,但成本高,汛后必须拆除。土袋子堤适用于堤坝顶较窄和风浪较大的情况。

3) 单层木板(或埽捆)子堤

在缺乏土料、风浪较大、堤(坝)顶较窄、洪水即将漫顶的紧急情况下,可先打一排木桩,桩长 1.5~2.0 m,入土 0.5~1.0 m,桩距 1.0 m,再在木桩后用钉子或铅丝将单层木板或预制埽捆(长 2~3 m、直径 0.3 m)固定于木桩上,如图 9-1(c)所示。在木板或埽捆后面填土分层夯实筑成子堤。

4) 双层木板(或埽捆)子堤

在当地土料缺乏、堤(坝)顶窄和风浪大的情况下,可在堤(坝)顶两侧打木桩,然后在木桩内壁各钉木板或埽捆,中间填土夯实而成,如图 9-1(d)所示。这种子堤在坝顶占的面积小,比较坚固。但费木料、成本高、抢筑速度较慢。

5) 利用防浪墙抢筑子堤

当坝顶设有防浪墙时,可在防浪墙的背水面堆土夯实,或用土袋铺砌而成子堤。当洪水位有可能高于防浪墙顶时,可在防浪墙顶以上堆砌土袋,并使土袋相互挤紧密实,如图 9-1(e)所示。

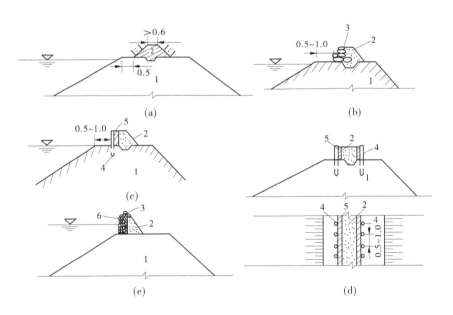

1—坝身;2—土料;3—土袋;4—木桩;5—木板或埽捆;6—防浪墙

图 9-1　抢筑子堤示意图　(单位:m)

二、决口的抢堵

坝体决口的抢堵是防汛抢险工作的重要组成部分。当坝体已经溃决时,应首先在口门两端抢堵裹头,防止口门继续扩大。对于较小的决口,可在汛期抢堵。在汛期堵复有困难的决口,一般应在汛后水位较低或下次洪水到来之前的低水位时堵复。

堵口的方法,按抢堵材料及施工特点,可分为以下几种形式。

（一）直接抛石

在溃口直接抛投石料，要求石块不宜太小，溃口水流速度越大，进占所用的石料也越大，同时，抛石的速度也要相应加快。

（二）铅丝笼、竹笼装石或大块混凝土抛堵

当石料比较小时，可采用铅丝笼、竹笼装石的方法，连成较大的整体。也可用事先准备好的大块混凝土抛投体进行合龙，对于龙口流速较大者，也可将几个抛投体连接在一起同时抛投，以提高合龙效果。

（三）埽工进占

埽工进占是我国传统的堵口方法，用柳枝、芦苇或其他树枝先扎成内包石料、直径 0.1~0.2 m 的柴把子，再根据需要将柴把子捆成尺寸适宜的埽捆。埽工进占适用于水深小于 3 m 的地区。由于水头大小不同，在工程布置上又可分为单坝进占和双坝进占。

（1）单坝进占。当水头差较小时，用埽捆做成宽约 2.0 m 的单坝，由口门两端向中间进占，坝后填土料，其坡度可采用 1:3~1:5。

（2）双坝进占。当水头差较大时，可用埽捆做两道坝，从口门两端同时向中间进占。两坝中间填土，宽 8~10 m，与坝后土料同时填筑。

无论是单坝进占还是双坝进占，坝后土料都应随坝同时填筑升高，防止埽捆被水流冲毁。最后合龙时可采用石枕、竹笼、铅丝笼，背水面以土袋或沙袋镇压。

（四）打桩进占

当堵口宽为 1.5 m 左右时，可采用打桩进占合龙。具体做法是先在两端加裹头保护，然后沿坝轴线打一排桩，其桩距一般为 1~2 m，若水压力大，可加斜撑以抵抗上游水压力。计划合龙处可打三排桩，平均桩距 0.5 m，桩的入土深度为 2~3 m，用铅丝把打好的桩连接起来。接着在桩上游面铺层草或竖立埽捆，同时后面填土进占。进占到一定程度，可只留合龙口门，然后将石枕、土袋、竹笼等抗冲能力强的材料迅速放进口门合龙，最后按反滤要求闭气封堵。

（五）沉船堵口

当堵口处水深流急时，可采用沉船抢堵决口，在口门处将水泥船排成一字形，船的数量应根据决口大小而定。在船上装土，使土体重量超过船的承载力而下沉，然后在船的背水面抛土袋和土料，用以断流。根据九江市城防堤决口抢险的经验，沉船截流在封堵决口的施工中起到了关键作用。沉船截流可以大大减小通过决口处的过流流量，从而为全面封堵决口创造条件。

在实现沉船截流时，由于横向水流的作用，船只定位较为困难，必须防止沉船不到位的情况发生。同时船底部难与河滩底部紧密结合，在决口处高水位差的作用下，沉船底部流速仍很大，淘刷严重，必须迅即抛投大量料物，堵塞空隙。

坝体决口抢堵，是一项十分紧急的任务。事先要做好准备工作，如对口门附近河道地形、地质进行周密勘查分析，测量口门纵横断面及水力要素，组织施工、机械力量，备足材料等；堵口方法要因地制宜；抢堵速度要快，一气呵成；注意保证工程质量和工作人员的人身安全。

第四节　土石坝散浸、漏洞险情的抢护

一、散浸的抢护

(一) 险情的判断

水库蓄水后，当渗流逸出点太高，超过下游排水体顶部，使逸出点以下的坝体出现潮湿现象，这种现象称为散浸。

土坝发生散浸的现象，开始是土壤潮湿变软，颜色变深，继而则普遍渗水，有时还冒水泡。渗水先集中在坡面上，太阳光照下有反光现象；渗水多时，则汇集成细小水流，流向坝址。在晴天或阴天，这种险情是比较容易发现的，也不难鉴别。但在雨天，由于雨水落在坝坡上所出现的情况与散浸现象很相似，这就需要加以鉴别。鉴别的方法，可以用钢筋插入坝坡，如钢筋容易插入，并且插入很深，抽出后钢筋带有泥浆者，可确定属于散浸现象。此外，还可以在坡面上临时做小土埂，隔离坡面上的雨水，减少混杂，以便仔细观察坝坡土壤软化和渗水情况。水温也是一个鉴别的因素，由土坝坝坡渗出来的水，一般比河水和雨水温度要低。

当坝体内埋设有测压管时，根据观测结果，可掌握浸润线的形状和变化，从而对散浸现象做出正确的判断。散浸如不及时处理，有可能发展为管涌、滑坡，甚至发生漏洞等险情。

(二) 散浸的原因

(1)坝身修筑质量不好。

(2)坝身单薄，断面不足，浸润线可能在下游坡逸出。

(3)坝身土质多砂，透水性大，迎水坡面无透水性小的黏土截渗层。

(4)坝浸水时间长，坝身土壤饱和。

(三) 抢护原则及抢修方法

散浸的抢护原则是"临水截渗，背水导渗"。切忌背水使用黏土压渗，因为渗水在坝身内不能逸出，势必导致浸润线抬高和浸润范围扩大，使险情恶化。下面讲述一般的抢护方法。

1. 临水帮戗

临水帮戗的作用在于增加防渗层，降低浸润线，防止背河出险。凡水深不大，附近有黏性土壤，且取土较易的散浸堤段可采用这种措施。前戗顶宽3~5 m，长度超出散浸段两端5 m，戗顶高出水面约1 m，如图9-2所示。

2. 修筑压渗台

坝身断面不足，背坡较陡，当渗水严重有滑坡可能时，可修筑柴土后戗，既能排出渗水，又能稳定坝坡，加大坝身断面，增强抗洪能力。具体方法是挖除散浸部位的烂泥草皮，清好底盘，将芦柴铺在底盘上，柴梢向外，柴头向内，厚约0.2 m，上铺稻草或其他草类厚0.1 m，再填厚1.5 m土，做到层土层夯，然后用如上做法，铺放芦柴、稻草并填土，直至阴湿面以上，如图9-3所示。柴土后戗在汛后必须拆除。在砂土丰富的地区，也可用砂土代

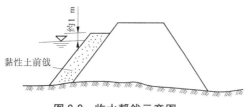

图 9-2　临水帮戗示意图

替柴土修作后戗,称为砂土后戗,也称为透水压渗台,其作用同柴土后戗,断面如图 9-4 所示。

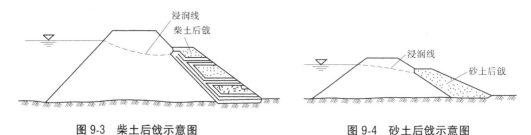

图 9-3　柴土后戗示意图　　　　　　　图 9-4　砂土后戗示意图

3. 抢挖导渗沟

当水位继续上涨,背水大面积严重渗透且继续发展可能滑坡时,可开沟导渗。从背水坡自散浸的顶点或略高于顶点的部位起到坝脚外止,沿堤坝坡每隔 6~10 m 开挖横沟导渗,在沟内填砂石,将渗水集中在沟内并顺利排走。开挖导渗沟能有效地降低浸润线,使坝坡土壤恢复干燥,有利于坝身的稳定。砂石缺乏而芦柴较多的地方,可采用芦柴沟导渗来抢护散浸险情,即在直径 0.2 m 的芦柴外面包一层厚约 0.1 m 的稻草或麦秸等细梢料,捆成与沟等长,放入背水坡开挖成宽 0.4 m、深 0.5 m 的沟内,使稻草紧贴坝土,其上用土袋压紧,下端柴梢露出坝脚外。

4. 修筑反滤层导渗

在局部渗水严重、坝身土壤稀软、开沟困难的地段,可直接用反滤材料砂石或梢料在渗水堤坡上修筑反滤层,其断面及构造如图 9-5(a)所示。

在缺少砂石料的地区,可采用芦柴反滤层,即在散浸部位的坡面上先铺一层厚 0.1 m 的稻草或其他草类,再铺一层厚约 0.3 m 的芦柴,其上压一层土袋(或块石)使稻草紧贴土料,如图 9-5(b)所示。

二、漏洞的抢护

(一)漏洞产生的原因

有些土坝在汛期高水位时,坝的下游坡或下游坝出现洞眼漏水。若坝身土壤未被带出,则漏出来的水较清,称为清水漏洞。若漏洞周围的土体松散崩塌,土壤被水带出,则漏出来的水较浑,称为浑水漏洞。浑水漏洞往往是由清水漏洞发展恶化而来。对于浑水漏洞,如不及时抢护,就会迅速发展导致垮坝。

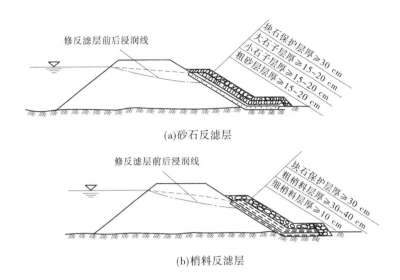

图 9-5　砂石、梢料反滤层示意图

产生漏洞原因很多,除高水位因散浸集中而形成漏洞外,一般来说,主要是由于坝身施工质量较差,或坝内隐患所致。例如,坝身土料含砂量大,施工夯实不好时,均可能在汛期形成渗水通道而成为漏洞。又如筑坝时,杂草树木未清理干净,日久腐烂形成空隙,或有蚁、獾、蛇、鼠洞穴等,在高水位压力下,渗水沿隐患松土串连而成为漏洞。

(二)漏洞进口的探测

当出现漏洞险情后,应查明原因,找到漏洞进口,判别是清水漏洞还是浑水漏洞。探测漏洞进口的方法很多,其中常见的有以下几种。

1. 观察漩涡

漏洞漏水较大时,其进口附近的水面,常出现漩涡,因而可从漩涡出现的位置,判断进口的位置,为进一步探查提供线索。如果漩涡不甚明显,可在比较平静的水面上,撒些麦麸、谷糠、锯末或其他漂浮物,若这些漂浮物在水面上旋转或集中在一起,就证明是漏洞进口所在地方。当风浪较大、水流较急时不宜采用此法。

2. 探漏杆探测

探漏杆是一种简单的探测漏洞的工具,杆身是长 1~2 m 的麻秆,用白铁皮两块(各剪开一半)相互垂直交接,嵌于麻秆末端并扎牢,麻秆上端插两根羽毛,如图 9-6 所示。制成后先在水中做试验,以能直立水中,上端以露出水面 10~15 cm 为宜。探漏时在探漏杆顶部系上绳子,绳的另一端持于手中,将探漏杆抛于水中,任其漂浮。若遇漏洞,就会在旋流影响下吸至洞口并不断旋转。此法受风浪影响较小,深水处也适用。

3. 潜水探漏

当漏洞进水口处水深较大,水面看不见漩涡,或为了进一步摸清险情,确定漏洞离水面的深度和进口的大小,可由水性好的人或专业潜水人员潜入水中探摸。此法应注意安全,事先必须系好绳索,避免潜水人员被水吸入洞内。

(三)抢堵方法

漏洞的抢堵原则是:临水堵截断流,背水反滤导渗,临背并举。

1. 堵塞漏洞进口

1）软楔堵塞

在漏洞进口较小，且洞口周围土质较硬的情况下，可用网兜制成软楔，也可用其他软料如棉衣、棉被、麻袋、草捆等将洞口填塞严实，然后用土袋压实并浇土闭气，如图9-7所示。

当洞口较大时，可以用数个软楔（如草捆等）塞入洞口，然后用土袋压实，再将透水性较小的散土顺坡推下，铺于封堵处，以提高防渗效果。

2）铁锅、门板堵洞

在洞口不大、周围土质较硬时，可用大于洞口的铁锅（或门板）扎住洞口（锅底朝下，锅壁贴住洞缘），然后用软草、棉絮塞紧缝隙，上压土袋。

1—薄铁皮；2—麻秆；
3—羽毛

图 9-6　探漏杆示意图

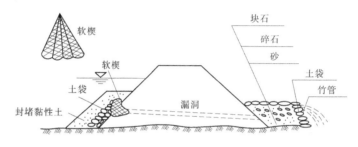

图 9-7　临水堵漏洞背河反滤围井示意图

3）软帘覆盖

如果洞口土质已软化，或进水口较多，可用篷布或用芦席叠合，一端卷入圆形重物，一端固定在水面以上的堤坡上，顺堤坡滚下，随滚随压土袋，用土袋压实并浇土闭气。

4）临河月堤

当漏洞较多，范围较大且集中在一片时，如河水不太深，可在一定范围内用土袋修作月堤进行堵塞，然后浇土闭气。

堵塞进水口是漏洞抢护的有效方法，有条件的应首先采用。应当指出，抢堵时切忌在洞口乱抛块石土袋，以免架空，增加堵漏难度。不允许在进口附近打桩，也不允许在漏洞出口处用此法封堵，否则将使险情扩大，甚至造成堤坝溃决的后果。

2. 背水滤水围井减压

1）滤水围井

为了防止漏洞扩大，在探测漏洞进口位置的同时，应根据条件在漏洞出口处做滤水围井，以稳定险情。滤水围井是用土袋把出口围住，内径应比漏洞出口大些。围井自下而上分层铺设粗砂、碎石、块石，每层 0.2~0.3 m，组成反滤层。渗漏严重的漏洞，铺设反滤料的厚度还可以加厚，以使漏水不带走土粒。漏洞较小的可用无底水桶作围井，内填反滤材料。砂石料缺乏的地区，可用草、炉渣、碎砖等作反滤层。最后在围井上部安设竹管将清水引出。此法适用于进口因水急洞低无法封堵、进口位置难以找到的浑水漏洞，或作为进口封堵不住仍漏浑水时的抢护措施。有的围井不铺反滤层,利用井内水柱来减小漏洞出口处的流速,这样围井需做得较高,但因井内水深过大易破坏围井周围土层,造成新的险情,故仅适用于进出口水位差不大的情况。

2)水戗减压

当漏洞过大,有发生溃决危险,或漏洞较多,不可能一一修作反滤围井时,可以在背水抢修月堤,并在其间充水为水戗,借助水压力减小或平衡临河水压力减缓漏洞威胁。

第五节　土石坝翻砂涌水险情的抢护

在汛期库水位较高时,渗流产生的渗透坡降较大,当渗流逸出部位渗透坡降大于坝基土体的临界坡降时,在坝背水坡脚附近出现孔眼冒砂翻水的现象称为管涌,又称泡泉。由于冒砂处往往形成砂环,故又称土沸或砂沸。管涌孔径小的如蚁穴,大的数十厘米,少则出现一两个,多时可出现管涌群。在实际工程中,这种渗透破坏现象统称为翻砂涌水。翻砂涌水如果不及时处理,就会使坝基淘成孔洞,坝基失去稳定而垮塌,所以比起一般的漏洞更为危险。

一、险情表现

翻砂涌水险情,多出现在下游坝址附近。如在水中出现,可见水面上翻浪花,冒浑水,有时也带有气泡。比较严重时,水面如同沸腾的开水一样冒花。不过要注意进行实地检查,因有时坝后积水中含有沼气时,也会形成类似的翻花现象。在干涸的河床上,出现翻砂涌水时,比较容易判断。不同类型的坝基,其破坏现象也有所不同,对均质砂土构成的坝基,开始阶段在坝址下游附近逐渐形成砂环,时间越长,砂环越大,当砂环发展到一定程度后不再增大,因为此时渗流量加大,渗流带出的砂粒被水带走。在鉴别翻砂涌水时,水温也是一个重要因素,水自坝基深处渗出,一般水温低,可用手足直接觉察。

二、产生原因

在渗流水作用下土颗粒群体移动,称为流土。填充在骨架空隙中的细颗粒被渗水带走,称为管涌。通常将上述两种渗透破坏统称为管涌(又称翻砂鼓水、泡泉)。管涌险情的发展以流土最为迅速,它的过程是随着出水口涌水挟沙增多,涌水量也增大,逐渐形成管涌洞,如将附近堤(闸)基下砂层淘空,就会导致堤(闸)身骤然下挫,甚至酿成决堤灾害。

管涌险情的严重程度一般可以从以下几个方面加以判别,即管涌口离堤脚的距离、涌水浑浊度及带沙情况、管涌口直径、涌水量、洞口扩展情况、涌水水头等。由于抢险的特殊性,目前都是凭有关人员的经验来判断。具体操作时,管涌险情的危害程度可从以下几方面分析判别:

(1)管涌一般发生在背水堤脚附近地面或较远的坑塘洼地。距堤脚越近,其危害性就越大。一般以距堤脚15倍水位差范围内的管涌最危险,在此范围以外的次之。

(2)有的管涌点距堤脚虽远一点,但是管涌不断发展,即管涌口径不断扩大,管涌流量不断增大,带出的砂越来越粗,数量不断增大,这也属于重大险情,需要及时抢护。

(3)有的管涌发生在农田或洼地中,多是管涌群,管涌口内有砂粒跳动,似"煮稀饭",涌出的水多为清水,险情稳定,可加强观测,暂不处理。

(4)管涌发生在坑塘中,水面会出现翻花鼓泡,水中带砂、色浑,有的由于水较深,水面只看到冒泡,可潜水探摸,是否有凉水涌出或在洞口是否形成砂环。

需要特别指出的是,由于管涌险情多数发生在坑塘中,管涌初期难以发现。因此,在荆江大堤加固设计中曾采用填平堤背水侧 200 m 范围内水塘的办法,有效地控制了管涌险情的发生。

(5)堤背水侧地面隆起(牛皮包、软包)、膨胀、浮动和断裂等现象也是产生管涌的前兆,只是目前水的压力不足以顶穿上覆土层。随着水位的上涨,有可能顶穿,因而对这种险情要高度重视并及时进行处理。

汛期出现险情时,属于流土或管涌,通常并不做严格区分,而着重采取有效措施,以消除险情为主,在汛后再做彻底处理。

(一)集中渗漏破坏

在堤坝下游坝面、地基出现成股水流涌出的异常渗流现象,称为集中渗漏。集中渗漏将使土体内部淘成空穴、渗漏出口形成塌坑,严重时内部土体失稳坍塌,最后导致堤坝的溃决,这是一种严重威胁土坝安全的渗漏现象。形成集中渗漏的主要原因如下:

(1)堤坝体防渗设施厚度单薄,特别是当防渗的塑性心墙或斜面墙的厚度不够,致使渗流水力坡降大于其临界坡降时,或者在反滤不符合要求等情况下,斜面墙或心墙土料流失,最后使斜面墙或心墙被击穿,形成渗漏通道。

(2)因渗流在薄弱处集中排出,当堤坝坝身分层分段和分期填筑时,层与层、段与段以及前后期间的接合面没有按施工规范要求施工,导致各层或各段接合不好,或施工过程中碾压不合格,有松土层在堤坝内形成了渗流,在薄弱夹层处集中排出。

(3)堤坝施工中对贯穿大坝上下游的道路及施工的接头缝隙未进行处理,或对坝体与其他刚性建筑物,如溢洪道边墙、涵管或岸坡等的接触面防渗处理不好,在渗流的作用下,发展成集中渗漏的通道。

(4)白蚁、獾、蛇、鼠等动物在堤坝体内营巢、打洞,树根腐烂后的洞穴也会发展成集中渗漏通道。

当出现集中渗漏通道时,应及时在堤防迎水面一侧寻找进水口,采取"外堵为主、内导中截为辅"的方法进行处理。

(二)管涌破坏

管涌是指在具有一定的水力梯度的渗流作用下,土体中的细颗粒在粗颗粒形成的孔隙中移动,并被带出土体以外的现象。这种险情在湖北一般称为翻砂鼓水,在江西称为泡泉。管涌主要发生在内部结构不稳定的砂砾石层中。

管涌水口径大小不同,小的只有几毫米,大的达几十厘米,孔隙周围多形成隆起的砂环。管涌发生时,水面出现翻花,随着江河水位的升高,持续时间的延长,险情不断恶化,大量涌水翻砂,使堤防地基土壤骨架被破坏,孔道不断地扩大,基土逐渐被淘空,以致引起建筑物塌陷,甚至造成决堤事故。

在汛期,水库大坝发生管涌破坏是一种最常见险情,也是各种险情之首。尤其堤坝基础的管涌问题严重威胁水库大坝的安全,是堤坝工程中最普遍且难以治愈的心腹之患。

有关专家对水库堤坝工程坝基渗流和管涌破坏机制的研究表明:从水力学的角度来看,管涌是一个典型的点源流动。堤坝渗流稳定问题的主要特点:①管涌发生并不一定管涌破坏;②管涌发生的地点有近有远;③坝基渗流破坏的最终形式是流土;④管涌的扩展是一随机过程。管涌的初始阶段通常情况下征兆并不是很明显,比较不容易被预防,如果发作或发展起来又是非常的迅急。

水库大坝工程是否发生管涌,首先取决于大坝所填筑土料的性质,管涌多发生在砂性土中,其特征是颗粒大小差别较大,往往缺少某种粒径,孔隙直径大且相互连通。无黏性土产生管涌必须具备两个条件:①几何条件,土中粗颗粒所构成的孔隙直径必须大于细颗粒的直径,这是必要条件,一般不均匀系数>10的土才会发生管涌;②水力条件,渗流力能够带动细颗粒在孔隙间滚动或移动是发生管涌的水力条件,可用管涌的水力梯度来表示。

引起管涌的原因主要有:①堤基土壤级配缺少某些中间粒径的非黏性土壤,在江河高水位的作用下,渗流的渗透坡降大于土壤允许值时,地基土体中较细土粒被渗流推动带走而形成管涌;②基础土层中含有强透水层,上面覆盖的土层压重不足;③堤坝工程防渗或排水(渗)设施效能降低或损坏失效。

管涌的抢护原则是:堤坝发生管涌,其渗流入渗点一般在堤防临水面深水下的强透水层露头处,汛期水深流急,很难在临水面进行处理。所以,险情抢护一般在背水面,其抢护应以"反滤导渗,控制渗水带砂,留有渗水出路,防止渗透破坏"为原则。对于小的仅冒出清水的管涌,可以加强观察,暂不处理;对于流出浑水的管涌,不论大小,均必须迅速抢护,决不可麻痹疏忽,贻误时机,造成溃口灾害。"牛皮包"在穿破表层后,应按管涌处理。

在对管涌险情抢护的过程中,有的人临时采用修筑后戗平台等压渗的办法,企图用土重或提高水体来平衡渗水压力,但经过实践证明是行不通的。有的渗透压力水会在薄弱之处重新发生管涌、渗水、散浸,对水库大堤安全极为不利,因此防汛抢险人员应特别注意这一点。

(三)流土破坏

管涌和流土是发生在同一土体中的两种基本渗流破坏形式。在实际工程中常统称为管涌。主要原因是渗流破坏出口形式一般都表现为单个或多个泉涌(管涌),最后导致土体内部形成渗流通道(管涌通道)。实际上,管涌和流土的发生机制、渗流破坏发展的过程及危险程度都是不同的。因此,只有从现象到本质上区别管涌和流土,才能正确地选用相应的防治措施。在工程防渗设计中,必须确定土的抗渗比降(或允许比降),管涌土和非管涌土(流土)的允许比降值相差很大。由此可见,判别管涌和流土的不同渗流破坏形式,对工程的防渗设计和防汛抢险都具有十分重要的意义。

流土在上升流作用下,动水压力超过土重度时,土体的表面隆起、浮动或某一颗粒群的同时起动而流失的现象称为流土。由此可见,流土是指在渗流作用下,局部土体表面隆起,或某一范围内土粒同时发生移动的现象。如果土体中向上的渗透力等于土在水中的浮容重,就会出现流土现象,它主要发生在堤坝下游流出口无反滤层保护或反滤失效的情况下。这种破坏形式在黏性土和无黏性土中均可以发生。

发生流土的土体,其土颗粒之间都是相互紧密结合的,相互之间具有较强的约束力,可以承受的水头较大。但是,流土的破坏危害性却是最大的。因为,流土一旦发生,它是土体的整体破坏,流土通道会迅速向上游或横向延伸,一旦抢险不及时或措施不得当,就有造成土体结构破坏,引发溃堤灾难发生的危险。

非黏性土的流土变形,表现为颗粒群的同时起动,如泡泉群、砂沸、土体翻滚、溯源淘刷等;黏性土的流土变形,则表现为土体隆起、鼓胀、浮动、断裂等现象。流土的抢护方法与管涌抢护方法相同。

(四) 接触冲刷

接触冲刷是指渗流沿着两种渗透系数不同土层的接触面流动时,沿层面带走细颗粒的现象,上下两土层的颗粒直径悬殊越大越易发生接触冲刷。在实际水库堤坝工程中,水流沿着两种介质界面流动,例如坝体与坝基的接触面或土坝心墙与基岩的接触面,一旦在某种外力(地震、地基不均匀沉降等)作用下产生裂缝,就容易发生接触冲刷破坏。因此,对接触冲刷产生的原因和发展过程的研究,已成为闸坝等水工建筑物能否安全运行的重要课题。

接触冲刷是一个重要的工程问题,在土石坝、堤防等工程中经常遇到,如穿堤建筑物与堤身的接合面以及裂缝的渗透破坏等。

接触冲刷险情产生的原因主要有:①与穿堤坝建筑物接触的土体回填不密实;②建筑物与土体接合部位有生物活动;③有超过设计水位的洪水作用;④穿堤坝建筑物的变形引起接合部位不密实或破坏等;⑤土坝直接修建在卵石堤基上;⑥堤基土中层间系数太大的地方,如粉砂与卵石间也易产生接触冲刷。

穿堤建筑物与堤身、堤基接触处产生接触冲刷,险情发展很快,直接危及建筑物与堤防的安全,所以抢险时,应抢早抢小,一气呵成。抢护原则是在堤坝的临水面进行截堵,其背水面进行反滤导水,特别是基础与建筑物接触部位产生冲刷破坏时,减小冲刷水流的流速。

(五) 接触流土

接触流土是指渗流垂直于渗透系数相差较大的两相邻土层的接触面流动时,将渗透系数较小的土层中的细颗粒带入渗透系数较大的另一土层的现象。

在水库大坝工程设计中,反滤层是一个很重要的构筑物,也是施工质量较难控制的一个环节。在运行过程中,反滤层常见的破坏形式是接触流土,一旦发生接触流土,反滤层排水减压的功能就会减弱,并加速度发展,存在整体破坏的危险。

设计反滤层的一般原则是控制细颗粒与粗颗粒之间粒径的比值,而通常没有考虑细颗粒所处的应力状态。这里所指的粗、细颗粒,既指反滤料和被保护的土料,也指多级反滤层中互相接触的两层。从理论上推测,接触流土的发生应与即将流入粗颗粒孔隙之中的细颗粒的应力状态有关。这是因为细颗粒内部的压应力越大,发生流土时需要克服的摩擦阻力则越大,相应的接触流土临界坡降也越大。

接触流土作为渗透变形的一种形式,通常由接触面两侧粗、细颗粒的粒径比来判别。有关专家结合试验研究了应力状态对接触流土临界坡降的影响,结果发现在粗、细颗粒的接触带,在同样的水力梯度下,即将流入粗颗粒孔隙之中的细颗粒内部的压应力越大,接触流土的破坏越难发生,且发现接触流土临界坡降随着压应力的增大而增大。由此得出:在控制反滤料颗粒级配的基础上,采取结构措施增大细颗粒内部的压应力,可以使反滤层的运行更加稳定。

三、抢护原则及方法

引起土体产生渗透变形的原因很多,如土的类别、颗粒组成、密度、水流条件等。根据渗透变形的机制可知,土体发生渗透破坏的原因有两个方面:一是渗流特征,即上下游水位差形成的水力坡降;二是土的类别及组成特性,即土的性质及颗粒级配。故防治渗透变形的工程措施基本归结为两类:一类是延长渗径,减小下游逸出处水力坡降,降低渗透力;另一类是增强渗流逸出处土体抗渗能力。翻砂涌水与坝身出现的漏洞不同,它的渗水来自坝基与库水有广泛通路的透水层,且是从库底渗入的。所以,汛期一般不可能在坝的上游进行截堵,只能在坝前采取措施,进行抢护。由于管涌发生在深水的砂层,汛期很难在迎水面进行处理,一般只能在背水面采取措施。它的抢护原则是"反滤导渗,制止涌水带出泥沙"。其具体抢险方法如下。

(一) 反滤围井

当坝背面发生数目不多、面积不大的严重管涌时,可用抢筑围井的方法。先在涌泉的出口处做一个不很高的围井,以减小渗水的压力及流速,然后在围井上部安设管子将水引出。如出险处水势较猛,先填粗砂会被冲走,可先以碎石或小块石消杀水势,然后按级配填筑反滤层。若发现井壁渗水,可距井壁 0.5~1.0 m 位置再围一圈土袋,中间填土夯实。

围井内必须用透水料铺填,切忌用不透水材料。根据所用反滤料的不同,反滤围井可分为以下几种形式。

1. 砂石反滤围井

砂石反滤围井是抢护管涌险情的最常见形式之一。选用不同级配的反滤料,可用于不同土层的管涌抢险。在围井抢筑时,首先应清理围井范围内的杂物,并用编织袋或麻袋装土填筑围井。然后根据管涌程度的不同,采用不同的方式铺填反滤料:对管涌口不大、涌水量较小的情况,采用由细到粗的顺序铺填反滤料,即先装细料,再填过渡料,最后填粗料,每级滤料的厚度为 20~30 cm,反滤料的颗粒组成应根据被保护土的颗粒级配事先选定和储备;对管涌口直径和涌水量较大的情况,可先填较大的块石或碎石,以消杀水势,再按前述方法铺填反滤料,以免较细颗粒的反滤料被水流带走。反滤料填好后应注意观察,若发现反滤料下沉,可补足反滤料;若发现仍有少量浑水带出而不影响其骨架改变(即反滤料不下陷),可继续观察其发展,暂不处理或略抬高围井水位。管涌险情基本稳定后,在围井的适当高度插入排水管(塑料管、钢管和竹管),使围井水位适当降低,以免围井周围再次发生管涌或井壁倒塌。同时,必须持续不断地观察围井及周围情况的变化,及时调整排水口高度,如图 9-8 所示。

2. 土工织物反滤围井

首先对管涌口附近进行清理平整,清除尖锐杂物。管涌口用粗料(碎石、砾石)充填,以消杀涌水压力。铺土工织物前,先铺一层粗砂,粗砂层厚 30~50 cm,然后选择合适的土工织物铺上。需要特别指出的是,土工织物的选择是相当重要的,并不是所有土工织物都

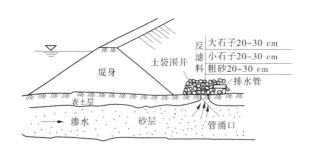

图 9-8　砂石反滤围井示意图

适用。选择的方法是,可以将管涌口涌出的水砂放在土工织物上从上向下渗几次,看土工织物是否淤堵。若管涌带出的土为粉砂,一定要慎重选用土工织物(针刺型);若为较粗的砂,一般的土工织物均可选用。最后要注意的是,土工织物铺设一定要形成封闭的反滤层土,工织物周围应嵌入土中,土工织物之间用线缝合。然后在土工织物上面用块石等强透水材料压盖,加压顺序为先四周后中间,最终中间高、四周低。最后在管涌区四周用土袋修筑围井。围井修筑方法和井内水位控制与砂石反滤围井相同(见图 9-9)。

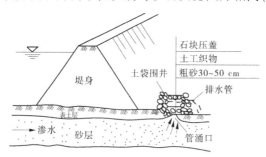

图 9-9　土工织物反滤围井示意图

3. 梢料反滤围井

梢料反滤围井用梢料代替砂石反滤料做围井,适用于砂石料缺少的地方。下层选用麦秸、稻草,铺设厚度 20~30 cm。上层铺粗梢料,如柳枝、芦苇等,铺设厚度 30~40 cm。梢料填好后,为防止梢料上浮,梢料上面压块石等透水材料。围井修筑方法及井内水位控制与砂石反滤围井相同(见图 9-10)。

(二)反滤层压盖

在堤内出现大面积管涌或管涌群时,如果料源充足,可采用反滤层压盖的方法,以降低涌水流速,制止地基泥沙流失,稳定险情。反滤层压盖必须用透水性好的材料,切忌使用不透水材料。根据所用反滤材料不同,可分为以下几种。

1. 砂石反滤压盖

在抢筑前,先清理铺设范围内的杂物和软泥,同时对其中涌水涌砂较严重的出口用块石或砖块抛填,消杀水势;然后在已清理好的管涌范围内,铺粗砂一层,厚约 20 cm;再铺小石子和大石子各一层,厚度均为 20 cm;最后压盖块石一层,予以保护(见图 9-11)。

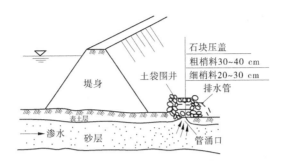

图 9-10　梢料反滤围井示意图

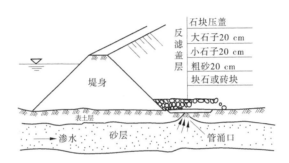

图 9-11　砂石反滤压盖示意图

2. 梢料反滤压盖

当缺乏砂石料时,可用梢料做反滤压盖(见图 9-12)。其清基和消杀水势措施与砂石反滤压盖相同。在铺筑时,先铺细梢料,如麦秸、稻草等,厚 10~15 cm;再铺粗梢料,如柳枝、秫秸和芦苇等,厚 15~20 cm;粗细梢料共厚约 30 cm;然后铺席片、草垫或苇席等,组成一层。视情况可只铺一层或连铺数层,然后用块石或砂袋压盖,以免梢料漂浮。料料总的厚度以能够制止涌水挟带泥沙、变浑水为清水、稳定险情为原则。

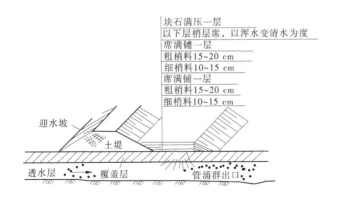

图 9-12　梢料反滤压盖示意图

(三) 蓄水反压

蓄水反压(俗称养水盆)即通过抬高管涌区内的水位来减小堤内外的水头差,从而降低渗透压力,减小出逸水力坡降,达到制止管涌破坏和稳定管涌险情的目的,见图9-13。

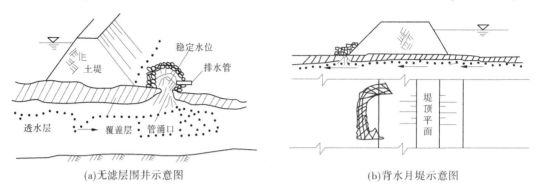

(a)无滤层围井示意图　　　　　　　　(b)背水月堤示意图

图9-13　蓄水反压示意图

该方法的适用条件是:①闸后有渠道,堤后有坑塘,利用渠道水位或坑塘水位进行蓄水反压;②覆盖层相对薄弱的老险工段,结合地形,做专门的大围堰(或称月堤)充水反压;③极大的管涌区,其他反滤盖重难以见效或缺少砂石料的地方。蓄水反压的主要形式有以下几种。

1. 渠道蓄水反压

一些穿堤建筑物后的渠道内,由于覆盖层减薄,常产生一些管涌险情,且沿渠道一定长度内发生。对这种情况,可以在发生管涌的渠道下游做隔堤,隔堤高度与两侧地面平,蓄水平压后,可有效控制管涌的发展。

2. 塘内蓄水反压

有些管涌发生在塘中,在缺少砂石料或交通不便的情况下,可沿塘四周做围堤,抬高塘中水位以控制管涌,但应注意不要将水面抬得过高,以免周围地面出现新的管涌。

3. 围井反压

对于大面积的管涌区和老的险工段,由于覆盖层很薄,为确保汛期安全度汛,可抢筑大的围井,并蓄水反压,控制管涌险情。如1998年安庆市东郊马窝段,是长江上的一个老险工段,覆盖层厚度仅 0.8~3.0 m,汛期抢筑了5个大的围井,有效控制了5 km长堤段内管涌险情的发生。

采用围井反压时,由于井内水位高、压力大,围井要有一定的强度,同时应严密监视周围是否出现新管涌。切忌在围井附近取土。

4. 其他

对于一些小的管涌,一时又缺乏反滤料,可以用小的围井围住管涌,蓄水反压,制止涌水带砂。也有的用无底水桶蓄水反压,达到稳定管涌险情的目的。

(四)水下管涌险情抢护

在坑、塘、水沟和水渠处经常发生水下管涌,给抢险工作带来困难。可结合具体情况,采用以下处理办法:

(1)反滤围井。当水深较浅时,可采用这种方法。

(2)水下反滤层。当水深较深,做反滤围井困难时,可采用水下抛填反滤层的办法。

如管涌严重,可先填块石以消杀水势,然后从水上向管涌口处分层倾倒砂石料,使管涌处形成反滤堆,使砂粒不再带出,从而达到控制管涌险情的目的,但这种方法使用砂石料较多。

(3)蓄水反压。当水下出现管涌群且面积较大时,可采用蓄水反压的办法控制险情,可直接向坑塘内蓄水。如果有必要,也可以在坑塘四周筑围堤蓄水。

(五)"牛皮包"的处理

当地表土层在草根或其他胶结体作用下凝结成一片时,渗透水压把表土层顶起而形成的鼓包,俗称为"牛皮包"。一般可在隆起的部位,铺麦秸或稻草一层,厚 10~20 cm,其上再铺柳枝、秫秸或芦苇一层,厚 20~30 cm。如厚度超过 30 cm,可分横竖两层铺放后再压。

如果因管涌流土导致坝身裂缝,这已是溃口性险情,要迅速抢护填筑加固。当地面发生塌陷,断续出现大股砂体,塌陷口迅速扩大形成险情,按级配做反滤不可能时,只有大量倾倒卵石和石块,多路施工,齐头并进,直至涌势基本稳定后,才能按反滤填筑。

应该指出,反滤围井是有条件的,只有在基础好,翻砂用水险口的周围有足够的抗压条件下,围井才能有很好的效果,否则效果不理想,甚至出现这里围那里冒的现象,防不胜防,还会导致险情恶化。

第六节　土石坝滑坡险情的抢护

汛期堤防边坡失稳,包括临水坡的滑坡与背水坡的滑坡。这类险情严重威胁着堤防的安全,必须及时进行抢护。1998 年汛期,长江流域的许多堤段都发生了滑坡的重大险情,因为抢险及时才避免了溃口险情的发生。

一、滑坡产生的原因

堤防的临水面与背水面堤坡均有发生滑坡的可能,因其所处位置不同,产生滑坡的原因也不同,现分述如下。

(一)临水面滑坡的主要原因

(1)堤脚滩地迎流顶冲坍塌,崩岸逼近堤脚,堤脚失稳引起滑坡。

(2)水位消退时,堤身饱水,容重增加,在渗流作用下,使堤坡滑动力加大,抗滑力减小,堤坡失去平衡而滑坡。

(3)汛期风浪冲毁护坡,浸蚀堤身引起局部滑坡。

(二)背水面滑坡的主要原因

(1)堤身渗水饱和而引起的滑坡。通常在设计水位以下,堤身的渗水是稳定的,然而,在汛期洪水位超过设计水位或接近设计水位时,堤身的抗滑稳定性降低或达到最低值。再加上其他一些原因,最终导致滑坡。

(2)在遭遇暴雨或长期降雨而引起的滑坡。汛期水位较高,堤身的安全系数降低,如遭遇暴雨或长时间连续降雨,堤身饱水程度进一步加大,特别是对已产生了纵向裂缝(沉降缝)的堤段,雨水沿裂缝很容易地渗透到堤防的深部,裂缝附近的土体因浸水而软化,强度降低,最终导致滑坡。

(3)堤脚失去支撑而引起的滑坡。平时不注意堤脚保护,更有甚者,在堤脚下挖塘,或未将紧靠堤脚的水塘及时回填等,这些地方是堤防的薄弱地段,堤脚下的水塘就是将来滑坡的出口。

二、堤防滑坡的预兆

汛期堤防出现了下列情况时,必须引起注意。

(一)堤顶与堤坡出现纵向裂缝

汛期一旦发现堤顶或堤坡出现了与堤轴线平行而较长的纵向裂缝,必须引起高度警惕,仔细观察,并做必要的测试,如缝长、缝宽、缝深、缝的走向以及缝隙两侧的高差等,必要时要连续数日进行测试并做详细记录。出现下列情况时,发生滑坡的可能性很大。

(1)裂缝左右两侧出现明显的高差,其中离堤中心远的一侧低,而靠近堤中心的一侧高。

(2)裂缝开度继续增大。

(3)裂缝的尾部走向出现了明显的向下弯曲的趋势,如图9-14所示。

(4)从发现第一条裂缝起,在几天之内与该裂缝平行的方向相继出现数道裂缝。

(5)发现裂缝两侧土体明显湿润,甚至发现裂缝中渗水。

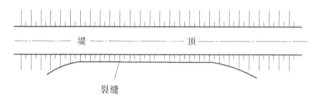

图 9-14　滑坡前裂缝两端明显向下弯曲

(二)堤脚处地面变形异常

滑坡发生之前,滑动体沿着滑动面已经产生移动,在滑动体的出口处,滑动体与非滑动体相对变形突然增大,使出口处地面变形出现异常。一般情况下,滑坡前出口处地面变形异常情况难以发现。因此,在汛期,特别是在洪水异常大的汛期,应在重要堤防,包括软基上的堤防,曾经出现过险情的堤段,临时布设一些观测点,及时对这些观测点进行观测,以便随时了解堤防坡脚或离坡脚一定距离范围内地面的变形情况。当发现堤脚下或堤脚附近出现下列情况时,预示着可能发生滑坡。

(1)堤脚下或堤脚下某一范围隆起。可以在堤脚或离堤脚一定距离处打一排或两排木桩,测这些木桩的高程或水平位移来判断堤脚处隆起和水平位移量。

(2)堤脚下某一范围内明显潮湿,变软发泡。

(三)临水坡前滩地崩岸逼近堤脚

汛期或退水期,堤防前滩地在河水的冲刷、涨落作用下,常常发生崩岸。当崩岸逼近堤脚时,堤脚的坡度变陡,压重减小。这种情况一旦出现,极易引起滑坡。

(四)临水坡坡面防护设施失效

汛期洪水位较高,风浪大,对临水坡坡面冲击较大。一旦某一坡面处的防护被毁,风浪直接冲刷堤身,使堤身土体流失,发展到一定程度也会引起局部的滑坡。

三、临水面滑坡抢护的基本原则

抢护的基本原则是"减载加阻",尽量增加抗滑力,减小下滑力。

四、临水面滑坡抢护的基本方法

汛期临水面水位较高,采用的抢护方法必须考虑水下施工问题。

(一)增加抗滑力的方法

(1)做土石戗台。在滑坡阻滑体部位做土石戗台,滑坡阻滑体部位一时难以精确划定,最简单的办法是,戗台从堤脚往上做,分两级,第一级厚度 1.5～2.0 m,第二级厚度 1.0～1.5 m(见图 9-15)。土石戗台断面结构,如图 9-16 所示。

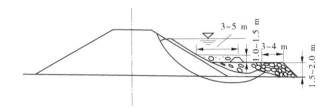

图 9-15　土石戗台断面示意图

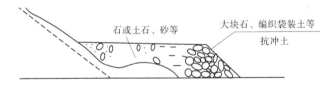

图 9-16　土石戗台断面结构示意图

采用本抢护方案的基本条件是:堤脚前未出现崩岸与坍塌险情,堤脚前滩地是稳定的。

(2)做石撑。当做土石戗台有困难,比如滑坡段较长,土石料紧缺时,应做石撑临时稳定滑坡。该法适用于滑坡段较长,水位较高的情况。采用此法的基本条件与(1)的基本条件相同。石撑宽 4～6 m,坡比 1:5,撑顶高度不宜高于滑坡体的中点高度,石撑底脚边线应超出滑坡下口 3 m 远(见图 9-17)。石撑的间隔不宜大于 10 m。

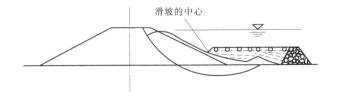

图 9-17　石撑断面示意图

（3）堤脚压重,保证滑动体稳定,制止滑动进一步发展。滑坡是由堤前滩地崩岸、坍塌而引起的,那么,要制止崩岸的继续发展最简单的办法是,在堤脚处抛石块、石笼、编织袋装土石等抗冲压重材料,在极短的时间内制止崩岸与坍塌进一步发展。

（二）背水坡贴坡补强

当临水面水位较高,风浪大,做土石戗台、石撑等有困难时,应在背水坡及时贴坡补强。贴坡的厚度应视临水面滑坡的严重程度而定,一般应大于滑坡的厚度,贴坡的坡度应比背水坡的设计坡度略缓一些。贴坡材料应选用透水的材料,如砂、砂壤土等。如没有透水材料,必须做好贴坡与原堤坡间的反滤层,以保证堤身在渗透条件下不被破坏。背水坡贴坡补强断面参见图9-18。背水坡贴坡的长度要超过滑坡两端各3 m以上。

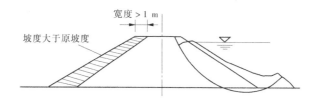

图 9-18　背水坡贴坡补强示意图

五、背水面滑坡抢护的基本原则

减小滑动力,增加抗滑力,即上部削坡,下部堆土压重。如滑坡的主要原因是渗流作用时,应同采取"前截后导"的措施。

六、背水面滑坡抢护的基本方法

（一）减少滑动力

（1）削坡减载。削坡减载是处理堤防滑坡最常用的方法,该法施工简单,一般只用人工削坡即可。但在滑坡还继续发展,没有稳定之前,不能进行人工削坡。一定要等滑坡已经基本稳定后（大约0.5 d至1 d时间）才能施工。一般情况下,可将削下来的土料压在滑坡的堤脚上做压重用。

（2）在临水面上做截渗铺盖,减小渗透力。当判定滑坡是由渗透力而引起的时,及时截断渗流是缓解险情的重要措施之一。采用此法的条件是:坡脚前有滩地,水深也较浅,附近有黏土可取。在坡面上做黏土铺盖阻截或减少渗水,尽快减小渗透力,以达到减小滑动力的目的。

（3）及时封堵裂隙,阻止雨水继续渗入。滑坡后,滑动体与堤身间的裂隙应及时处理,以防雨水沿裂隙渗入到滑动面的深层。保护滑动面深处土体不再浸水软化,强度不再降低。封堵裂隙的办法有:用黏土填筑捣实,如没有黏土,也可就地捣实后覆盖土工膜。该法与上述截渗铺盖一样只能是维持滑坡不再继续发展,不能根治滑坡。在封堵滑坡裂隙的同时,必须尽快进行其他抢护措施的施工。

（4）在背水坡面上做导渗沟,及时排水,可以进一步降低浸润线,减小滑动力。

(二) 增加抗滑力

增加抗滑力才是保证滑坡稳定,彻底排除险情的主要办法。

增加抗滑力的有效办法是增加抗滑体本身的重量,见效快,施工简单,易于实施。

(1)做滤(透)水反压平台(俗称马道、滤水后戗等)。如用砂石等透水材料做反压平台,因砂石本身是透水的,因此在做反压平台前无须再做导渗沟。用砂石做成的反压平台,称透水反压平台。

在欲做反压平台的部位(坡面)挖沟,沟深20~40 cm,沟间距3~5 m,在沟内放置滤水材料(粗砂、碎石、瓜子片、塑料排水管等)导渗。导渗沟下端伸入排渗体内将水排出堤外,绝不能将导渗沟通向堤外的渗水通道阻塞。做好导渗沟后,即可做反压平台。砂、石、土等均可做反压平台的填筑材料。

反压平台在滑坡长度范围内应全面连续填筑,反压平台两端应长至滑坡端部3 m远。第一级平台厚2 m,平台边线应超出滑坡隆起点3 m以远;第二级平台厚1 m,详见图9-19。

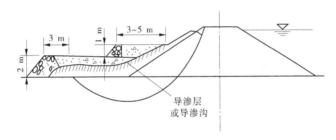

图9-19　滤(透)水反压平台断面示意图

(2)做滤(透)水土撑。当用砂、石等透水材料做土撑材料时,不需再做导渗沟,称此类土撑为透水土撑。由于做反压平台需大量的土石料,在滑坡范围很大,土石料供应又紧张的情况下,可做滤(透)水土撑。滤(透)水土撑与反压平台的区别是:前者分段,一个一个的填筑而成。每个土撑宽5~8 m,坡比1:5。撑顶高度不宜高出滑坡体的中点高度。这样做是保证土撑基本上压在阻滑体上。土撑底脚边线应超出滑坡下出口3 m远,土撑的间隔不宜大于10 m。土撑的断面如图9-20所示。

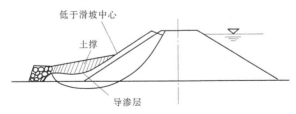

图9-20　滤(透)水土撑断面示意图

(3)堤脚压重。在堤脚下挖塘或建堤时,因取土坑未回填等原因,使堤脚失去支撑而引起的滑坡,抢护最有效的办法是尽快用土石料将坑填平,至少应及时地把堤脚已滑移的部位,用土石料压住。在堤脚住稳后基本上可以暂时控制滑坡的继续发展,争取时间,从容地实施其他抢护方案。实质上该法就是反压平台法的第一级平台。

在做压脚抢护时,必须严格划定压脚的范围,切忌将压重加在主滑动体部位。抢护滑坡施工不应采用打桩等办法,振动会引起滑坡的继续发展。

(三)滤水还坡

汛前堤防稳定性较好,堤身填筑质量符合设计要求,正常设计水位条件下,堤坡是稳定的。但是,如在汛期出现了超设计水位的情况,渗透力超过设计值将会引起滑坡,这类滑坡都是浅层滑坡,滑动面基本不切入地基中,只要解决好堤的排水,减少渗透力即可将滑坡恢复到原设计边坡,此为滤水还坡。滤水还坡有以下四种做法。

(1)导渗沟滤水还坡。先清除滑坡的滑动体,然后在坡面上做导渗沟,用无纺土工布或用其他替代材料,将导渗沟覆盖保护,并在其上用砂性土填筑到原有的堤坡,如图 9-21 所示。导渗沟的开挖,应从上至下分段进行,切勿全面同时开挖。

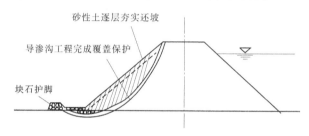

砂性土逐层夯实还坡

导渗工程完成覆盖保护

块石护脚

图 9-21　导渗沟滤水还坡示意图

(2)反滤层滤水还坡。该法与导渗沟滤水还坡一样,其不同之处是将导渗沟滤水改为反滤层滤水。反滤层的做法与渗水抢险中的背水坡反滤导渗的反滤层做法相同。

(3)梢料滤水还坡。当缺乏砂石等反滤料时可用此法。具体做法是:清除滑坡的滑动体,按一层柴一层土夯实填筑,直到恢复滑坡前的断面。柴可用芦柴、柳枝或其他秸秆,每层柴厚 0.3 m,每层土厚 1~1.5 m。梢料滤水还坡断面如图 9-22 所示。

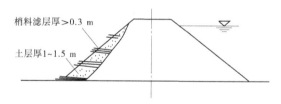

梢料滤层厚>0.3 m

土层厚1~1.5 m

图 9-22　梢料滤水还坡示意图

用梢料滤水还坡抢护的滑坡,汛后应清除,重新用原筑堤土料还坡。以防梢料腐烂后影响堤坡的稳定。

(4)砂土还坡。因为沙土透水性良好,用砂土还坡,坡面不需做滤水处理。将滑坡的滑动体清除后,最好将坡面做成台阶形状,再分层填筑夯实,恢复到原断面。如果用细砂还坡,边坡应适当放缓。

填土还坡时,一定严格控制填土的速率,当坡面土壤过于潮湿时,应停止填筑。最好在坡面反滤排水正常以后,在严格控制填土速率的条件下填土还坡。

七、上下游坝坡滑坡的抢护

当坝坡土体的滑动力矩大于抗滑力矩时,坝坡上的土体将脱离原来的位置,坍塌滑出,这种现象称为滑坡。

发生滑坡的原因很多。在汛期,由于水库水位上涨,浸润线升高,这样不仅增加了坝体的滑动力矩,而且降低了土体的抗剪强度,下游坝坡容易产生滑坡;水库水位骤降时,坝体内的水流将从上游坝坡流出,产生的渗透力减小了坝坡的安全系数,上游坝坡也常会产生滑坡。滑坡无论发生在上游坝坡,还是下游坝坡,将严重威胁大坝安全,甚至产生垮坝,必须及时进行抢护。

(一)下游坝坡滑坡的抢护

下游坝坡滑坡的主要原因是抬高浸润线,增加了滑动力矩,降低了土的抗剪强度所致。所以抢护时首先设法消除已滑动的坝坡内的渗水,降低浸润线,部分恢复活动土体的抗剪强度,使坝基基本稳定后,再进行还坡加固。抢护滑坡的基本方法是:堆石固脚,开沟导渗,放缓坝坡。在条件允许的情况下,采用减小上游入库流量,再配合其他措施,效果很好。现将几种常用的抢护措施介绍如下:

1.透水土撑

当下游边坡滑坡严重,范围较大,取土较为困难时,可准备砂石、碎砖等材料,修筑透水土撑。具体做法是:在筑土撑的部位,将滑坡土体削成斜坡,然后开沟,在沟内分层放置砂石、碎砖等导渗材料。土撑的宽度视险情与取土的难易程度而定,一般 5~10 m,高度应高出滑坡裂缝顶部,坡比 1:3~1:5,填土应打碎夯实。

如坝基不好,在土撑下要抛石或沙袋固脚,但应特别注意不要将渗水沟阻塞住。

2.透水压浸台

如果坝身断面不足,滑坡严重,而水库附近又有充足的筑坝土料,可考虑用透水压浸的方法处理滑坡。透水土撑与透水压浸台不同,透水土撑有间距,透水压浸台则是连续的,要超过滑坡两端 10 m 以上,但在做法上,两者基本相同。

除上述方法外,也可采用开沟导渗、做反滤层等方法处理,工艺与散浸抢护方法一致,也可以考虑几种方法同时使用。但无论采用哪种抢护方法,都必须同时采取降低库水位的措施,以减小渗水压力。在处理滑坡过程中,必须随时密切注意滑坡的动向,防止突然坍塌,造成人身事故。

(二)上游坝坡滑坡的抢护

土坝上游坝坡和下游坝坡的滑坡险情相比较,下游坝坡滑坡更危险,但是在险情处理上,如果水库不放空,则抢护上游坝坡滑坡较困难。所以,一般在抢护上游坝坡滑坡时,首先把水库放空,把滑动部分的土体清理干净,沿滑坡部分坝脚开挖沟槽,用好土进行回填夯实,同时将坡度适当放缓,然后以块石护面。如果险情紧迫或来不及放空水库,则可先采用抛块石、土袋的方法加以固定坝脚,暂时稳定险情,待水库放空后再彻底进行处理。

第七节　接触冲刷险情的抢护

接触冲刷险情发生在有穿堤建筑物的地方或土料层间系数大的堤段。由于穿堤建筑物多为刚性结构,在汛期高水位持续作用下,其与土堤的接合部位,极有可能产生位移张开,使水沿缝渗漏,形成接触冲刷险情。尤其是一些穿堤建筑物直接坐落在砂基上,其接触面渗水给建筑物安全带来极大的影响。

一、接触冲刷险情产生的原因

接触冲刷险情产生的原因主要有:①与穿堤建筑物接触的土体回填不密实;②建筑物与土体接合部位有生物活动;③止水齿墙(槽、环)失效;④一些老的涵箱断裂变形;⑤超设计水位的洪水作用;⑥穿堤建筑物的变形引起接合部位不密实或破坏等;⑦土堤直接修建在卵石堤基上;⑧堤基土中层间系数太大的地方,如粉砂与卵石间也易产生接触冲刷。该类险情可以结合管涌险情来考虑,这里仅讨论穿堤建筑物的接触冲刷险情。

二、接触冲刷的判别

汛期穿堤建筑物处均应有专人把守,同时新建的一些穿堤建筑物应设有安全监测点,如测压管和渗压计等。汛期只要加强观测,及时分析堤身、堤基渗透压力变化,即可分析判定是否有接触冲刷险情发生。没有设置安全监测设施的穿堤建筑物,可以从以下几个方面加以分析判别:

(1)查看建筑物背水侧渠道内水位的变化,也可做一些水位标志进行观测,帮助判别是否产生接触冲刷。

(2)查看堤背水侧渠道水是否浑浊,并判定浑水是从何处流进的,仔细检查各接触带出口处是否有浑水流出。

(3)建筑物轮廓线周边与土接合部位处于水下,可能在水面产生冒泡或浑水,应仔细观察,必要时可进行人工探摸。

(4)接触带位于水上部分,在接合缝处(如八字墙与土体接合缝)有水渗出,说明墙与土体间产生了接触冲刷,应及早处理。

三、接触冲刷险情的抢护原则

穿堤建筑物与堤身、堤基接触带产生接触冲刷,险情发展很快,直接危及建筑物与堤防的安全,所以抢险时,应抢早抢小,一气呵成。抢护原则是"临水截堵,背水导渗",特别是基础与建筑物接触部位产生冲刷破坏时,应抬高堤内渠道水位,减小冲刷水流流速。对可能产生建筑物塌陷的,应在堤临水面修筑挡水围堰或重新筑堤等。

四、接触冲刷险情的抢护方法

抢护接触冲刷险情可以根据具体情况采用以下几种方法。

（一）临水堵截

1. 抛填黏土截渗

（1）适用范围。临水不太深,风浪不大,附近有黏土料,且取土容易,运输方便。

（2）备料。由于穿堤建筑物进水口在汛期伸入江河中较远,在抛填黏土时,需要土方量大,为此,要充分备料,抢险时最好能采用机械运输,及时抢护。

（3）坡面清理。黏土抛填前,应清理建筑物两侧临水坡面,将杂草、树木等清除,以使抛填黏土能较好地与临水坡面接触,提高黏土抛填效果。

（4）抛填尺寸。沿建筑物与堤身、堤基结合部抛填,高度以超出水面 1 m 左右为宜,顶宽 2~3 m。

（5）抛填顺序。一般是从建筑物两侧临水坡开始抛填,依次向建筑物进水口方向抛填,最终形成封闭的防渗黏土斜墙。

2. 临水围堰

临水侧有滩地,水流流速不大,而接触冲刷险情又很严重时,可在临水侧抢筑围堰,截断进水,达到制止接触冲刷的目的。临水围堰一定要绕过建筑物顶端,将建筑物与土堤及堤基接合部位围在其中。可从建筑物两侧堤顶开始进占抢筑围堰,最后在水中合龙;也可用船连接圆形浮桥进行抛填,加大施工进度,即时抢护。

在临水截渗时,靠近建筑物侧墙和涵管附近不要用土袋抛填,以免产生集中渗漏;切忌乱抛块石或块状物,以免架空,达不到截渗目的。

（二）堤背水导渗

1. 反滤围井

当堤内渠道水不深(小于 2.5 m)时,在接触冲刷水流出口处修筑反滤围井,将出口围住并蓄水,再按反滤层要求填充反滤料。为防止因水位抬高,引起新的险情发生,可以调整围井内水位,直至最佳状态,即让水排出而不带走砂土。具体方法见管涌抢护方法中的反滤围井。

2. 围堰蓄水反压

在建筑物出口处修筑较大的围堰,将整个穿堤建筑物的下游出口围在其中,然后蓄水反压,达到控制险情的目的。其原理和方法与抢护管涌险情的蓄水反压相同。

在堤背水侧反滤导渗时,切忌用不透水料堵塞,以免引起新的险情。在堤背水侧蓄水反压时,水位不能抬得过高,以免引起围堰倒塌或周围产生新的险情。同时,由于水位高,水压大,围堰要有足够的强度,以免造成围堰倒塌而出现溃口性险情。

（三）筑堤

当穿堤建筑物已发生严重的接触冲刷险情而无有效抢护措施时,可在堤临水侧或堤背水侧筑新堤封闭,汛后做彻底处理。具体方法如下。

1. 方案确定

首先应考虑抢险预案措施,根据地形、水情、人力、物力、抢护工程量及机械化作业情况,确定是筑临水围堤还是背水围堤。一般在堤背水侧抢筑新堤要容易些。

2. 筑堤线路确定

根据河流流速、滩地的宽窄情况及堤内地形情况,确定筑堤线路,同时根据工程量大小，以及是否来得及抢护，确定筑堤的长短。

3. 筑堤清基要求

确定筑堤方案和线路后，筑堤范围也即确定。首先应清除筑堤范围内的杂草、淤泥等，特别是新、老堤接合部位应清理彻底。否则一旦新堤挡水，造成接合部集中渗漏，将会引起新的险情发生。

4. 筑堤填土要求

一般选用含沙少的壤土或黏土，严格控制填土的含水率、压实度，使填土充分夯实或压实，填筑要求可参考有关堤防填筑标准。

第八节　土石坝跌窝险情的抢护

跌窝（又称陷坑）是指在雨中或雨后，或者在持续高水位情况下，在堤身及坡脚附近局部土体突然下陷而形成的险情。这种险情不但破坏堤防断面的完整性，而且缩短渗径，增大渗透破坏力，有的还可能降低堤坡阻滑力，引起堤防滑坡，对堤防的安全极为不利。特别严重的是，随着跌窝的发展，渗水的侵入，或伴随渗水管涌的出现，或伴随滑坡的发生，可能会导致堤防突然出现溃口的重大险情。

一、跌窝形成的原因

（1）堤防隐患。堤身或堤基内有空洞，如獾、狐、鼠、蚁等害堤动物洞穴，坟墓、地窖、防空洞、刨树坑等人为洞穴，树根、历史抢险遗留的梢料、木材等植物腐烂洞穴等。这些洞穴在汛期经高水位浸泡或雨水淋浸，随着空洞周边土体的湿软，成拱能力降低，塌落形成跌窝。

（2）堤身质量差。筑堤施工过程中，没有进行认真清基或清基处理不彻底，堤防施工分段接头部位未处理或处理不当，土块架空、回填碾压不实，堤身填筑料混杂和碾压不实，堤内穿堤建筑物破坏或土石接合部渗水等，经洪水或雨水的浸泡冲蚀而形成跌窝。

（3）渗透破坏。堤防渗水、管涌、接触冲刷、漏洞等险情未能及时发现和处理，或处理不当，造成堤身内部淘刷，随着渗透破坏的发展扩大，发生土体塌陷导致跌窝。

二、跌窝险情的判别

（一）根据成因判别

由于渗透变形而形成的跌窝往往伴随渗透破坏，极可能导致漏洞，如抢护不及时，就会导致堤防决口，必须做重大险情处理；其他原因形成的跌窝，是个别不连通的陷洞，还应根据其大小、发展趋势和位置分别判断其危险程度。

（二）根据发展趋势判别

有些跌窝发生后会持续发展，由小到大，最终导致瞬时溃堤。因此，持续发展的跌窝必须慎重对待，及时抢护。否则，后果将是非常严重的。有些跌窝发生后不再发展并趋于稳定状态，其危险程度还应通过其大小和位置进行判别。

(三)根据跌窝的大小判别

跌窝大小不同对堤防安危程度的影响也不同,直径小于0.5 m、深度小于1.0 m的小跌窝,一般只破坏堤防断面轮廓的完整性,而不会危及堤防的安全。跌窝较大时,就会削弱堤防强度,危及堤防的安全。当跌窝很大且很深时,堤防将至失稳状态,伴随而来的可能是滑坡,则是很危险的。

(四)根据跌窝位置判别险情

(1)临(背)水坡较大的跌窝可能造成临(背)水坡滑坡险情,或减小渗径,可能造成漏洞或背水坡渗透破坏。

(2)堤顶跌窝降低部分堤顶高度,削弱堤顶宽度。堤顶较大跌窝,将会降低防洪标准,引起堤顶漫溢的危险。

三、跌窝的抢护原则

根据跌窝形成的原因、发展趋势、范围大小和出现的部位采取不同的抢护措施。但是,必须以"抓紧翻筑抢护,防止险情扩大"为原则,在条件允许的情况下尽可能采用翻挖,分层填土夯实的办法做彻底处理。

条件不允许时,可采取相应的临时性处理措施。如跌窝伴随渗透破坏(渗水、管涌、漏洞等),可采用填筑反滤导渗材料的办法处理。如果跌窝伴随滑坡,应按照抢护滑坡的方法进行处理。如果跌窝在水下较深,可采取临时性填土措施处理。

四、跌窝的抢护方法

抢护跌窝险情首先应当查明原因,针对不同情况,选用不同方法,备妥料物,迅速抢护。在抢护过程中,必须密切注意上游水情涨落变化,以免发生意外。抢护的方法一般有以下几种。

(一)翻填夯实

未伴随渗透破坏的跌窝险情,只要具备抢护条件,均可采用这种方法。具体做法是:先将跌窝内的松土翻出,然后分层回填夯实,恢复堤防原貌。如跌窝出现在水下且水不太深时,可修土袋围堰或桩柳围堤,将水抽干后,再予翻筑,见图9-23。

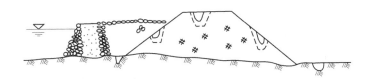

图9-23　翻填夯实跌窝示意图

翻筑所用土料应遵循"前截后排"的原则,如跌窝位于堤顶或临水坡,须用防渗性能不小于原堤土的土料,以利防渗;如位于背水坡则需用排水性能不小于原堤土的土料,以利排渗。

翻挖时,必须清除松软的边界层面,并根据土质情况留足坡度或用桩板支撑,以免坍塌扩大。需筑围堰时应适当围得大些,以利抢护方便与漏水时加固。回填时,须使相邻土层良好衔接,以确保抢护的质量。

(二)填塞封堵

这是一种临时抢护措施,适用于临水坡水下较深部位的跌窝。具体方法是:用土工编织袋、草袋或麻袋装黏性土或其他远水材料,直接在水下填塞跌窝,全部填满跌窝后再抛投黏性散土加以封堵和帮宽。要求封堵严密,避免从跌窝处形成渗水通道,见图9-24。

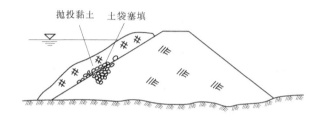

图 9-24　填塞反封堵跌窝示意图

汛后水位回落后,还需按照上述翻填夯实法重新进行翻筑处理。

(三)填筑反滤料

对于伴随有渗水、管涌险情,不宜直接翻筑的背水坡跌窝,可采用此法抢护。具体做法是:先将跌窝内松土和湿软土壤挖出,然后用粗砂填实,如渗涌水势较大,可加填石子或块石、砖块、梢料等透水料消杀水势后,再予填实。待跌窝填满后,再按反滤层的铺设方法抢护,见图9-25。

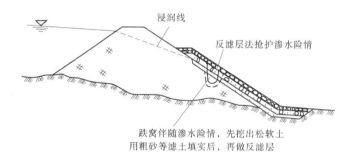

图 9-25　填筑反滤料示意图

修筑反滤层时,必须正确选择反滤料,使之真正起到反滤作用。

(四)伴有滑坡、漏洞险情的抢护

(1)跌窝伴有漏洞的险情,必须按漏洞险情处理方法进行抢护。

(2)跌窝伴有滑坡的险情,必须按滑坡险情处理方法进行抢护。

第九节　输泄水建筑物险情的抢护

输水、泄水建筑物往往是防汛中的薄弱环节。由于设计考虑不周、施工质量差、管理运用不善等方面的原因,汛期常出现水闸滑动、闸顶漫溢、涵闸漏水、闸门操作失灵、消能工冲刷破坏、穿堤管道出险等故障。通常采用的抢险方法简述如下。

一、水闸滑动抢险

水闸下滑失稳的主要原因有:上游挡水位偏高,水平水压力增大;扬压力增大,减小了闸室的有效重量,从而减小了抗滑力;防渗、止水设施破坏或排水失效,导致渗径变短,造成地基土壤渗透破坏,降低地基抗滑力;发生地震等附加荷载。水闸滑动抢险的原则是:"减少滑动力、增大抗滑力,以稳固工程基础"。抢护方法如下。

(一)闸上加载增加抗滑力

闸上加载增加抗滑力即在闸墩、桥面等部位堆放块石、土袋或钢铁块等重物,加载量由稳定核算确定。加载时注意加载量不得超过地基承载力;加载部位应考虑构件加载后的安全和必要的交通通道;险情解除后应及时卸载。

(二)下游堆重阻滑

在水闸可能出现的滑动面下端,堆放土袋、石块等重物。其堆放位置和数量可由抗滑稳定验算确定。

(三)蓄水反压减少滑动力

在水闸下游一定范围内,用土袋或土筑成围堤壅高水位,减小上下游水头差,以抵消部分水平推力,如图9-26所示。围堤高度根据壅水需要而定,断面尺寸应稳定、经济。若下游渠道上建有节制闸,且距离又较近,关闸壅高水位也能起到同样的作用。

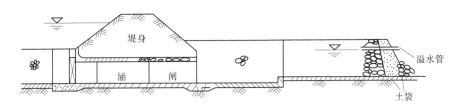

图9-26　下游围堤蓄水反压示意图

二、闸顶漫溢抢护

涵洞式水闸埋设于堤内,防漫溢措施与堤坝的防漫溢措施基本相同,这里介绍的是开敞式水闸防漫溢抢护措施。造成水闸漫溢的主要原因是设计挡洪标准偏低或河道淤积,致使洪水位超过闸门或胸墙顶部高程。抢护措施主要是在闸门顶部临时加高。

(一)无胸墙开敞式水闸漫溢抢护

当闸孔跨度不大时,可焊一个平面钢架,其网格不大于0.3 m×0.3 m,用临时吊具或门机将钢架吊入门槽内,放在关闭的闸门顶上,靠在门槽下游侧,然后在钢架前部的闸门顶分层叠放土袋,迎水面用篷布或土工膜挡水,亦可用2~4 cm厚木板,拼紧靠在钢架上,在木板前放一排土袋压紧,以防漂浮,如图9-27所示。

(二)有胸墙开敞式水闸漫溢抢护

可以利用闸前的工作桥在胸墙顶部堆放土袋,迎水面要压篷布或土工膜布挡水,如图9-28所示。

上述两种情况下堆放的土袋,应与两侧大堤相衔接,共同抵挡洪水。注意闸顶漫溢的

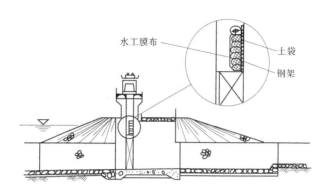

图 9-27　无胸墙开敞式水闸漫溢抢护示意图

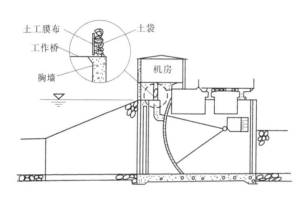

图 9-28　有胸墙开敞式水闸漫溢抢护示意图

土袋高度不宜过大。若洪水位超过过大,可考虑抢筑闸前围堰,以确保水闸安全。

三、闸门漏水抢护

如闸门止水橡皮损坏,可在损坏的部位用棉絮等堵塞。如闸门局部损坏漏水,可用木板外包棉絮进行堵塞。当闸门开启后不能关闭,或闸门损坏大量漏水时,应首先考虑利用检修闸门或放置叠梁挡水。若不具备这些条件,常采用以下办法封堵孔口。

(一) 篷布封堵

若孔口尺寸不大,水头较小,可用篷布封堵。其施工方法是:将一块较新的篷布,用船拖至漏水进口以外,篷布底边下坠块石使其不致漂起,再在顶边系绳索,岸上徐徐收紧绳索,使篷布张开并逐渐移向漏水进口,直至封住孔口。然后把土袋、块石等沿篷布四周逐渐向中心堆放,直至整个孔口全部封堵完毕。切忌先堆放中心部分,而后向四周展开,这样会导致封堵失败。

(二) 临时闸门封堵

当孔口尺寸较大,水头较高时,可按照涵闸孔口尺寸,用长圆木、角钢、混凝土电杆等杆件加工成框架结构,框架两边可支承在预备门槽内或闸墩上。然后在框架内竖直插放外裹棉絮的圆木,使其一根紧挨一根,直至全部孔口封堵完毕。如需闭浸止水,可在圆木外铺放止水土料。

(三)封堵涵管进口

对于小型水库,常采用斜拉式放水孔或分级斜卧管放水孔,若闸门板破裂或无法关闭,可采用网孔不大于 20 cm×20 cm 的钢筋网盖住进水孔口,再抛以土袋或其他堵水物料止水。对于竖直面圆形孔,可用钢筋空球封堵。钢筋空球是用钢筋焊一空心圆球,其直径相当于孔口直径的 2 倍。待空球下沉盖住孔口后,再将麻包、草袋(装土 70%)抛下沉堵。如需要闭浸止水,再在土袋堆体上抛撒黏土。对于竖直面圆形孔,也可用草袋装砂石料,外包厚 20~30 cm 的棉絮,用铅丝扎成圆球,并用绳索控制下沉,进行封堵。

四、闸门不能开启的抢护

由于闸门启闭螺杆折断,无法开启时,可派潜水员下水探清闸门卡阻原因及螺杆断裂位置,用钢丝绳系住原闸门吊耳,临时抢开闸门。

采用多种方法仍不能开启闸门或开启不足,而又急需开闸泄洪时,可立即报请主管部门,采用炸门措施,强制泄洪。这种方法只能在万不得已时才采用,同时尽可能只炸开闸门,不损坏闸的主体部位,最大限度地减少损失。

五、消能工破坏的抢护

涵闸和溢洪道下游的消能防冲工程,如消力池、消力槛、护坦、海漫等,在汛期过水时被冲刷破坏的险情是常见的现象,可根据具体情况进行抢护。

(一)断流抢护

条件允许时,应暂时关闭泄水闸孔,若无闸门控制,且水深不大,可用土袋堵塞断流。然后在冲坏部位用速凝浆浆补砌块石,或用双层麻袋填补缺陷,也可打短桩填充块石或埽捆防护。若流速较大,冲刷严重,可先抛一层碎石垫层,再采用柳石枕或铅丝笼等进行临时防护。要求石笼(枕)的直径 0.5~1.0 m,长度在 2 m 以上,铺放整齐,纵向与水流方向一致,并连成整体。

(二)筑潜坝缓冲

对被冲部位除进行抛石防护外,还可在护坦(海漫)末端或下游做柳捆潜坝或其他形式的潜坝,以增加水深,缓和冲刷,如图 9-29 所示。

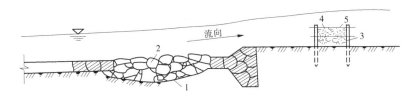

1—冲刷坑;2—抛石;3—木桩;4—柳捆;5—铁丝
图 9-29　柳捆壅水防冲示意图

六、坝体管道险情抢护

各种管道,一般多为铸铁管、钢管或钢筋混凝土管。易出现的问题是,管接头开裂、管身断裂或管壁锈蚀穿孔,造成漏水(油),冲刷并淘空堤身,危及堤坝安全。引起的主要险情有接触面渗流、堤内洞穴、坍塌等,因此要及时抢护。

(一)临水堵漏

当漏洞发生在管道进口周围时,可用棉絮等堵塞。在静水或流速很小时,可在漏洞前用土袋抛筑月堤,抛填黏土封堵。

(二)压力灌浆截渗

在沿管壁周围集中渗流的范围内,可用压力灌浆方法堵塞管壁四周孔隙或空洞,浆液可用水泥黏土浆(水泥掺土重的10%~15%),一般先稀后浓,为加速凝结,提高阻渗效果,浆内可加适量的水玻璃或氯化钙等速凝剂。

(三)洞内补漏

对于内径大于0.7 m的管道,最好停水,派人进入管内,用沥青或桐油麻丝、快凝水泥砂浆或环氧砂浆,将管壁上的孔洞和接头裂缝紧密堵塞修补。

(四)反滤导渗

如渗水已在背水堤坡或出水池周围逸出,要迅速抢修砂石反滤层导渗,或筑反滤围井导渗、压渗。涵闸下游基础渗水处理措施也是修砂石反滤层或围井导渗。涵闸岸墙与堤坝连接处,极易形成漏水通道,危及堤坝安全。它的处理方法也是上述的临河堵塞、灌浆和背水导渗。穿堤部位较高,同时堤顶较宽、堤身断面较大时,可以考虑在堤顶抽槽截断漏洞。

参 考 文 献

[1] 中华人民共和国住房和城乡建设部,中华人民共和国国家质量监督检验检疫总局.防洪标准:GB 50201—2014[S].北京:中国标准出版社,2015.

[2] 中华人民共和国水利部.水利水电工程等级划分及洪水标准:SL 252—2017[S].北京:中国水利水电出版社,2017.

[3] 中华人民共和国水利部.水利工程水利计算规范:SL 104—2015[S].北京:中国水利水电出版社,2015.

[4] 中华人民共和国水利部.碾压式土石坝设计规范:SL 274—2020[S].北京:中国水利水电出版社,2020.

[5] 中华人民共和国水利部.小型水利水电工程碾压式土石坝设计规范:SL 189—2013[S].北京:中国水利水电出版社,2014.

[6] 中华人民共和国水利部.水库大坝安全评价导则:SL 258—2017[S].北京:中国水利水电出版社,2017.

[7] 中华人民共和国水利部.水库工程管理设计规范:SL 106—2017[S].北京:中国水利水电出版社,2017.

[8] 中华人民共和国水利部.土石坝养护修理规程:SL 210—2015[S].北京:中国水利水电出版社,2015.

[9] 中华人民共和国水利部.土石坝安全监测技术规范:SL 551—2012[S].北京:中国水利水电出版社,2012.

[10] 中华人民共和国住房和城乡建设部,中华人民共和国国家质量监督检验检疫总局.水利水电工程地质勘察规范:GB 50487—2008[S].北京:中国计划出版社,2009.

[11] 中华人民共和国水利部.中小型水利水电工程地质勘察规范:SL 55—2005[S].北京:中国水利水电出版社,2005.

[12] 中华人民共和国水利部.混凝土坝安全监测技术规范:SL 601—2013[S].北京:中国水利水电出版社,2013.

[13] 中华人民共和国水利部.水利水电工程物探规程(附条文说明):SL 326—2005[S].北京:中国水利水电出版社,2005.

[14] 中华人民共和国水利部.水利水电工程施工质量检验与评定规程(附条文说明):SL 176—2007[S].北京:中国水利水电出版社,2007.

[15] 中华人民共和国水利部.水工建筑物水泥灌浆施工技术规范:SL/T 62—2020[S].北京:中国水利水电出版社,2020.

[16] 中华人民共和国水利部.溢洪道设计规范:SL 253—2018[S].北京:中国水利水电出版社,2018.

[17] 中华人民共和国水利部.水工隧洞设计规范:SL 279—2016[S].北京:中国水利水电出版社,2016.

[18] 中华人民共和国水利部.混凝土重力坝设计规范:SL 319—2018[S].北京:中国水利水电出版社,2018.

[19] 中华人民共和国水利部.水利水电工程进水口设计规范:SL 285—2020[S].北京:中国水利水电出版社,2020.

[20] 中华人民共和国国家质量监督检验检疫总局,中国国家标准化管理委员会.中国地震动参数区划

图：GB 18306—2015.北京：中国标准出版社，2016.

［21］中华人民共和国水利部.砌石坝设计规范：SL 25—2006［S］.北京：中国水利水电出版社，2006.

［22］中华人民共和国水利部.水工挡土墙设计规范：SL 379—2007［S］.北京：中国水利水电出版社，2007.

［23］中华人民共和国水利部.水工混凝土结构设计规范：SL 191—2008［S］.北京：中国水利水电出版社，2009.

［24］中华人民共和国住房和城乡建设部，国家质量监督检验检疫总局.砌体工程现场检测技术标准：GB/T 50315—2011［S］.北京：中国计划出版社，2012.

［25］中华人民共和国住房和城乡建设部，国家市场监督管理总局.建筑结构检测技术标准：GB/T 50344—2019［S］.北京：中国建筑工业出版社，2020.

［26］中华人民共和国水利部.水工混凝土试验规程：SL/T 352—2020［S］.北京：中国水利水电出版社，2020.

［27］中华人民共和国水利部.水工钢闸门和启闭机安全检测技术规程：SL 101—2014［S］.北京：中国水利水电出版社，2014.

［28］中华人民共和国国家质量监督检验检疫总局，中国国家标准化管理委员会.水利水电工程钢闸门制造、安装及验收规范：GB/T 14173—2008［S］.北京：中国标准出版社，2009.

［29］中华人民共和国水利部.水利水电工程钢闸门设计规范：SL 74—2019［S］.北京：中国水利水电出版社，2020.

［30］中华人民共和国水利部.水利水电工程启闭机设计规范：SL 41—2018［S］.北京：中国水利水电出版社，2019.

［31］中华人民共和国水利部.水利水电工程启闭机制造安装及验收规范：SL 381—2007［S］.北京：中国水利水电出版社，2007.

［32］中华人民共和国水利部.水利水电工程压力钢管设计规范：SL/T 281—2020［S］.北京：中国水利水电出版社，2020.

［33］中华人民共和国住房和城乡建设部.水电水利工程压力钢管制作安装及验收规范：GB 50766—2012［S］.北京：中国计划出版社，2012.

［34］中华人民共和国水利部.水利工程压力钢管制造安装及验收规范：SL 432—2008［S］.北京：中国水利水电出版社，2008.

［35］中华人民共和国水利部.水库降等与报废标准：SL 605—2013［S］.北京：中国水利水电出版社，2014.

［36］中华人民共和国水利部.混凝土坝养护修理规程：SL 230—2015［S］.北京：中国水利水电出版社，2015.

［37］中华人民共和国住房和城乡建设部.建筑地基基础设计规范：GB 50007—2011［S］.北京：中国计划出版社，2012.

［38］中华人民共和国建设部.岩土工程勘察规范：GB 50021—2001［S］.北京：中国建筑工业出版社，2009.

［39］中华人民共和国建设部.土的工程分类标准（附条文说明）：GB/T 50145—2007［S］.北京：中国计划出版社，2008.

［40］左东启，王世夏，林益才.水工建筑物［M］.南京：河海大学出版社，1996.

［41］杨邦柱.水工建筑物［M］.2版.北京：中国水利水电出版社，2009.

［42］郑万勇，杨振华.水工建筑物［M］.郑州：黄河水利出版社，2003.

［43］程兴奇.水工建筑物［M］.4版.北京：中国水利水电出版社，2010.

［44］ 刘福臣,成自勇,崔自治,等,土力学［M］.北京:中国水力电力出版社,2005.

［45］ 喻蔚然,傅琼华,马秀峰,等.水库管理手册［M］.北京:中国水利水电出版社,2015.

［46］ 庞毅等.小型水库管理手册［M］.北京:中国水利水电出版社,2015.

［47］ 本书编委会.水库管理指南［M］.南京:河海大学出版社,2012.

［48］ 水利部建设与管理司,水利部建设管理与质量安全中心.小型水库管理实用手册［M］.北京:中国
水利水电出版社,2015.

［49］ 申明亮,何金平.水利水电工程管理［M］.北京:中国水利水电出版社,2012.

［50］ 薛建荣.基层水利实用技术与管理［M］.北京:中国水利水电出版社,2013.

［51］ 卜贵贤.水利工程管理［M］.郑州:黄河水利出版社,2014.

［52］ 李焕章.小型水利工程管理［M］.北京:中国水利水电出版社,2000.

［53］ 杜守建,周长勇.水利工程技术管理［M］.郑州:黄河水利出版社,2015.

［54］ 赵朝云.水工建筑物的运行与维护［M］.北京:中国水利水电出版社,2005.

［55］ 梅孝威.水利工程管理［M］.北京:中国水利水电出版社,2005.

［56］ 温随群.水利工程管理［M］.北京:中央广播电视大学出版社,2010.

［57］ 龙斌.水库运行与管理［M］.南京:河海大学出版社,2006.

［58］ 石自堂.水利工程管理［M］.武汉:武汉大学出版社,2000.

［59］ 梅孝威.水利工程技术管理［M］.北京:中国水利水电出版社,2000.

［60］ 郑万勇.水利工程管理技术［M］.西安:西北大学出版社,2002.

［61］ 黄国新,陈政新.水工混凝土建筑物修补技术及应用［M］.北京:中国水利水电出版社,2000.